术以载道
——软件过程改进实践指南

任甲林　著

人民邮电出版社

北京

图书在版编目（ＣＩＰ）数据

术以载道：软件过程改进实践指南 / 任甲林著. --
北京 ：人民邮电出版社，2014.4（2022.12重印）
ISBN 978-7-115-33971-3

Ⅰ．①术… Ⅱ．①任… Ⅲ．①软件工程 Ⅳ.
①TP311.5

中国版本图书馆CIP数据核字（2013）第291096号

内 容 提 要

软件过程改进（Software Process Improvement，SPI）是指帮助软件企业建立过程管理、识别改进点、持续优化过程体系。CMMI 表示 Capabi lity Maturity Mode Integration（能力成热度集成模型），提供了一个指导企业实施过程改进的框架，CMMI 是实现过程改进标的一种有效手段和方法。

本书是作者软件工程经验、过程改进经验与 CMMI 咨询经验的总结，从实践者的角度出发，涉及到了实施 CMMI 的方方面面，包括 CMMI 实施精要、敏捷方法实践、过程体系建立、软件项目的策划、跟踪和控制、需求工程、软件设计与实现、测试和同行评审、质量保证和配置管理、量化项目管理和人员管理等重要话题。

本书作者具有 20 年的软件工程经验和 13 年的质量管理改进经验，创立了麦哲思科技咨询公司，以其实效咨询的风格，在 CMMI 咨询业内具有很高的知名度。本书记录了作者工作中的所做、所思、所见与所闻，给出了 70 多个实际案例，对于从事软件过程改进、软件企业管理咨询、软件项目管理的读者具有较高的阅读和参考价值。

◆ 著　　　　任甲林

　　责任编辑　陈冀康

　　责任印制　程彦红

◆ 人民邮电出版社出版发行　　北京市丰台区成寿寺路 11 号

　　邮编　100164　电子邮件　315@ptpress.com.cn

　　网址　http://www.ptpress.com.cn

　　北京九州迅驰传媒文化有限公司印刷

◆ 开本：800×1000　1/16

　　印张：29.25　　　　　　　　2014 年 4 月第 1 版

　　字数：554 千字　　　　　　 2022 年 12 月北京第 13 次印刷

定价：79.80 元

读者服务热线：(010)81055410　印装质量热线：(010)81055316
反盗版热线：(010)81055315
广告经营许可证：京东市监广登字 20170147 号

推荐序

当今世界已经进入以信息技术为核心的知识经济时代，人类能够综合利用物质、能量和信息 3 种资源，信息资源成为与材料和能源同等重要的战略资源。以云计算、物联网、大数据、智慧工程为特征的新时代的信息技术不断涌现，但我们仍需要关注美国卡内基·梅隆大学软件工程研究所（CMU/SEI）倡导的已经走过了近 30 年旅程的以 CMMI 为核心的过程改进技术。根据 CMU/SEI 的研究，正确实施以 CMMI 为核心的过程改进，对软件项目来说，可以降低成本 34%，缩短进度 50%，提高生产率 61%，减少缺陷 48%，改善客户满意度 14%，总的投资回报为 4:1。以 CMMI 为核心的过程改进技术成为各行各业信息化的助推器。

本书作者采用理论与实践相结合的方法，从 CMMI 实施、敏捷方法、过程体系、项目策划与监控、需求工程、设计与实现、测试与同行评审、质量保证、配置管理、量化项目管理、CMMI 的评估、人员管理等方面，描述了 CMMI 过程改进技术的理论要点与实施经验。

工程过程组（EPG）是企业实施过程改进的策划与执行机制。作者指出 EPG 应遵循主动改进、循序渐进、先敏捷再规范、先下游再上游、测试先行、善于总结、各个击破、教育与培训并重、充分利用工具、内外结合等成功策略；同时指出要防止对模型研究不够、不善于与项目组沟通、不善于理解企业高层管理人员的意图、作业不规范、违背循序渐进、忽略裁剪指南、缺乏足够的工程经验等弊病。

这个世界是一个充满项目的世界。任何企业都是通过实施项目达到其目的，过程改进也是一个项目。作者具体刻画了做好项目管理应该遵循平衡、高效、分解、实时控制、分类管理、简单有效以及规模控制等六个原则，并根据项目都是需求牵引、技术推动的原理，详细描述了需求工程技术。

确定过程改进的切入点是任何企业进行过程改进的一个难点。作者指出通过过程评估、过程裁剪、不符合问题分析、缺陷分析、经验教训总结、度量数据分析、过程改进建议以及高层经理的改进需求分析等方面，可以精准地找到过程改进的切入点。

作者指出过程改进没有灵丹妙药，需要技术、人员、过程三要素的协同改善；过程改进不能一蹴而就，要坚持不懈、持续改进；过程改进要循序前进、理论与实践结合、与企业的创新文化融合；过程改进要勇于实践，允许犯错误，在实践中完善；过程改进要有专人负责，还要求全员参与。作者还特别中肯地指出：我国的 CMMI 评估，存在"重视证书、忽视实效"的倾向，呼吁企业管理人员、政府主管部门、媒体舆论以及评估咨询人员，共同努力，创造过程改进的良性生态环境，促进我国的软件过程改进事业持续、健康地发展！

总之，本书以 CMMI 为主线，总结了作者 12 年来的软件开发与管理经验以及 8 年多的过程改进咨询经验，记录了作者所做、所思、所见与所闻，并融合了很多敏捷实践，语言生动，描述具体，是作者软件管理思想的生动记录。我认为本书既是一本很好的教科书，又是一本很好的指南，非常适合过程改进人员、项目经理、中高层经理和开发人员阅读和参考。我深信，本书在我国各行各业信息化的进程中，一定能起到推波助澜的作用。

北航软件工程研究所　周伯生

bszhou@cyberspi.com.cn

2013 年 12 月 18 日

对本书的赞誉

项目管理、软件开发、CMMI 介绍的书籍比比皆是，软件过程改进之道更是曲折前行的，这是一本软件研发管理者需要的，实操性更强的引领软件研发管理和过程改进之道的书籍。

黄海悦　东方电子股份有限公司项目部部长

一直关注和拜读任老师无私分享的实践经验，在公司研发管理体系建立和推进 CMMI 评估过程中碰到问题时，总感觉能量强大的任老师就在你身边，使各种问题迎刃而解。如果你置身于过程改进的长河中，那么，本书一定能为你指点迷津、拨云见日。

李君　中体彩技术管理部经理

本书没有生硬地去照搬和讲解标准，而是以一个实践者的感悟，分享了作者对过程改进的思考，为软件企业过程改进提供了可借鉴的流程和方法，也为行业内过程改进的经验传播架起了桥梁。相信软件企业的管理者和团队在持续改进的过程中会从这本书获得收益。

田丽娃　中创软件（CVICSE）质量总监

在这样的一个全新时代，消费类电子面临着智能化的趋势，面临着互联网的强烈冲击，产品更新换代的速度越来越快，产品的功能越来越复杂，同时又要求有更好的用户体验、质量及更低的成本，公司业务中软件的价值贡献越来越大。本书从实用的角度阐述了软件过程的方方面面，有理论，更有实践，相信每个团队的各个岗位上的人，都能找到自己适用的部分，并受益匪浅。

舒卫平　TCL 集团工业研究院项目推进与管理部部长

读这本书时让我想起十年前接触过程改进时初读 CMMI 模型的感受，没有浮夸的辞藻或动人的故事，但每句话细细咀嚼都有味道，平实的文字中蕴含着过程改进的丰富经验和深刻哲理，所谓大道至简，大象无形。在自己的过程改进经历中，也曾有过无数的迷惑和困难，而这些问题基本都能在书中的案例中得到启发和解答。希望这本书成为每一个投身于过程改进工作中的人案头必备的工具、指南。

李旸　广联达软件股份有限公司 PMO 项目管理主管

本书作者一直秉承实效重于证书、实施方法重于标准模型的理念并将该理念贯彻到其过程改进的研究、实践和咨询中，本书是作者 20 余年软件工程实战的深刻感悟和经验升华，为软件过程改进的同行提供了一套非常实用的实践指南。本书从改进的本源出发告诉你什么才是真正的有价值的改进及如何开展神形兼备的过程改进，是软件研发过程改进领域难得一见的佳作。

赖晓健　浙江中控技术有限公司研发中心主任

任老师是软件过程改进行业公认的劳模，工作认真扎实，书中所记载的是他多年来从事软件过程改进咨询所积累的资料和笔记，充分利用数据、图表、案例阐述软件过程中存在的问题及最佳实践，这是目前业内最为落地实践的软件过程改进著作之一，特推荐给软件业同行阅读。

张友生博士　希赛顾问团首席顾问

不论是对质量管理人员，还是对软件研发人员，本书都堪称一部难得的宝典。作者以其丰富的行业经验对软件过程改进做出深入浅出的分析，并给出基于实践的指导意见，通过学习本书，你会领略各种最佳解决方案。

刘军　大连飞创信息技术有限公司总经理

任先生的专著即将付梓，我有幸先睹为快。CMMI 评估体系在国内已推广多年，帮助数以万计的 IT 企业日益成长成熟，以任先生为代表的咨询服务专家功不可没。尽管类似的书籍在国内外有许多，但该书以全新的视觉、丰富的实践和严谨的思辨逻辑为我们展示了一幅精美的画卷，有理论、有方法、有案例、有感悟，一切都是鲜活的、汉化的、深入浅出的。跳出 IT 领域来看，精益的理念和方法在管理上是通用的，因此该书无论对业界人士还是对企业管理者都有裨益。

孙茂杰　江苏金恒信息科技有限公司总经理

与任老师初次相识是 2006 年 4 月。当时，长虹正着力扩大软件团队，提升软件研发能力。经过几轮比较，最终选择了任老师作为长虹项目的主要咨询师，全程指导了体系实施和评估。后来，我们从 CMMI-L2 一直做到了 L5，全部由任老师实施咨询，2012 年 11 月底，长虹顺利通过了 CMMI-L5 的现场评估。在这个漫长的过程中，我们和任老师一起研究模型、梳理实践、把握精髓，实现了软件研发能力的实质提升。他理论与实践结合、注重实效、细节致胜的咨询风格，给我留下了深刻印象。这本书是任老师多年过程改进实践体会的系统总结，内容详实，案例丰富，实用性强，相信会对国内软件企业的健康、持续发展提供良好的方法论指导。

张恩阳　四川长虹电器股份有限公司技术中心总经理

这本书不同于其他的项目管理书籍，不单纯的讲"道"，而是以道御术、以术载道，并且难得的人将"人"和"文化"这两个管理中最关键的因素融入其中，无论你是刚入行还是资深的项目管理人员，这本书都能给你新的启迪。

林亦雯 中国海运集团中海信息系统有限公司副总经理

我曾经见证了任先生为实施 CMMI 的组织提供服务，并且，我也对他指导过的实施 CMMI 的组织做过评估。任先生非常博学，并且他有着多年实践性很强的、附加价值丰富的过程改进经验。这本书为读者提供了学习任先生的价值驱动方法的手段，以便读者们能够采用相似的方法来改进他们的软件开发过程。

Shane Atkinson，ATKOTT Inc. CMMI 高成熟度主任评估师

这本书恰好是过程改进社区所需的。Dylan 勾画了一副蓝图以帮助人们理解 CMMI 如何适应他们的改进需求，并且提供了大量的详细案例以帮助组织改进其性能。敏捷和传统方法的完美无缝融合使软件工程更加高效，提高了生产率。无论你是一名工程师、EPG 人员，还是管理人员，这本书都会帮你更好的策划、准备、实施提升您公司的业绩并提高您公司的实际成熟度。

Bruce Hofman，麦哲思科技 CTO，CMMI 主任评估师

作者简介

任甲林，山东大学计算机科学专业工学硕士，Scrum Master、CMMI 主任评估师、国际通用软件度量协会国际咨询委员会（COSMIC IAC）成员。从 1993 年到 2013 年，他积累了 20 年软件工程经验。从程序员发展成为研发总监，参与或管理过 50 多个项目。2005 年开始从事软件过程改进咨询工作，为接近 100 家客户提供过咨询或培训服务。2007 年创立麦哲思科技（北京）有限公司， 2008 年至 2011 年度，他连续三年被评为"中国 CMMI 咨询行业年度人物"。

自序

本书是对我 20 多年在软件工程方面的所做、所思、所见、所闻的总结。在 2005 年 6 月之前我写了一些文章发表在 www.51CMM.com，2005 年 6 月之后开始在 MSN 建立自己的共享空间，后又转为在 blog.ccidnet.com 建立博客，做咨询的各种体会、客户的各种问题的解答慢慢地总结记录在博文中。本书的内容来源大抵如此。

我自己比较懒，英文名字 Dylan Ren 也源于此，我希望读为"大懒人"。所以我自己没有想起来整理博文。还好，有朋友激励我。最初是常州国光的杨建华先生花时间对我的博文进行了汇总，后来富士康的陈东源先生也想整理我的博文，于是我将杨先生整理的材料发给了陈先生。陈先生长我 10 岁之多，老大哥不吝时间，对这些材料建立了目录，标识了他认为重点的字句，让我甚为感动。而后成都虹微的王小康先生也希望帮我整理这些资料。为了不辜负各位的厚爱，于是 2007 年年初我就自己开始整理这些资料了。

在整理时，我重新对这些文章进行了分类，修改了某些文章的标题，并补充了未公开发表的一些资料，对某些口语化太浓的字句进行了修改。其实，修改后反倒发现丧失了博文中的那种自由与亲切。

修订这些资料的过程也是自我反思的过程，是与自己对话的过程，温故而知新，累并快乐着。有时发现很难准确地把一个思想表达得很严谨，因此而烦恼、灰心，于是就放下一段时间，冷处理后再拾起来重新修订。

本书是以 CMMI 为主线，也融合了敏捷的很多实践，是我的软件过程改进思想的记录，是一己之见。限于能力，书中的描述有很多地方不尽人意，观点也存在偏颇，希望阅读本书的朋友能够多多拍砖，以使本书更加完善。

我的理想是能够写一本通俗的书，借鉴佛教、基督教传播其教义的方法，通过一些通俗的故事传递思想；也希望能学习郭德纲的相声、学习金庸的武侠小说，把跌宕起伏、高潮频现、引人入胜的写作手法与软件工程的科学严谨融为一体。理想和现实有很大的差距，虽然我自己不满意，但是我尽力了。

2008 年 11 月，陈冀康编辑找到我，希望将我的博文整理成书。陈先生将书籍命名为《术以载道—CMMI 咨询札记》，取自于我的一篇博文《术与道》，我甚以为然，于是大家一拍即

合。2013 年初再给陈先生看此书稿时，他认为内容有了很大的充实，于是更名为《术以载道
—软件过程改进实践指南》。

　　每次重读自己写的内容，每次都不满意，都需要静下心来修改，以至于出版的日期一拖
再拖。

　　我希望本书能够成为一本实用之书，但未必完备而严谨，这是现实和理想的平衡。

　　变化是永恒的，改进是永恒的！

任甲林

2013 年 1 月 19 日

前　言

本书写作的目的

本书总结了我 12 年的软件开发与管理经验、8 年多的过程改进咨询经验，记录了我所做、所思、所见与所闻，希望本书能够给从事软件过程改进、软件企业管理咨询、软件项目管理、软件开发的人士提供一些具体实践的借鉴与参考。

本书读者对象

- 过程改进与质量管理人员。
- 项目经理。
- 软件企业的中高层经理。
- 软件开发人员。

如何阅读本书

本书共 13 章，每一章的主要内容与适用的读者如下表。

	内容简介	过程改进与质量管理人员	项目经理	软件企业的中高层经理	软件开发人员
第1章	介绍了 CMMI 模型、过程改进人员的工作指南、如何实施 CMMI 模型、实施 CMMI 的难点与对策等	✓		✓	
第2章	介绍了敏捷方法的实践精要,对 Scrum 与 XP 两种敏捷方法做了简单介绍,并对某些敏捷实践做了详细说明,针对在实践中敏捷方法存在的问题给出了参考解决措施	✓	✓	✓	✓
第3章	详细介绍了过程体系的结构,建立步骤、具体的建立方法、建立时的注意事项,以及维护类项目、小项目的管理策略,并给出了如何保持体系敏捷的方法	✓		✓	
第4章	介绍了软件项目策划的成功要点,过程裁剪的方法,软件规模与工作量估算的方法,识别风险与跟踪风险的方法,计划评审的方法	✓	✓	✓	
第5章	详细介绍了项目跟踪与控制的具体方法:日志、周例会、里程碑评审、项目总结等,并对中高层经理如何实施项目管理给出了八种思维模式	✓	✓	✓	
第6章	详细介绍了需求获取、需求分析、需求描述、需求评审与需求变更的管理方法,给出了需求工程的最佳实践	✓	✓		✓
第7章	介绍作者在设计模式方面的一些体会,对于代码重构、代码评审、设计评审给出了简单的样例				✓

	内容简介	过程改进与质量管理人员	项目经理	软件企业的中高层经理	软件开发人员
第8章	介绍了作者在测试与同行评审方面的的一些体会与案例，对于如何提升项目组的质量、改进质量意识给出了一些好的建议	√	√		√
第9章	论述了质量保证人员的职责、人力配备、工作原则、工作方法、知识体等	√			
第10章	介绍了配置管理的概念，论述了如何组建 CCB，如何划分配置库的结构，配置审计的类型与检查重点等	√	√		
第11章	详细介绍了如何识别、定义、分析度量数据，简单介绍了如何建立过程性能基线与过程性能模型，以及建立基线与模型时的注意事项，还介绍了如何将统计过程控制技术应用在软件管理	√	√		
第12章	介绍了进行 CMMI 评估的注意事项与成功要点，如何选择参评项目，如何确保证据的覆盖，如何选择评估组成员，如何制定评估计划，如何执行就绪检查以及如何接受访谈等	√			
第13章	总结了软件企业中如何培养开发人员、如何选择项目经理、考核研发人员的成功要点，并简单介绍了 People-CMM 模型		√	√	

本书编写体例说明

正文中重点强调的文字采用了黑体字。

所有的案例全部加框并用楷体排版。

致谢

感谢我的计算机启蒙老师吕云龙先生。从 1986 年高中入学时，就跟着您在 Apple 及中华学习机上学习 Basic 语言，您带领我参加信息学竞赛，训练了我的逻辑思维能力。和您一起在泰安、长岛度过了 2 个愉快的假期，情景历历在目。

感谢我的大学母校山东师范大学。为我大学 4 年提供了宽松的上机学习环境，在机房上机的日日夜夜，极大地提高了我的动手能力。感谢我的指导教师刘芳爱老师，在您的指导下我在大学里完成了编辑器软件的开发。

感谢对我一生的做事风格影响最大的王虎老师。从 1993 年到 2004 年，11 年的时间里从您这里我学到了做人、做事的方法，您对我的教诲与爱护让我受益终生。

感谢在 1998 年指导我做过程改进的郑玉林老师。您的认真让我感慨至今。

感谢 2004 年引导我进入 CMMI 咨询行业的周伯生老师。和周老一起做评估，是我最快乐的日子，周老的睿智、对问题的敏感，周老的软件工程经验、不懈的奋斗精神，一直是我奋斗的标杆。

感谢以长虹集团、富士康集团、TCL、大连飞创、北京体彩、山东中创、南京润和、中海信息、浙江中控、深圳酷派、天源迪科、厦门联想等为代表的忠诚的客户。通过和大家一起成长，我学到了很多最佳实践，激发了我的灵感，积累了大量的案例。

感谢我的同事吕英杰、周伟、刘军、徐栋哲、Bruce、王婉荣、徐浩伟、洪艳艳、王新华、柯能江、关钦杰、雍迪、温丽莎等。大家任劳任怨地帮我做了很多工作，在和各位的沟通交流中，校正了很多我的错误观念。

感谢我的家人。你们承担了所有的家庭事务，在我"有工作，没生活"的状态下，帮我消除所有的后顾之忧。

　　谢谢你们！

关于勘误

　　尽管我花了很多时间和精力去核对书中的文字，但是因为时间仓促和水平有限，可能对某些错误熟视无睹，本书仍难免会有一些纰漏。如果大家发现什么问题，恳请反馈，相关信息可发到我的邮箱 renjialin@measures.net.cn。

　　对于本书中的任何疑问或想与我探讨，可以访问我的个人博客：http://blog.csdn.net/dylanren 或者直接在我公司的网站上进行实时沟通：www.measures.net.cn。

目　录

第1章
CMMI 实施精要

1.1 对 CMMI 的基本认识

1.1.1 CMMI 是什么

CMMI 是 Capability Maturity Model Integration 的缩写，译成中文称为能力成熟度集成模型，或者更通俗地称为集成的能力成熟度模型。CMMI 的前身是 SW-CMM（SoftWare Capability Maturity Model），SW-CMM 是美国国防部委托卡内基梅隆大学软件工程研究所（SEI-CMU）开发的用于评价软件开发组织过程能力的模型。SW-CMM 1.0 版本发表于 1991 年，两年后发布了 SW-CMM 1.1 版本，该版本成为 CMM 历史上最经典的一个版本，长达 13 年的生命力，直至 2006 年，SEI 宣布 CMM 1.1 版本"太阳下山"。2000 年 12 月 SEI 发布了 CMMI 1.0 版本，随后 CMMI 1.1 版本也成为一个影响巨大的版本，CMMI 1.1 是集成了 SW-CMM，SE-CMM（系统工程能力成熟度模型）、IPD-CMM（集成产品开发能力成熟度模型）之后发展而成的一个版本，在 CMMI 1.2 版本之后又划分为 CMMI-DEV+IPPD、CMMI-ACQ、CMMI-SVC 三个系列，分别应用于开发类（包括集成产品类）、采购类、服务类组织。2010 年 11 月发布了 CMMI 1.3 版本。相对于 CMMI 1.2 版本，**1.3 版本增加了对于敏捷方法和产品线管理等新技术的描述，吸收了很多敏捷的实践，并且对于高成熟度的实践进行了细化说明。**

CMMI 是一个**过程框架**，给出了一组管理企业的最佳实践。何谓框架？比如我们走在马路上看到一幢正在建设中的高楼，建筑者浇灌了水泥，搭筑了整个大楼的基本结构，我们看到了整座楼面的概貌与主体，但并不是一幢装修完整的楼，在这个框架基础上，我们可以进行后续的加工定制，使其成为各式各样的漂亮的楼。

在 CMMI 中定义了一个企业（注：为通俗起见，本书中以企业指代各种组织，如公司、研究所、技术中心等之类）要管理的各个过程域，正如我们定义一幢楼的各个子系统一样，比如一幢楼有电梯系统、照明系统、供水系统等等。CMMI 中也定义了每个过程的核心实践，正如我们定义了建设照明系统的最佳实践一样。

何谓最佳实践？就是得到业内认可的、多家成功企业的成功做法。

为什么判定这些实践是最佳的呢？因为多家成功的企业都是那么做的，并且获得了成功的。前车之鉴，后车之师。

是否存在你认为是最佳实践，而我认为不是最佳实践呢？CMMI 中的最佳实践是美国卡内基梅隆大学软件工程研究所（全球最好的软件工程科研机构之一，自 2013 年 1 月 1 日起专门成立了 CMMI 研究所）组织了很多来自工程界与理论界的高手一起讨论总结出来的，是经过了多次评审得到的共识。如果你有证据表明确实有更好的实践，你可以认为它们不是最佳实践。

是否高手们认可的最佳实践就适合我们的企业呢？未必，但是应该基本适合。之所以说未必，是因为每个企业有每个企业的特点，别人的成功实践在你的公司未必能够完全对症。之所以说是基本适合，是因为这些实践是抽取了成功企业的共同点、共同实践而得到的，应该能够以很大的概率适合你们公司的情况。

如果不适合你的企业怎么办？裁剪！只有适合你的才是最好的！

如果裁剪了就不能满足 CMMI 模型的要求，怎么办？CMMI 模型中的要求分成三种严格程度。

（1）**必需的**。目标是必需的，即无论你如何做，只要满足目标即可。怎么判断呢？经验判断！谁来判断？评估时的评估组成员！评估组成员累计的工程经验（除主任评估师以外）要超过 25 年才可以。在评估时只要有评估组成员都一致同意才可以（都同意或大部分同意、有个别人保持中立，没有人反对）。灵活吧？CMMI 不是死的，不是刻板的，做得刻板了不是CMMI 的错，是你没有理解 CMMI 的要求，不能因为你刻板，而说 CMMI 不好，这是社会上很多人常犯的错误。如果主任评估师不同意怎么办呢，讨论啊。主任评估师也是有经验的人，是懂工程实践的人，是经过严格选拔与培训的，是讲道理的。如果真不认可你的做法，要么你的实践确实有问题，要么你被冤枉了，这是小概率事件，哪个庙里都有冤死的鬼。

（2）**期望的**。实践是期望的，所谓期望，是说你最好那么做，你不那么做也可以，但是你要证明你的替换做法是可以满足目标要求的。怎么判定是否满足了目标要求？同样也是由评估组成员进行经验判断。

（3）**参考的**。子实践、实践的名字、目的描述、对目标与实践的解释说明、文档案例、注释、参考、共性实践的细化说明、其他案例等，都是参考的说明，是解释性的资料。但是，需要注意的是，SEI 认为很多企业没有理解模型的要求，是因为没有关注 CMMI 中这些参考的解释性说明。

CMMI 模型每 3～5 年就会发布新的版本，为什么？与时俱进！最佳实践在今年是最佳，明年就可能不是最佳了，出现了更好的实践，也需要吸收进来。

以上是解释最佳实践的相关含义。再返回来说说框架的含义。如图 1-1 所示，在这个框架中，还有很多东西都是空的，等待补充、等待装修，模型应用到每个企业后需要各个企业补充完善那些空白。用什么去补充完善呢？用你们公司的实际做法，用你们公司能做到的做法，用敏捷的方法，用 ISO，用什么都可以，只要你能

图 1-1　现实中的框架

满足"必需的"！CMMI 并不排斥其他的最佳实践，在满足"必需的"前提下，什么都可以！还是那句话，CMMI 是活的，不是刻板的。有最低要求，有可变通的要求。

1.1.2　CMMI 里有什么

CMMI 模型分为三个分支。

适用于供方、乙方的模型如下：

　　CMMI-DEV：主要是针对开发类组织；

　　CMMI-SVC：主要是针对服务类组织；

适用于需方、甲方的模型如下：

　　CMMI-ACQ：主要是针对采购类组织。

CMMI-DEV 提到的开发，是包括了软件、硬件等类型的开发。CMMI-DEV 模型还可以适用于复杂多学科产品开发的 IPD 模式，在 CMMI 之外称为 IPD，在 CMMI 之内称为 IPPD。IPPD 并没有涉及市场、财务等。多出来的一个 P 代表过程，IPD 中包含了市场与财务，所以 IPD 与 IPPD 是有一定差别的。IPPD 有其适用范围，IPD 也是同理。国内有些企业盲目追随华为实施 IPD，成功者少，失败者众。为什么呢？没有注意 IPD 的适用范围。IPD 适用于以下范围。

（1）复杂产品的开发，需要多学科配合协同的产品开发。

（2）市场驱动的产品开发，产品需要随时判断是否满足市场需求，投入产出是否合适，

如果不可以，需要随时终止产品的开发。

（3）项目团队规模比较大，需要划分为多个小组进行协同工作。小组之间的沟通是项目成功的一个制约因素。

CMMI 模型在 1.1 版本中对 IPD 的支持包含了 2.5 个过程域，在 1.2 版本中是通过描述的附件来支持，在 1.3 版本中则直接融合到了 OPD 和 IPM 这 2 个过程域中。

CMMI-DEV 包含了 22 个过程域。何谓过程域（Process Area，缩写为 PA）？过程域是一类最佳实践的集合，这些最佳实践属于同一类过程。CMMI 中有 167 条特定实践，264 条共性实践，需要将它们分类管理，以便于实施，便于记忆。分类方法是人们分析、认识问题的一种主要的方法。CMMI 将所有的实践划分成了 22 类，每一类包含的特定实践个数从 4 个到 14 个不等。这种分类是否就完全合理呢？仁者见仁，智者见智，没有绝对的合理，有的实践放在某个 PA 中很自然，有的就有点牵强，CMMI 就那么划分了，你就那么记忆吧。

要注意过程域与过程的概念不同，过程域是实践的集合。何谓集合？集合中的元素是没有严格的先后顺序，是一个堆（堆是数据结构中的专业术语）。过程是活动的偏序集（偏序关系是离散数学中的专业术语），活动之间是存在先后顺序的。不要搞混了这两个概念，否则是很囧的。

22 个过程域分成 4 大类，项目管理类、过程管理类、工程类、支持类，其核心内容见表 1-1。

表 1-1　　　　　　　　　　　　　　　　　4 类过程域

过程域类别	中文名称	核心内容	英文简写	等级
项目管理类	项目策划	WBS，生命周期模型选择，估算，进度计划，综合计划，计划评审与确认	PP	L2
	项目监督与控制	计划跟踪，问题的发现与解决	PMC	L2
	需求管理	确保需求与其他文档的一致性，需求变更管理	REQM	L2
	供应商合同管理	供应商选择，采购或外包合同签订，合同跟踪，产品验收交付	SAM	L2
	风险管理	识别、分析风险，制定风险计划，跟踪控制风险	RSKM	L3
	集成项目管理（或综合项目管理）	集成过程，集成人，集成小组，即过程之间、人之间、小组之间的协调一致问题	IPM	L3
	量化项目管理	采用统计技术或量化技术管理目标的达成、识别过程的异常	QPM	L4

续表

过程域类别	中文名称	核心内容	英文简写	等级
过程管理类	组织过程焦点	按照 PDCA 循环或 IDEAL 模型的思想实施过程改进：定义过程改进的需求、识别改进点、实施改进、部署改进	OPF	L3
	组织过程定义	组织级定义标准与规范，并维护这些标准与规范	OPD	L3
	组织级培训	如何开展组织级培训：培训需求获取、培训职责划分、培训计划制定、实施培训、评价培训效果	OT	L3
	组织过程性能	定义组织级量化目标，建立组织级过程性能基线与过程性能模型	OPP	L4
	组织级性能管理	围绕组织级的商业目标实施过程改进	OPM	L5
工程类	需求开发	需求获取，需求分析，需求描述，需求确认与验证	RD	L3
	技术解决方案	技术路线确定，概要设计，详细设计，实现与技术文档编写	TS	L3
	产品集成	产品集成，集成测试，交付与接口管理	PI	L3
	验证	同行评审、单元测试、集成测试、系统测试等验证手段	VER	L3
	确认	系统测试仿真、模拟、验收测试、试运行等确认手段	VAL	L3
支持类	产品与过程质量保证	检查过程与文档和标准规范的一致性	PPQA	L2
	配置管理	工作产品版本管理、变更管理，工作产品完整性的管理	CM	L2
	度量与分析	应该采集哪些数据？数据的准确含义是什么？如何采集数据？如何分析数据？如何沟通分析结果？	MA	L2
	决策与解决方案	管理与技术决策如何做：识别候选方案、确定评价的准则与方法、评价、决策	DAR	L3
	根本原因分析与解决方案	如何执行根本原因的分析：识别现象、根本原因分析、实施措施、评价效果	CAR	L5

通过表 1-1 我们可以看到，CMMI 模型中包括了很多开发活动。没有包括什么呢？没有包括考核，没有包括市场，没有包括财务、行政、人事等其他非开发管理活动。对于开发活动是否都包含全面了呢？项目立项、技术预研、系统维护等活动并没有描述在里面。没关系，

立项、预研、维护的活动都可以分解为上述 PA 中的活动，也可以认为是含在里面了。

　　每个过程域有其名称与简写，一般我们都称呼其简写，比如一说 REQM 就知道是需求管理过程域，一提 DAR 就代表了决策与解决方案过程域。不一定要刻意去背诵它，知道每个缩写代表的英文单词，自然就记住了。

1.1.3　CMMI 的构件

　　CMMI 的内容是按照成熟度等级或过程域类别、过程域、目标、实践、子实践的方法进行分类管理的，这些概念之间的整体与部分关系可以参见图 1-2。

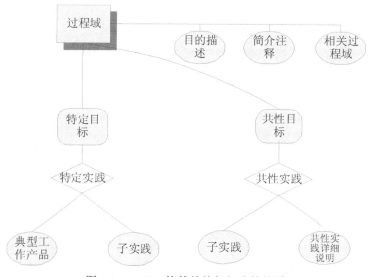

图 1-2　CMMI 构件整体与部分的关系

　　每个过程域（PA）都有一个目的，在英文里明确区分了 Purpose 与 Goal 这两个单词，我们翻译为目的与目标。在中文里这两个单词并没有特别明显的区别。Purpose 是一种抽象的、宏观的期望，Goal 是一种具体的、微观的期望。

　　PA 之间有一定的关联性，互相影响，比如 RD 的输出为 TS 的输入；TS 的输出又影响了 RD 的输出，如此交织在一起。在 CMMI 模型中有多张图描述了各个 PA 之间的关联关系，也仅仅是一个概念的视图，不能全面描述复杂的交织关系，参考而已。

　　在每个过程域里对实践进行了细分类，即又分为多个目标，目标是对实践的一种分类方式。目标又分为特定目标与共性目标，所谓特定目标是指某个 PA 所特有的，即这个 PA 有其他 PA 没有。所谓共性目标是指每个 PA 都有的，你有我有他也有。目标是 CMMI 模型中必需的构件，是不可以裁剪的，是评估时必须考察、必须满足的。

对应于每个目标有能够满足此目标的实践。特定目标有对应的特定实践，共性目标有对应的共性实践。实践是期望的模型构件，所谓期望即最好这么做，如果不那么做，你可以替换这些实践，但替换后必须满足目标的要求。每个目标对应的实践之间没有严格的先后顺序关系。比如需求管理过程域对应的 5 条特定实践：

SP1.1 与需求提供者对需求达成一致的理解；

SP1.2 获得需求实现者对需求的承诺；

SP1.3 管理需求的变更；

SP1.4 建立与维护需求的双向可跟踪性；

SP1.5 识别需求与工作产品间的不一致。

这 5 条特定**实践之间没有严格的先后顺序关系**。在管理需求的变更之前，我们已经建立了需求跟踪矩阵，根据需求跟踪矩阵进行了需求变更波及范围的分析，所以不能认为 SP1.3 与 SP1.4 之间存在严格的先后关系。

每条实践都有一个编号，如前所述，SP 代表的是特定实践，GP 代表的是共性实践，1.2 代表第 1 个目标的第 2 条实践。比如 SP1.2 代表第 1 个特定目标的第 2 条实践，GP2.3 代表第 2 个共性目标的第 3 条实践。

在 CMMI 模型中绝大部分实践都列举了工作产品的样例，这些**工作产品样例并非都是必需的，而是可选的**，只要你能证明你的工作产品满足了这条实践的要求即可，不必从文档名字、文档个数等方面和模型保持一致。

每条实践都可能有子实践，这些子实践是对实践的细化描述，是对实践的解释说明，可以根据企业的实际情况选择适用的子实践。我也曾经看到有的企业在做 CMMI 时，把每条子实践都定义在体系中。如果真有用，还可以理解；如果不是这样，就太机械了。

对于过程域、实践、子实践都有一些解释性的说明，这些解释性的说明在正式评估时是供参考的，对我们准确理解模型的要求有一定的帮助。

对于 CMMI 的构件一定要注意“必需的”、“期望的”、“解释说明”三种严格程度之间的区别，不要把后两种上升为“必需的”，这是很多公司常犯的错误，切记切记。

为了加深对过程域中各个构件分布的理解，我对 CMMI-DEV 1.3 版本中的特定目标与特定实践的分布做了统计分析，如表 1-2、表 1-3、表 1-4 和图 1-3 所示。

表 1-2 按过程域类别统计分析

过程域	特定目标	特定实践	成熟度等级	类型
CAR	2	5	ML5	支持
CM	3	7	ML2	支持
DAR	1	6	ML3	支持
IPM	2	10	ML3	项目管理
MA	2	8	ML2	支持
OPD	1	7	ML3	过程管理
OPF	3	9	ML3	过程管理
OPM	3	10	ML5	过程管理
OPP	1	5	ML4	过程管理
OT	2	7	ML3	过程管理
PI	3	9	ML3	项目管理
PMC	2	10	ML2	项目管理
PP	3	14	ML2	项目管理
PPQA	2	4	ML2	支持
QPM	2	7	ML4	项目管理
RD	3	10	ML3	工程
REQM	1	5	ML2	项目管理
RSKM	3	7	ML3	项目管理
SAM	2	6	ML2	项目管理
TS	3	8	ML3	工程
VAL	2	5	ML3	工程
VER	3	8	ML3	工程
合计	49	167		

表 1-3 特定实践按过程域类别的分析

过程域类别	过程域个数	特定目标个数	特定实践个数	特定实践个数/过程域个数	特定实践个数/特定目标个数
工程	5	14	40	8	2.86

过程域类别	过程域个数	特定目标个数	特定实践个数	特定实践个数/过程域个数	特定实践个数/特定目标个数
过程管理	5	10	38	7.60	3.80
项目管理	7	15	59	8.43	3.93
支持	5	10	30	6.00	3.00
合计	22	49	167	7.59	3.41

特定实践按过程域类别的分布

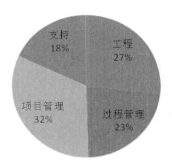

图 1-3　特定实践按过程域类别的分布

表 1-4　　　　　　　　　　按成熟度等级的统计分析

成熟度等级	过程域个数	特定目标个数	特定实践个数	特定实践个数/过程域个数	特定实践/个数特定目标个数
ML2	7	15	54	7.71	3.60
ML3	11	26	86	7.82	3.31
ML4	2	3	12	6.00	4.00
ML5	2	5	15	7.50	3.00
合计	22	49	167	7.59	3.41

1.1.4　CMMI 的表示方法

CMMI 分为两种表示方法：一种称为阶段式表示方法；另一种称为连续式表示方法，如图 1-4 所示。

我们可以从以下几个方面来理解这两种表示方法的区别与联系。

1．包含的过程域相同，但是过程域分类的维度不同。

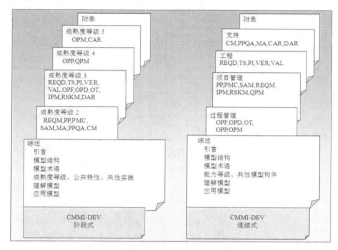

图 1-4　CMMI 的两种表示方法

阶段式表示方法为我们所熟悉，我们通常说的过了 2 级、过了 3 级都是针对阶段式表示方法而言的。在 CMMI-DEV V1.3 中，阶段式表示方法将 22 个过程域分别放置在 4 个等级中，其中 2 级 7 个过程域、3 级 11 个过程域、4 级 2 个过程域、5 级 2 个过程域；在连续式表示方法中将 22 个过程域分成了四类，其中工程类 5 个过程域、项目管理类 7 个过程域、支持类 5 个过程域、过程管理类 5 个过程域。

2．改进的路线图不同。

阶段式表示方法给出了固定的路线图，即必须先是 2 级的 7 个过程域，然后是 3 级的 11 个过程域，依此类推，在实施高等级时也必须实施通过低等级的过程域。而在连续式表示方法中，企业可以自己选择你想改进的过程域，可以针对自己企业的弱点进行针对性的改进，可以灵活选择改进点。在 CMMI 模型中项目管理类、支持类与过程管理类的过程域又区分了低级和高级的 PA，比如对于过程管理类的过程域，OPF、OPD、OT 是低级的 PA，OPP、OPM 是高级的 PA。按照连续式表示方法改进时，建议先从低级的过程域开始改进。

3．评估级别的评定维度不同。

在评估时，阶段式表示方法是针对整个组织进行统一评级，即评价组织的成熟度等级为 2 级或 3 级等，简写为 ML2 或 ML3。连续式表示方法是针对整个组织的某些过程域评级，即评价组织的某个 PA 的能力等级为 2 级或 3 级，简写为 CL2 或 CL3。注意两种表示方法对管理水平等级称呼的区别：阶段式称为组织成熟度等级（简写为 ML），连续式称为过程能力等级（简写为 CL）。成熟度等级是从 1 到 5 计数，能力等级是从 0 到 3 计数。

两种表示方法之间的等级有如下的换算关系。

（1）ML2 级的 7 个 PA 都达到了或超过了 CL2 级，则可以评价为 ML2。

（2）ML2 和 ML3 的 18 个 PA 都达到了 CL3，则可以评价为 ML3。

（3）ML2、ML3 和 ML4 的 20 个 PA 都达到了 CL3，则可以评价为 ML4。

（4）ML2、ML3、ML4 和 ML5 的 22 个 PA 都达到了 CL3，则可以评价为 ML5。

注：在 22 个过程域中，SAM 是唯一一个可以在评估时裁剪的过程域。

4．满足的商务需求不同。

根据上面的描述我们可以发现，连续式表示方法为企业的改进提供了灵活的方法，更加实用。可是为什么很多企业选择了阶段式表示方法呢？我认为主要的原因是对外宣传的简洁性，以及政府补助驱动的作用。

那么到底应该选择哪种表示方法实施改进呢？

如果你只要证书，当然选择阶段式。但是，记住了，不要找我们咨询。

如果你要实效，不要证书，你就选择连续式。这是我最喜欢咨询的企业。

如果二者都要，你可以先选择连续式，再选择阶段式。鱼和熊掌兼得，需要好好平衡一下。

1.1.5　CMMI 成熟度等级的比较

了解 CMMI 的人都知道，CMMI 的阶段式表示方法有 5 个等级，但是要将 5 个等级的区别真正说明白、说透彻，不太容易。下面我们用一个表格概括之。如表 1-5 所示，表格中并没有 1 级，1 级在 CMMI 的阶段式表示方法中没有对应的过程域，是起始级，所以不加描述。

表 1-5　　　　　　　　　　　　　　CMMI 成熟度等级及其比较

比较内容	2 级	3 级	4 级	5 级
过程改进的侧重点	项目组自己组织	组织级统一管理过程改进	建立组织级的过程性能基线与过程性能模型	围绕商务目标实施过程改进
管理制度的复杂性	一般复杂	最复杂	关键过程精细化，非关键过程简单化	简单高效

	2 级	3 级	4 级	5 级
过程能力	依赖于项目经理的水平	不要求稳定，由组织过程资产的水平和各个项目利用组织过程资产的情况而定	稳定，通过过程性能基线与过程性能模型进行量化的刻画	在稳定的基础上持续优化
过程定义的可行性	定义生命周期模型	裁剪自组织级的标准过程的项目级过程	预测过程定义是否可以达成质量与过程性能目标	
管理的前瞻性	反应式管理	借鉴历史数据预测	使用过程性能模型量化预测	
目标的可度量性	模糊的目标，可以不定量		定量目标，并用过程性能模型预测可实现性	
度量数据的完备性	项目组自选度量元	组织定义通用的度量元	不但度量过程的输出还是度量过程输入与属性	
度量的服务对象	项目经理项目目标	中层经理过程与质量目标	高层经理过程与质量目标	高层经理商务目标
管理技术的客观性	经验判断，直观数据分析		采用统计技术等量化管理技术	

表中比较内容解释如下。

1．过程改进的侧重点

CMMI 的 2 级是已管理级，是项目组对自己的过程实施了基本的管理，并不一定是组织级统一的管理规范。项目组可以自己管理自己的流程，也可以由组织级统一定义流程。3 级是由组织级统一发起过程改进活动，统一定义流程，项目组基于组织级的标准流程进行裁剪。而 4 级则要求在组织级对度量数据进行统一的分析，发现规律，建立组织级的过程性能目标、过程性能基线与过程性能模型。5 级则要紧紧围绕企业的商业目标实施过程改进，解决过程改进的实际商业收益问题。

2．管理制度的复杂度

CMMI 的 2 级包含了 7 个过程域，3 级包含了 11 个过程域。2 级是基本的管理过程，是从无到有的过程；3 级是逐步完善、提升、统一的过程，达到 3 级时，企业的过程覆盖了 18 个过程域；4、5 级分别包含了 2 个过程域。是否意味着在 4、5 级增加了过程域，过程定义就更加复杂了呢？

不是的！4、5 级的核心是解决了量化地刻画了过程的性能，围绕商业目标优化过程！所谓优化并非是指越优化越复杂，而是指越优化越经济！做最少的事情满足目标，取得投入与产出的最好平衡。

3．过程能力

过程能力指的是过程持续稳定实现过程目标的能力。

我们可以用职业运动员与业余运动员的水平差别进行比喻。比如职业的射击运动员，他每次出枪总能命中 9 环左右，而业余选手可能有时打飞，有时打中 10 环，当他抬手射击时我们无法预料他下一枪究竟多大的概率命中 9 环以内，也就是说我们可以从稳与准两个维度判断其水平的高低。

稳：每次射击的命中环数很接近，没有大起大落的现象，这样才可以预测。即使你每枪都脱靶，我们也可以认为你过程很稳定啊（必须脱靶在相近的位置）。为什么呢？因为我们可以预料到你下一枪还会脱靶。

准：每次射击的命中环数接近靶心，是我们期望的结果，这样才可以说你水平高，可以参加世界级的比赛。

CMMI 的 2 级和 3 级对过程没有稳与准的要求，而 4 级要求稳定，消除过程偏差的特殊原因，5 级要求又稳又准，持续优化，优化过程偏差的一般原因。2 级的过程由项目经理自己掌握，只要满足了 CMMI 2 级 7 个 PA 的要求即可，3 级要求组织级必须定义标准过程，项目组进行裁剪，过程基本统一即可。这也是 2 级称为已管理级与 3 级称为已定义级的由来，已管理级即项目组已经实施了基本的管理；已定义级指组织已经定义了标准过程。

4．过程定义的可行性

过程定义指的是过程设计。做一个项目，我们拿到需求后会在技术上进行设计，考虑需求在技术上如何实现，从管理上也需要进行设计，考虑这个项目在管理上如何实现，管理上的设计主要是过程的设计，两者的对比关系参见图 1-5。过程设计在 CMMI 模型中描述了 3 个层次。

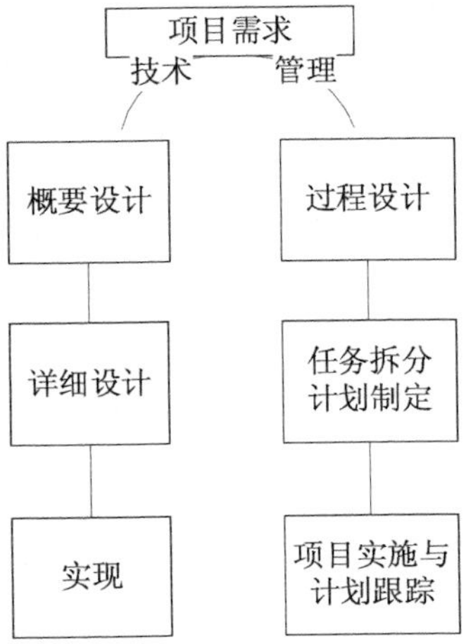

层次 1：生命周期模型的选择与项目阶段的划分，这是 2 级 PP 过程域的要求。

图 1-5　技术设计和管理设计两者的对比

层次 2：组织级标准过程的裁剪，这是 3 级 IPM 过程域的要求；

层次 3：子过程的裁剪及验证过程或子过程对目标的可实现性，这是 4 级 QPM 过程域的要求；

层次 1 的要点是阶段设计，层次 2 的要点是过程设计，层次 3 的要点是子过程设计，要求是逐步深入，过程设计的颗粒度越来越细化。

5. 管理的前瞻性

项目管理类的过程域在 2 级中有 4 个：项目策划（PP）、项目监督与控制（PMC）、供应商子合同管理（SAM）、需求管理（REQM）。在 3 级中有 2 个 PA：集成项目管理（IPM）、风险管理（RSKM）；在 4 级中有 1 个 PA 量化项目管理（QPM）。3 级的 IPM 与 RSKM 是在 2 级的 3 个过程域（PP、PMC、SAM）基础上更高的管理要求，尤其是 IPM 过程域。PP 要求做计划，PMC要求在计划执行过程中进行事中与事后的监督与控制，而 IPM 强调了事前对照计划的管理活动，强调了计划的合理性、可行性，强调了过程与人员的协调一致问题，而 4 级的 QPM 则要求对过程定义的可行性、项目目标的可实现性进行量化的预测与管理。从 2 级到 4 级项目管理的变化，是一个从无到有，从简单到完备，从经验到量化，从事中、事后的反应式管理到事前的预测式管理的变化过程。

6. 目标的可度量性

CMMI 2 级和 3 级并没有对项目目标提出要求，即项目组可以定义也可以不定义项目的质量与过程性能目标，即使定义了也不需要证明目标的可实现性，可以凭经验定义目标。而在 4 级和 5 级则明确提出，项目必须定义质量与过程性能目标，并且要求目标应该是文档化的、量化的、可以实现的，目标要符合 SMART 原则。

- Specific：文档化，明确。

- Measurable：可度量。

- Attainable：可实现。

- Relevant：和商务目标的相关性。

- Time-bound：在规定的时间。

目标的可实现性是需要重点解决的问题。怎么保证目标是可以实现的呢？（1）目标是基于历史的性能制定的，不能与历史偏差太大，如果偏差很大，必须有充分的理由证明之。（2）可以采用过程性能模型预测目标实现的可能性，即在什么样的投入下，这个目标是可以实现的，实现的概率多大。如果是小概率事件，则认为目标是不可实现的。

7. 度量数据的完备性

CMMI 的 2 级有 MA 过程域要求进行度量分析，但是此 PA 仅要求每个项目组按自己的需求定义、收集、分析、存储度量数据，并没有要求在组织级统一定义度量元。而在 3 级中则要求建立组织级度量库，组织级统一定义需要采集的度量元。在 4 级中要建立组织级的过程性能基线与过程性能模型。过程性能基线的建立需要对组织级统一定义的度量元进行数据分布的分析，以求得历史数据的位置与离散程度。过程性能模型的建立则要求建立过程的输出与过程输入、属性之间的关系，既要度量 Y 也要度量 x，x 即为过程的输入与属性，度量数据的采集范围要比原来广泛了。

图 1-6 评估度量

8．度量的服务对象

CMMI 2 级采集哪些度量数据是由项目经理来确定的。3 级采集哪些度量数据是由组织级统一定义的。项目组可以裁剪。2 级和 3 级采集的度量数据主要是为了监督项目过程的性能，而 4 级采集度量数据是为了建立过程性能基线与过程性能模型，不但要对过程的输出采集度量数据，也要对过程输入、过程的属性采集度量数据，采集的度量元相比 2 级和 3 级更多了。5 级的度量数据是围绕改进组织级的商业目标来采集的。

9．管理技术的客观性

管理技术的客观性是指是否采用了统计技术对项目实施了量化管理。

这里说的统计技术不仅仅是指度量了数据，对数据画了饼图或其他图形的分析。统计技术包含了 2 个方面：统计描述技术与统计推断技术。对于一组数据计算了平均值、标准差等称为统计描述。统计推断技术是指根据样本的统计量可以推断出总体的统计量，发现统计的规律，比如根据 3000 个家庭父母的身高、孩子的身高得出一个计算孩子身高的回归方程。

基于统计的技术非基于经验识别过程的异常、识别管理中的问题，这正如中医与西医看病的区别。中医看病是凭经验，经验好的大夫看病比较准，经验差的大夫看病水平则比较低，同一种病，不同的中医大夫诊断，结论可能相差很大。西医看病是基于各种检测指标，如血压、血小板的含量等等，是客观的决策，同一种病，不同的西医的结论差别不大。

上述的区别是我在咨询中对这 4 个等级的体会，不代表 CMMI 研究所的官方解释。每个人也许有每个人的感悟，各有道理吧。

1.1.6　如何学习 CMMI

在建立体系之前需要研究 CMMI 模型的要求以建立理论基础。那么，究竟如何学习 CMMI 呢？我的体会如下。

（1）通读模型

模型是众多专家总结的最佳实践，历时多年，讨论了许多遍才写成的。模型里包含的信息量很大，描述得很完备，需要全面地通读模型。比如，有朋友问我，开发工具是否要识别为配置项？其实这个问题在模型里有明确的答案，只要去读 CM SP1.1 的描述就可以了，模型的原文如下（CMMI® for Development, Version 1.3, CMU/SEI-2010-TR-033，P140）。

Configuration identification is the selection and specification of the following:

- Products delivered to the customer

- Designated internal work products

- Acquired products

- Tools and other capital assets of the projects work environment

- Other items used in creating and describing these work products

<参考译文>

配置识别是选择和刻画：

- 交付给客户的产品；

- 指定的内部工作产品；

- 采购的产品；

- 项目工作环境的工具和其他重要的资产；

- 用来创建和描述这些工作产品的其他物品。

再比如，对于 CM SP1.2 建立配置管理系统，有的企业仅把实际应用的配置管理工具视为证据，其实仔细去读模型的原文（A configuration management system includes the storage media, the procedures, and the tools for accessing the configuration system）就会发现：存储的介质、规程与工具三者结合起来构成了配置管理系统，因此物理的配置项、配置管理工具及配置管理规程都是该实践的物证。

需要注意，应尽可能通读模型原文，尽管已有中文版的模型可以下载，但是翻译后的资料与原文还是有些差异，可能丢掉了原文里的很多含义。

（2）咀嚼模型

模型不但描述得完备，而且简练，很多思想蕴含在平淡的叙述之中，因此需要仔细体会模型里的每一句话，要反复地阅读模型。比如对 DAR SG1：评价候选方案。模型中该目标的原文如下（CMMI$^{®}$ for Development, Version 1.3, CMU/SEI-2010-TR-033-P151）：

Issues requiring a formal evaluation process may be identified at any time. The objective should be to identify issues as early as possible to maximize the time available to resolve them.

<参考译文：在任何时间都可以识别需要执行正式评价过程的问题。目的是尽早地识别出这些问题以预留出尽可能多的时间用以解决这些问题。>

仔细体会这段话，传达了以下这样几个含义。

- 在任何时候都可以采用 DAR，比如项目的初期、中期、后期。项目的初期会有哪些决策呢？开发方法的选择、技术路线的选择、开发工具的选择、需求的裁剪、供应商的选择等等。中期呢？深思之。

- 应该尽可能早地识别出需要执行 DAR 的问题，以留出足够的时间解决问题。在项目进展的早期应该尽可能多地识别出需要执行 DAR 的问题，这样能够考虑得更加完备。

再比如，对于 PP SP1.1 估计项目的范围。模型中该实践的正文为（CMMI$^{®}$ for Development, Version 1.3, CMU/SEI-2010-TR-033。P283）: Establish a top-level work breakdown structure（WBS）to estimate the scope of the project.<参考译文：建立高层的任务分解结构以估计项目的范围>

top-level 是第几层呢？仔细读该实践的第 2 条子实践：

Identify the work packages in sufficient detail to specify estimates of project tasks, responsibilities, and schedule。<参考译文：详细地识别任务包，以明确估计项目的任务、责任和进度>

据此可以推理出：这里所说的 top-level 的 WBS 就是分解到工作包级，基于工作包做估计、分配责任及安排进度。如果仅仅从字面的含义认为 top-level 就是第 1 层的 WBS，那就是笑话了。第 1 层只有 1 个节点，没有实质性的意义。

书读百遍，其义自现！

（3）参考其他模型

CMMI 是融合 SW-CMM、SE-CMM、IPD-CMM 等几个模型而来，为了保证能够适合于多种学科，在术语上往往比较抽象，因此当对某些实践无法读懂时，就要相应地去参考其他模型。比如对 PI SP1.1 确定集成顺序，对于软件系统的集成，当系统的规模不大时，其实开发顺序在很大程度上决定了集成顺序。为了加深理解该实践，在实际执行过程中很好地裁剪该实践，可以参考 SE-CMM 的 BP05.08 等实践，在 SE-CMM 的 BP05.08 中有如下的描述。

The larger or more complex the system or the more delicate its elements, the more critical the proper sequence becomes, as small changes can cause large impacts on project results.

The optimal sequence of assembly is built from the bottom up as components become subelements, elements, and subsystems, each of which must be checked prior to fitting into the next higher assembly. The sequence will encompass any effort needed to establish and equip the assembly facilities (e.g., raised floor, hoists, jigs, test equipment, I/O, and power connections). Once established, the sequence must be periodically reviewed to ensure that variations in production and delivery schedules have not had an adverse impact on the sequence or compromised the factors on which earlier decisions were made.

<参考译文：

系统越大、越复杂或元素越易损的，正确的顺序就越关键，因为小的变动就可能对项目的结果带来很大的影响。

最佳的集成顺序是进行由底向上的集成：当部件集成为子元素、子元素集成为元素、元素集成为子系统时，每个层次在集成到更高的层次之前都要进行检查。集成顺序中也包含了所有建立和配备集成工具的活动（例如：活动地板、基座、起重机、夹具、测试设备、I/O、电力连接线等）。一旦建立了集成顺序，则必须周期性地评审以确保生产和交付工期的变化对集成顺序没有负面影响或者对早期的决策进行折中调整。>

在阅读 CMMI 时可以参考的资料包括：SW-CMM、SE-CMM、IPD-CMM、PMBOK、ISO15504、TSP、PSP 等。

（4）映射到本企业的实际情况

CMMI 模型既适合于软件开发企业，也适合于硬件生产企业，既适合于软件产品的开发，也适合于外包类的软件企业，不同类型的企业对于模型的每条实践解释是不同的，需要结合企业自己的实际情况解释模型。

CMMI 模型是基于实践提出的，不是理论推导出来的。模型里的实践或多或少都可以在本企业的实践中找到映射。"做没做"、"做得好不好"，是在和企业的实践进行映射时必须考虑的问题，通过这种映射可以加深对模型的理解。

比如，对 TS SP1.1 开发候选解决方案与选择准则，在企业里候选方案的开发与选择可能发生于投标阶段、立项阶段、设计阶段，企业的这些不同阶段的实践都可以映射过来，在投标或立项时可能是涉及对总体方案的选择，在设计阶段可能涉及对具体某个产品构件的解决方案的选择。通过与企业的实践进行映射就可以发现，这里提到的解决方案实际上是泛泛而言，并非仅仅针对总体技术路线的选择，某个具体的构件的解决方案的选择也适合。

判断"做没做"仅仅是最基本的映射，判断"做得好不好"才是更高层次的映射。在 CMMI 模型里，因为模型里的实践是可以替换的，所以只要达成了模型里每个 PA 的目标的实践都被认可就可以了。

（5）与多个人讨论模型

一个人的视角是有局限的，通过与其他人的沟通，可以从不同的人员那里获得不同的信息，从而对实践理解得更加全面与深入。即使别人的观点未必是正确的，也可以在讨论中受到启发，也可能激发自己更多的想法。组织应该建立定期讨论的制度，通过一种制度化的沟通来确保大家关注过程改进工作，真正地投入时间去考虑如何改进。在我咨询的一个客户中，有一个项目组每周都定期抽出一定的时间大家一起研读模型，这种沟通与讨论对理解模型、识别组织的优势与劣势很有帮助。不要仅仅限于与组织内部的同事进行讨论，与其他组织的同行进行沟通帮助可能更大。

我建立了一个 QQ 群：133986886，我的很多客户都参与了该过程改进的讨论群，大家可以在这个群里进行模型相关的讨论。

1.2　EPG 的工作指南

EPG 是工程过程组（Engineering Process Group）的简写，EPG 是企业内的立法机构，负责制定与推广管理规范与过程财富。

1.2.1　EPG 成员选择四要素

选择什么样的 EPG 成员才合适？基于我的所见所闻所思，总结了 4 个选人的要素。

（1）知识

知识是基础的要求，应该具有基本的软件工程知识，而不是白纸一张，这样才能容易沟通，知识可以通过学习来获得，有无知识是相对的；知识可以通过是否学习过哪些课程，接受过哪些培训、读过哪些书籍来衡量。

实践出真知。知识经过实践的锤炼才能真正成为自己的知识，对知识与经验进行了再加工、创造出新的理念才是对知识与经验的升华。

无知并不可怕，可怕的是不知道自己无知。很多自以为是的人都不认为自己无知。

（2）经验

软件工程是一门实践型的学科，缺乏足够的经验就很难理解模型里的各个实践，否则即使读了模型，也无法引起共鸣，文字都认识，但是文字的真正含义却无法透彻地理解。古人云：读万卷书，行万里路，讲的就是知识和经验的重要性。在实践中有很多事情是无法靠知识来解决的，而是要靠经验。

经验是要积累的，积累需要时间，悟性高的人可以更快地积累经验教训，有执行力的人可以积累真正实用的经验。

（3）悟性

悟性是举一反三的能力，是知微见著的能力，是自我学习、自我进步的能力。有悟性的人才能循序渐进地改进自己，也才能循序渐进地发现组织的缺陷，才能改进组织的标准过程。

悟性难以通过学习来获得，在很大程度上是天生的，悟性决定了一个人在某个领域可以达到的层次。

知识与经验是悟性的源泉，没有知识与经验，悟性就无法产生新的思想。

（4）执行力

所有的知识、经验、心得必须在实践中得到证实才能创造价值，否则只能是夸夸其谈，华而不实。知识、经验、心得要应用到实践就必须有一定的执行力，而不是停留在脑袋里无法落实。

在这 4 个要素中，执行力是必须具备的，如果不具备执行力，则一事无成。

要求每个 EPG 的成员都具备上述的四个要素是不太现实的，要注意搭配。在上面的 4 个要素中，**除执行力是必须具备的要素外，其他 3 个要素的重要性应该是按悟性、经验、知识依次降低。**

仔细想想，其实做任何事情可能都需要这 4 个要素。

1.2.2 EPG 的工作指南

很多企业的 EPG 成员不知道应该如何开展过程改进的工作，不知道日常应该做什么，一旦脱离了咨询顾问的指导，过程改进就失去了章法。表 1-6 列出了 EPG 每日、每周、每月、每年应做的事情，为 EPG 提供工作的参考。

表 1-6　　　　　　　　　　　　　　EPG 的工作指南

时机	EPG 的事务
日常	组织资产库的建立与维护，审核组织过程资产并入库
	制定质量体系的推广计划，监督计划的执行
	组织标准过程的培训
	解释说明质量体系中各过程模板的含义，为 QA 人员、项目组人员提供咨询
	体系文件发布及召开发布说明会
	体系文件建立与变更时，制定推广策略与方案
	推广新技术、工具与最佳实践
	审核各项目组对组织标准过程集的裁剪是否合理
每周	总结本周体系推广情况，及时识别在体系建立与推广过程中的问题，识别过程改进点
	制定下周的工作计划
每月	分析各项目组的过程裁剪记录、QA 发现的问题、各项目组的度量数据、经验教训总结、过程改进建议，识别过程和体系的改进点
	与公司高层沟通过程改进的情况，寻求高层的支持与帮助
	制定下月的工作计划
每年或半年	执行定期的过程评估
	总结本年度过程改进状况
	与业内的标杆数据、最佳实践、新标准对比，识别改进点
	获得高层的需求与承诺，制定下年度过程改进计划
	建立与维护组织质量和过程性能基线与模型

1.2.3　EPG 如何应对企业政治

流程的改进，总是会涉及人的利益。有的人不愿意放权，有的人希望借助过程改进获得更多的利益，有的人不愿意暴露自己的问题，有的人不愿意改变工作习惯，有的人不愿意被束缚，有的人就是看 EPG 不顺眼。有人的地方就有政治，如何应对呢？

（1）坚持正道

何谓正道？

公司的规章制度即为正道。 公司的规章制度定义了做事的原则、方法，是公司的法律。循规蹈矩，别人就无法指责你的错误，这样才能立于不败之地。我不犯错，你奈我何？否则，你不遵纪守法，反对你的人就很容易否定你。

老板的指令即为正道。 有法依法，无法则依老板。企业是法治与人治的结合体，不按老板的意思办，迟早要完蛋。按老板的意思办，即使错了，也有老板为你顶着，即使给老板当了替罪羊，也有翻身的机会。

做人的基本原则即为正道。 与人为善，不损人利己，不做缺德的事情，做一个好人，这是做人的正道、做人的底线。即使周围的人都损人利己，你也要保持自己的风骨，淡然处之，不媚俗。这样可能失去一次机会，但是不会永远失去机会，即使当前不为企业所容，日久见人心，早晚大家都会敬重你的人品，即使是你的对手。

常言道，世上的事最怕认真二字：**认真，即为坚持正道。**

（2）以柔克刚

何谓柔？何谓刚？

柔即变化，刚指强大的反对力量。以柔克刚，意味着不与对方发生正面冲突，进行适宜的变通。**只要能够达到目的，在不违背原则的情况**下，进行灵活变通，**使事情能够进展下去。** 有时，隐忍待机，也是一种柔。事情做成了，这是目的，这是根本，这是大义，做事的中间过程有所让步，有所付出，这是小节，不可因小失大。局部你吃亏了，最后你胜利了，这便是吃亏是福。着眼于未来，才能具有柔的精神，而执著于一点，针尖对麦芒，最终两败俱伤，难以成功。

何谓克？

克即让对方不得不顺从你的意愿做事情，无法抵触，无论对方是心甘情愿，还是心有怨言，即使有怨言，这个怨言也无法针对你而来。克，并非一定是对方要服从你，而是要服从你手中的武器。你的武器是什么呢？你的武器是理，是法，是上级领导，是群众的舆论，是人性的弱点。总之，借助于其他武器，使对方无法对你发力，不得不服从，这便是克。当然如果你自身在企业中已经具备了很高的威信，则就可以柔于外，刚于内，别人就更乐于服从了。

坚持正道，以柔克刚是刚柔并济应对企业政治之道，需要仔细体会，认真思量，逐步实践之。

1.2.4 EPG 常犯的 10 种错误

（1）对模型研究不够深入

模型是多年软件工程经验的总结，模型中的每一句话、每个例子都不是随便写上去的，都有其内在的含义，需要仔细琢磨，仔细体会。作为 EPG 的成员，在遇到问题时，首先要做的事情就是通读模型，在模型原文中查找答案。注意不要去读那些粗制滥造的译本，以免以讹传讹。对读不懂的地方应该再去读 SW-CMM 与 SE-CMM，从那里获取有关的参考描述。如果还读不懂，可以在网络上搜索资料或与朋友交流。

当然，**不能"唯模型论"，模型不会解决所有的问题，模型也只是描述了做什么**，在模型里并没有详细描述怎么做，要解决怎么做的问题需要与有实践经验的专家进行沟通。**只有真正理解了模型才能不"唯模型论"，才能根据实际进行裁剪。**

（2）不善于与项目组沟通

规范的管理是着眼于未来的，可以降低犯错的概率，其效益可能在当前并不明显。规范的管理会改变开发人员的工作习惯，在他们的眼中可能认为规范是一种累赘，因此对规范的抵制是一种很自然的反应。

EPG 是公司研发管理大法的制订组织者，是体系的推广者，项目组是体系的执行者。EPG 不是项目组的领导，在和项目组打交道时，**不能以居高临下的姿态和项目组沟通**，否则很容易引起项目组的反感，给体系的推广设置人为的障碍。

项目组里最有影响力的是项目经理，项目经理就是 EPG 的重点沟通对象。**质量管理体系是帮助项目经理进行管理的，是项目经理的助手，而非项目经理的敌人**。应让项目经理意识到这一点才能够将体系推行下去。

（3）不善于利用企业高层管理人员

过程改进是一把手工程，尤其是在基础薄弱的组织中。如果缺少了企业高层的支持，体系的推广寸步难行。

EPG 不是项目组的直接领导，不可以直接对项目下达命令，因此在推广的过程要善于利用企业的领导，经常和领导沟通，和领导一起加深对研发管理的认识，从领导那里获得反馈，并借助领导的影响力促进体系在项目中的推广。

与领导的沟通是有技巧的，要根据领导的风格区别对待。有的领导喜欢直来直去，有的领导喜欢迂回曲折，有的领导喜欢独断专行，有的领导则比较民主。要将模型的思想转换为领导的思想，就要采取一定的技巧，对症下药。

案例：技术总监不关注的过程改进

我的一位老同事在 A 公司做技术总监。2006 年底有一次朋友聚会，我知道 A 公司刚刚通过了 CMMI5 级的评估，于是便和这位老同事说起 A 公司已经通过了 CMMI 5 级的评估，结果这位同事告诉我："那是他们质量部门的事情，我不知道他们在做 CMMI！"我很惊讶，也很怀疑这家公司是如何做地过程改进。

（4）不善于利用一切改进机会

为了推广体系，需要充分抓住一切在组织内教育员工、教育领导的机会。最典型的有 5 个机会。

（a）客户要求

客户满意是所有企业经营都遵循的宗旨。利用客户对项目过程管理的要求识别改进点，更容易引起项目和领导对过程改进工作的重视。

（b）质量事故

一旦发生了质量事故就要追根溯源，进行根本原因的分析，以充分引起大家对质量的重视。

（c）成功案例

如果有个项目做得很成功，同样也要抓住机会，仔细深入地分析项目成功的原因，利用典型的成功案例教育大家。

（d）外部咨询

中国有句俗话："外来的和尚会念经"。当有外部的咨询师或者评估师到企业时，也要充分利用这个机会，对员工和领导进行教育。

（e）内部调研

在企业里对管理现状进行调查，是一种自底向上反映大家对组织规范管理需求的有效手段。管理永远是需要改进的，改进的动力来自于商务需要，也来自于群众的呼声，群众的呼声可以转换为商务需要。

（5）EPG 本身作业不规范

EPG 要以身作则，自己也要按规范办事，不能表现得很随意。比如：

　　EPG 自己生产的文档不符合公司定义的各种规范；

　　EPG 自己的文档没有纳入配置管理；

　　体系文件的变更不遵守公司的变更流程；

　　EPG 的工作缺乏计划性；

　　对 EPG 的工作没有执行 PPQA 等。

己身不正，何以正人？

（6）违背了循序渐进的思想

"以人为本，以过程为核心，以度量为基础，循序渐进"是当前各种管理模型的核心思想。管理的改进是文化的变革，要改良而非革命，不能拔苗助长，**要冷水煮青蛙**。一些软件开发中的基本实践看似简单，在企业里推行时却困难重重，例如需求文档化、设计文档化、计划文档化、同行评审、专职的测试人员等等。往往迫于商业目标的压力，在过程改进时，EPG 会定义不切实际的改进目标，试图短期内见效，这样就要求项目组一次改进的地方太多，而这么做，很可能事与愿违，导致项目组比较抵触，即使短期内能够通过评估，一旦拿到证书，反弹也会比较大。

过程改进是一种长期行为：

　　公司的高层对软件规范管理的认识有一个过程。

　　公司负责过程改进的人员对规范管理的理论理解也需要一个过程。

　　公司规范体系的推广需要一个实用化的过程。

　　公司开发人员认识规范管理也需要一个过程。

　　公司管理问题的解决从认识到制定措施、落实措施、优化措施也需要一个过程。

公司管理体系真正制度化也不是短期内能做到的。

任何事情都有其发展的必然规律，违反了客观规律是要摔跟头的，欠债总是要还的，拖得越久，利息越高。上述的所有过程都不是短期的行为，有很多思想意识当时明白，过后又忘了，需要在实践中不断验证才能成为习惯，需要在实践中不断地强化和加深。

（7）忽略了裁剪指南

裁剪指南比体系本身更重要。僵化的体系是不可能真正在组织里推行下去的，要保持体系的灵活与敏捷，就必须定义详细且实际的裁剪指南，并在实践中逐步完善。EPG 的成员往往试图包罗万象，将体系定义得相当完备，在过程定义、模板定义上花费了大量的时间，而忽略了裁剪指南是体系更重要的部分。这样导致在实际推广中，体系可以裁剪的选择余地很少，针对具体的项目组，往往会让项目组多做一些无法产生价值的活动，这样项目组就会产生一些抵触情绪。

（8）忽略了持续培训

在过程改进的初期会做 CMMI 的 Introduction 培训、过程域培训、管理技术的专题培训，在体系定义完成后，会做体系的培训。这些培训要么集中在一段时间内完成，培训的密度比较高，效果并不好；要么间隔的时间比较长，培训后面的内容时已经忘记了前面的内容。因此，需要在体系的推进过程中再将已经做过的培训的要点换个角度进行强化，使一些观念、一些做法深深地刻在每个人的脑子里，才能让执行者知其然，知其所以然，这样才能成为习惯，持之以恒地坚持下去。

（9）缺乏足够的软件工程经验

这一条实际上是在选择 EPG 成员时容易犯的错误。以 CMMI 模型的博大（这也是其缺点，不够通俗与平民化），要想充分理解其内涵，理解其精神，没有足够的软件工程背景是比较困难的。而很多企业的 EPG 成员恰恰就缺乏足够的软件工程经验，有经验的员工都去生产一线做项目经理或部门经理，去直接创造商业价值了，间接创造商业价值或者会带来长期效益的管理活动便让一些缺少经验的人来做，这实际上是一种"脑体倒挂"的现象。缺少经验的人需要到一线去工作，去锻炼，去提高，那些有经验的员工则需要充分贡献出其经验，充分发挥他们在企业里的正面影响力，而不是成为过程改进的阻力，这才是他们的价值的体现。

（10）过分依赖咨询公司

EPG 成员在建立公司内部过程体系的初期，往往会过分依赖外部咨询公司，要求咨询公司提供已成型的过程体系文档。每个组织都有其自身的特点，产品方向可能不同。组织结构可能不同，企业文化可能不同，人员结构可能不同，外部的商务环境也可能不同，因此企业的作业流程、文档格式等都可能不同。如果机械地照搬，那么势必造成 EPG 建立的标准过程并不适合本组织，从而使过程改进见效缓慢，甚至夭折。

1.2.5 识别过程改进点的 9 种手段

望闻问切，弄清病症、病因，才可开药方，过程改进与此同理。那么，过程改进如何识别改进点，发现病症呢？

1. 过程评估

过程评估是指由内部或外部的评估员参照某种或某几种模型通过文档审查或访谈等手段评价组织的过程执行情况，以发现体系、实践与模型的差距，识别改进点。参照的标准与模型是可以随时间的推移而变化，可以不断地从新的标准与模型中汲取营养。

2. 过程裁剪记录分析

组织级定义了标准的体系规范后，项目组可以裁剪组织的标准体系，通过分析裁剪记录可以识别频繁裁剪的过程、活动、文档等，这些频繁被裁剪的元素就可能是不适合企业实际情况、需要改进之处。

3. 不符合问题分析

PPQA 人员对项目组的过程与工作产品进行检查可以发现不符合体系的问题（NC），通过对 NC 项的共性分析，可以发现项目组通常都会在哪些地方犯错误，犯错的原因是体系本身定义得不合理，还是由于培训与指导不够，或者其他原因。

4. 问题或缺陷分析

客户的投诉、客户反馈的问题、测试发现的问题、过程性能的异常等都是财富，需要分析这些问题或缺陷的根本原因，识别为什么会发生这些问题？为什么没有尽早地发现这些问题？

案例：对问题的原因分析

下图是我 2011 年 3 月在深圳给某个客户咨询时，针对项目组反馈的用户优先级划分不合理的问题进行原因分析的记录。通过这种原因分析，可以发现企业中的改进点。

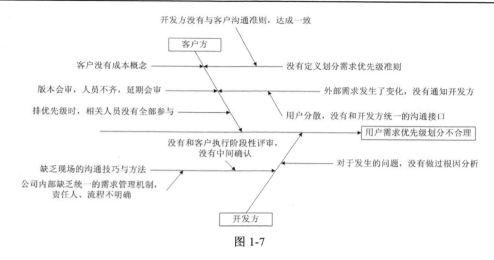

图 1-7

5. 经验教训分析

向经验学习，向教训学习，推广经验，规避教训。组织级可以定期汇总、分析、评价这些经验教训，选取有价值的经验教训吸收到组织体系中。

案例：通过分析经验教训持续改进

2007 年 7 月，有位朋友推荐我拜访济南的一家软件公司，这家公司大概 100 人，我在济南生活了 10 多年，对济南的软件公司比较熟悉了，但是我从来没有听说过这家软件公司。我刚进入这家公司时，印象并不好，因为是夏天，气温比较高，这家公司并没有开空调。随着和公司老板的沟通，我发现这家公司管理得很好，比一些通过 CMMI3 级评估的企业管理的实效都好。他们成功的经验是什么？每月项目经理都会给老板汇报本月的经验教训，老板每月都从这些经验教训中提取出来可以推广的最佳实践，定义到公司的质量体系中，在公司中推广之。久而久之，公司的体系逐步完善发展起来，而且很有实效，没有多余的活动。

---

6. 度量数据分析

组织级定义了共性的度量元要求各项目组进行采集，通过分析这些共性度量元的实际数据可以发现好的或差的异常，通过分析这些异常的根本原因可以发现改进点。

7. 过程改进建议分析

过程体系的执行者、监督者都可以基于自己的理解对过程体系提出改进建议，这些改进建议应该由专人进行讨论、分析，确定共性的、有意义的建议并吸纳改进之。

8．标杆数据对比分析

国际、国内都有一些组织定期发布度量数据，可以将组织内的基线数据与这些标杆数据进行对比分析，寻找差距，鉴别差距的真实性，寻找差距的原因并改进之。

9．高层经理的改进需求

公司的中高层经理接触客户、接触市场、接触其他的合作伙伴或竞争对手比较多，他们会基于企业发展的需求、基于外部商务的需求，对企业内部的过程改进提出期望与目标，这些也是改进点的来源。

企业的 EPG 成员必须熟练运用上述最常用的九种识别病症的方法，及时发现改进点，实现持续改进。

1.3　如何实施 CMMI

1.3.1　实施 CMMI 时必须解决的 7 个认识问题

在基于 CMMI 实施软件过程改进时，有些根本的思想认识问题解决不了，往往会导致实施过程改进的周期变长，效果不佳，甚至终止或失败。软件企业的高层领导、企业的过程改进主管、销售人员、项目经理及一般的开发人员都需要对这些问题统一认识，在此基础上才能消除各方面的阻力，把握好过程改进的方向，控制好过程改进的进度。在实施 CMMI 时必须解决如下几个思想认识问题。

（1）CMMI 不是万能的，需要技术、人员、过程三个要素一起改善

在软件工程发展的历史进程中，人们为了解决软件危机，尝试采用了诸如形式化描述语言、结构化开发方法、CASE 工具、构件化开发方法等等各种解决方案，但是效果并不那么显著。美国卡内基梅隆大学软件工程研究所提出的软件过程能力成熟度模型是基于过程的角度来应对软件危机。那么是否实施了 CMMI，软件企业的开发能力就一定能提高，一定能带来经济效益呢？答案是否定的。企业要带来经济效益必须要结合软件过程、工具、开发方法、人员等多种因素一起提高，因为人员、技术和过程是支撑软件开发的三条腿，少了哪一条都不行，如图 1-8 所示。在管理学中，有所谓的"木桶原理"，即一个木桶可存水的最大容量是由最短的那根木头决定的。在企业的开发能力中，过程，技术（含工具、方法），人员都是主要的因子，都需要全面提高，只关注一个方面，而忽略了其他方面，很可能事倍功半。

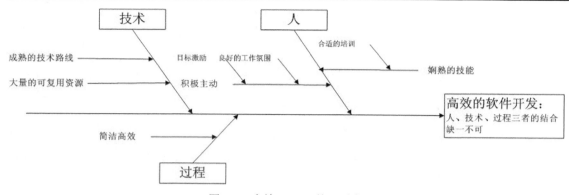

图 1-8　实施 CMMI 的三要素

　　在开始实施 CMMI 时，最容易犯的一个错误就是"唯管理论"或孤立地只抓过程改进，忽略了开发技术与人员的提高，实施了半年或一年后，发现企业的生产能力并没有得到明显的改善，这时反对的声音就会成为主流，过程改进就难以继续进行了。有的企业采用面向对象的开发方法进行软件开发，但是企业内并没有对面向对象技术真正了解的专家，虽然也采用 RUP 过程、ROSE 等开发工具，但是仅仅是形似，没有做到真正的面向对象方法，没有得到面向对象方法的精髓，这种问题仅仅依靠过程改进是无法解决的。还有的企业开发人员的积极性很差，工作热情很低，企业的激励机制没有起到很好的作用，这种问题也是依靠 CMMI 无法解决的。

案例：人员培养的瓶颈问题

　　2007 年，我曾经为江苏一家软件外包企业做咨询。该公司 2003 年时就通过了 CMM 3 级的评估，经过多年的持续改进，企业的过程体系简洁而高效。但是该公司的开发人员基本上没有超过 3 年工作经验，尽管过程定义得简洁高效，项目组成员也能按标准与规范执行，但是项目组成员编写的需求文档、设计文档、代码与测试用例的质量比较差。我每次去运行检查都要首先作为同行专家去发现这些文档的 bug，帮助项目组成员去发现工作产品中的内在的质量问题。在这家公司，过程就并非最突出的问题，而人员问题才是瓶颈，迫切需要解决的是人员培养问题。

案例：技术复用的威力

　　2007 年底，我曾经到深圳一家软件公司做售前。该公司有 3 个做类似软件的开发部门，其中一个部门花了 4 年的时间积累了一套可复用的框架，当有新的员工加入该部门时，只要花 1 周的时间学习该框架，就可以开发出可以交付最终用户使用的应用系统，具有很高的开发效率，但是，其他两个部门却没有复用该框架。当完成一天的初步差距分析后，我告诉该公司老板："只要将该框架推广到其他两个部门，获得的效益要超过实施 CMMI 的投入产出比！对这家公司而言，目前迫切需要解决的是打破 3 个部门之间的"墙"，复用其中一个部门的框架，将该框架演变为组织级的框架，就可以在短期内提高整个公司的生产效率。

（2）过程改进的效果不是立竿见影的

在实施 CMMI 时，企业的管理层在开始时往往会对过程改进的期望值太高，希望在短时间内达到显著效果，但管理的改善是符合 J 曲线的。如图 1-9 所示，即在改善的初期企业的运行效率可能会下降，甚至可能会出现一些混乱的局面，但是度过了这段时间就会看到过程改进的效果。所以在改善的初期大家要有这个思想准备，要有耐心。

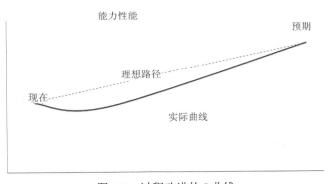

图 1-9　过程改进的 J 曲线

案例：建立老板对过程改进的承诺

2005 年，我为北京一家公司咨询 CMMI 3 级，在差距分析的报告会上，针对企业的突出问题（比如研发人员的考核办法、配置管理等）老板做出了如下承诺。

在平均提高开发人员 10%工资的前提下建立研发人员的考核办法；

可以购买不超过 40 万元的设备与软件工具用以提高管理水平；

在过程改进启动 3 个月之内，所有的反对意见暂时搁置；

……

> 上述的承诺写入会议纪要，并由公司老板亲自修改了会议纪要作为其对过程改进的承诺。在上述承诺中的第 3 条，其实就是对 J 曲线的认可。

（3）坚持活学活用，以我为主

很多国内的软件企业都是从作坊式的软件组织逐步发展过来的，没有标准、规范，企业里真正超过 10 年软件工程经验的人员比较少，有经验的人员又不愿意从事质量管理与过程管理。因此很多企业的 EPG 成员欠缺工程经验，又没有真正的有实践经验的专家进行指导，所以对 CMMI 的理解就不可能深刻，于是就不敢裁剪 CMMI，容易机械照搬 CMMI 条文。其实这恰恰违背了 CMMI 的精神，CMMI 是软件工程经验的集大成，是从实践中总结出来的，CMMI 本身也在更新版本，不断完善。

每个企业都有自己的特点，也都有自己的经验教训总结，就像微软的 MSF，那是微软自己内部的管理过程标准，是微软的产品开发经验总结。有些内容是 CMMI 中没有的，完全可以借鉴过来使用，所以只要可以提高企业自己的软件管理水平，就应该大胆地尝试。

在推行 CMMI 时，所遇到的阻力，很大程度上是由于照搬 CMMI 的条文，不切合项目组的实际，没有具体情况具体分析。实际上，一线的管理人员、开发人员最了解实际。谁了解实际，谁就有发言权。所以在制定质量体系时，尤其是在制定大家都要执行的操作规程、模板时，一定要得到执行者的认同，否则就容易成为执行和沟通的障碍。凭借公司的行政制度硬性推行质量体系，表面上看来似乎大伙也照规程做了，其实是表面文章，对改善没有实际帮助，导致过程改进工作受阻。

案例：EPG 与开发人员建流程的对比

2011 年我咨询了一家软件公司，在这家公司内建立体系时，项目管理类的体系是由一个 EPG 成员参考其他公司的流程建立的，工程类的体系是由开发部门的资深人员建立的。2013 年当我回访此公司时，质量人员反馈工程类的体系这 2 年执行的很好，而管理类的流程执行的不好，项目组成员总是找借口不执行或事后补文档。

（4）要改良不要革命

以革命的方式来实施 CMMI，期望通过一场运动来解决过程能力的问题，一种可能是不懂 CMMI，不晓得管理的改进是循序渐进的，另一种可能是明知故犯，期望在短期内通过

CMMI 评估，单纯追求市场上的轰动效应。有的企业在短时间内虽然通过了 CMMI 评估，但是由于没有实效而得不到大家的认同，所以难以将这种"水平"持续下去。过程改进就像减肥，你是可以依靠减肥药在短时间内减轻体重，但如果不从根本上改善饮食、生活、运动的习惯，那么体重将会在短时间内恢复。

我曾经尝试以革命的方式与改良的方式进行过程改进，效果差异很大，改良的效果比较扎实，所以应该让大家在"小步快跑"中接受变革，这样风险最小，效果最好。

案例：Genersoft 公司的过程改进

Genersoft 是我工作了 8 年的软件公司。1998 年 10 月 Genersoft 开始启动了基于 CMM 的过程改进，2001 年 10 月通过 CMM 2 级的正式评估，历时 3 年。在这 3 年里，Genersoft 成立了独立的测试部门，购买了测试工具、配置管理工具，对开发人员实现了量化考核，在考核中纳入了工作量、质量、过程符合性等指标。所有的上述改进都不是一朝一夕完成的，要建立企业的质量文化就必须扎扎实实地做。

（5）CMMI 与企业的创新文化是不矛盾的

软件企业必须形成创新的文化。管理与创新是软件企业发展的两个轮子，**管理确保企业能够平稳地发展，创新能够实现企业的跳跃式发展，只抓管理不抓创新，可能导致企业的发展速度太慢，最终形成"快鱼吃慢鱼"的现象，只抓创新不抓管理，则可能导致创新无法转化为生产力。**当然有的企业是以出售企业为目的，将整个公司作为一个产品销售出去，此时又另当别论。一个成功的企业，应该同时具备两个基本的条件，一是规模大，二是百年老店。中国有很多老字号，比如"**剪刀"之类的，虽然这个品牌存活了上百年，但是一直手工作坊，没有规模，也就没有太大的影响力。而当年的巨人集团虽然企业的规模可以快速膨胀起来，但是垮得也很快。这两类企业都不是成功的企业。

软件企业的有些管理人员，也包括一些开发人员，往往认为严格的管理会束缚他们的创新，他们认为 CMMI 提倡的是一种按部就班的文化，什么活动都要做计划、按规程标准来做，对企业的创新文化会起到负面作用。在我遇到的开发人员中，技术钻研越深的人持这种观点的越多。形成这种观点主要有两个原因：一是企业在推行 CMMI 时，过分机械，没有从实际出发，不能与实践紧密结合，挫伤了开发人员的积极性。比如在分析与设计阶段，需要开发人员能够发挥创意的成分更大一些，如果要求他们一定按统一的文档标准来写文档，甚至字号大小、缩进格式一点也不能差，这的确很难做到，可能需要项目组配备文档支持人员来做这些完善工作，降低分析与设计人员的工作量。二是这类人员缺少真正的软件工程经验，做大项目的经验太少，经历的失败太少。CMMI 是工程经验与教训的大集合，我们无需再去重复那些失败。

技术创新必须通过管理才能使其有效地转化为生产力，转化为企业的实际效益，达到效益最大化，这是最根本的。管理的改进优化到一定程度就会遭遇"天花板"现象，此时就必须借助技术的创新或管理的创新才能突破屋顶，达到另外一个境界。

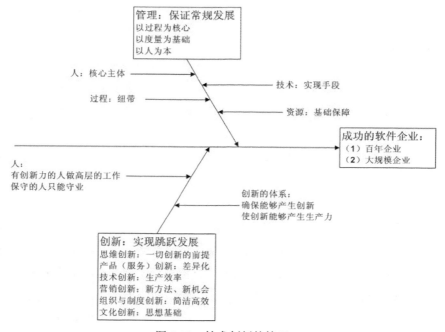

图 1-10　技术创新的管理

（6）要勇于实践，也要允许犯错误

CMMI 就是软件工程经验与教训的总结。在实施 CMMI 的过程中，肯定会走弯路，甚至犯错误，因此许多人会议论纷纷，一直会反应到高层经理。这时不要犹豫，要敢于尝试，更不能因为有困难就打退堂鼓，要"摸着石头过河"，不下水，是没有办法过河的，临渊羡鱼不如退而结网。要少说不，少说难，多实践，有错就改。对于软件企业的领导尤其要注意这一点，不要因为在过程中的一些实践失败，就对项目经理、EPG 等人员有偏见，要以积极的心态面对改进。

（7）管理过程改进是组织内所有人的事情，而并非仅仅是 EPG 的事情

按照 CMMI 专家的建议，在一个组织内专职从事软件过程改进的人数应为组织总人数的 29～39%，这些人称为工程过程组（EPG），EPG 成员专职负责企业的软件过程改进工作。另

外企业根据需要还会配备一些兼职的技术任务组（TWG），他们会兼职参与质量体系的制定、试点和修改完善工作。在这种情况，可能会出现如下的问题。

- EPG 成了最忙的人，TWG 的任务往往会由于那些兼职的人员以工作忙为理由一拖再拖，最后还是由 EPG 成员替代 TWG 做工作。

- 企业的非开发人员没有明确地感受到过程改进的效果，有的甚至认为由于加了这些新的活动可能使项目拖期会更严重，于是他们可能就会将这些抱怨反馈给企业的高层经理。在推行过程中我经常会听到：这个项目时间太紧，当前不适合使用 CMMI。

- 高层经理迫于市场的压力，甚至可能会提出不合实际的项目工期等。

推行 CMMI 不仅仅是管理人员的事情，每个人都要积极参与。要改变原来的一些做法：EPG 在使劲地推进 CMMI 的工作，而不是大家自觉自愿地来实施 CMMI。从 EPG 的角度来看，要做好培训的工作，首先要解决大家的思想认识问题，这还是比较难的，有些人的思想比较顽固。

过程改进首先要解决的就是思想认识问题，然后才是实施方法问题。不但在主观上要建立整体的思想认识，在客观上也要有切实可行的改进措施。**光说不练是不行的，光练不说也是要否定的**。任何变革都会涉及企业内部权力的再分配，不要忽视企业政治，这是客观存在的，所以一定要预防那些光说不练者。

案例：动口不动手的改进者

2008 年，有一家软件公司启动了过程改进，从上到下都表示要积极参与，但是雷声大，雨点小，所有兼职的 EPG 成员都以项目的工期紧、人手少为理由，并没有真正地投入时间编写质量体系，而是直接借鉴咨询顾问提供的样例或拷贝国家、国际标准。没有真正理解CMMI 模型，没有结合本公司的实践，体系的起草者们自己都无法解释清楚体系中定义的活动及文档模板的含义，这样建立的体系怎么可能推广起来呢？

1.3.2 软件过程改进的 11 条成功策略

基于 CMMI 的软件过程改进已经被越来越多的软件企业所接受，据不完全统计，2012年在中国有 400 多家软件公司通过了 CMMI 评估。但是，通过评估不是企业的最终目的，提高企业的管理水平才是实施过程改进的根本目标。CMMI 是一个过程改进的框架，并没有给出实施过程改进的具体策略，基于我自身过程改进及咨询的经验，概括出如下的 11 条策略供参考。

策略一：由底向上，主动改进

在进行软件过程改进的时候，通常有两种做法，称为自顶向下与由底向上。在自顶向下的做法中，企业成立一个推进小组，一般称为 EPG（工程过程组），他们是企业里"开发大法"制定的组织者。EPG 组织一些专家成立各种任务小组，由这些任务小组参照过程改进的标准编写各种各样的企业标准与规范，经过一系列的评审、培训，然后发布、执行。在执行过程中最常见的阻力是来自于开发人员，他们往往会抱怨制定的企业开发规范不符合企业的实际情况，不实用，无法达到。这种做法，费时费力不讨好，大家的意见都比较大，标准可能定得比较完美，但执行时难以贯彻下去。在 1998 年、1999 年我在企业里做过程改进时采用过这种方式，收效甚微。后来我切换为由底向上的办法，即由 EPG 访谈开发人员、项目经理，让他们自我发现问题：你有什么缺点？你将如何改进？在开发人员、项目管理人员确定好自己的改进措施后，EPG 将其文档化，QA 监督这些措施的执行。在这种办法中，不需要管理人员花费太多的精力进行标准的制定、改进的推动，这些工作都是由开发人员去做，管理人员仅仅起到监督的作用，只要开发人员自己说到做到就可以了。再做下一个项目时，管理人员同样会问这 2 个问题：你有什么缺点？你将如何改进？然后管理人员监督开发人员说到做到。如此循环提升、逐步完善，形成标准与规范。

可以从几个方面对上述两种策略进行比较，参见表 1-7。

表 1-7　　　　　　　　"自顶向下"和"由底向上"两种方法的比较

	自顶向下	由底向上
阻力	大	小
开发人员的感觉	你说我做	我说我做
开发人员的主动性	小	大
过程改进推进速度	快	慢
风险	大	小
实用性	差	好
体系完备性	好	差
改进措施的提出者	EPG	开发人员
改进措施的执行者	开发人员	开发人员
执行情况的监督者	高层经理	EPG

融合上述的两种策略也是一种解决方案。

策略二：循序渐进，由易到难，由粗到细，由松到严

CMMI 的一个核心思想是分级改进，采用渐变的方式而不是突变的方式进行过程改进。比如对于 2 级的每个过程域，可能你先启动一部分活动，支持部分目标，待制度化了，再实施另外一部分活动，直至支持全部目标。在实施 CMMI 的过程中一定要根据企业的实际情况量力而行，千万不要把期望值定得太高，要一步一步来，先定出最基本的改进方案，要把握分级改进的思想然后逐步提高。

做到循序渐进，首先要对企业现状有一个明确清醒的认识。在按照 CMMI 的评估标准分析现状时，下面的四个问题必须要解答。

- 当前我们存在哪些问题和弱项？

- 哪些问题和弱项是我们迫切需要解决的？

- 哪些问题和弱项是我们目前能够解决的？

- 哪些问题和弱项是我们当前无法解决，需要打好基础后才可以解决的？

接下来要对照标准，提出解决方案。按照"既要突出重点，又要力所能及，有所提高"的原则对问题排出优先级。

以 PP、PMC 这 2 个过程域为例，以下就是一种循序渐进的方案：

第一次循环：

（1）要求每个项目组都要用 MS Project 做项目计划，该项目计划要满足一定的条件，如：任务的颗粒度不能太大；任务负载要均衡；任务尽可能并行等。

（2）对每个项目组，按计划进度进行跟踪，在计划执行过程中及时发现问题，解决问题。

（3）总结本次循环执行过程中存在的问题。如，项目计划中任务识别不全；计划的任务工作量估算不准；在项目进行过程中，发现问题后采取措施不及时等。

第二次循环：增加完整的生命周期模型定义。

生命周期模型是项目管理的主线，定义一个好的生命周期模型是推行 CMMI 2 级的一个最关键的基础工作。

（1）要求每个项目组首先要定义自己的生命周期模型，做出项目计划模板。

（2）要求每个项目组按照项目计划模板做项目计划。

（3）进行项目计划跟踪。

第三次循环：增加规模、工作量等的估算，进行更深入的计划管理，确保计划的合理性。

（1）要对项目的规模、工作量进行正式估计。

（2）按计划模板做项目计划。

（3）进行项目计划跟踪。

第四次循环：增加风险分析。

项目的风险管理是一个难点，所以建议将风险管理放在较后的循环中进行改进。

第五次循环：体系化，制度化。

每个企业应该根据企业的实际现状确定改进的图线，逐步提高管理水平。

策略三：先敏捷再规范

先敏捷再规范这个策略源于实践。其本意是先做到再写到，先短期利益再长远利益，先实效再完备。因为一步到位直接采用规范的方法，阻力比较大，效果难以持久，很可能事倍功半。敏捷方法以其短期内可以见效、对已有的开发过程调整幅度小等特点易被开发人员接受，所以可以先敏捷再规范，将敏捷作为通向规范的一个阶段。

芸芸众生，大都是凡人，凡人都是注重短期利益的。只有那些领袖、那些思想家才是目光如炬，站得高看得远。**过程改进要从凡人做起，凡人是体系的执行者，所以首先要满足凡人的需求，让凡人看到好处。否则，群众的力量是无穷的，这力量可以是建设的力量也可以是破坏的力量。**

敏捷方法是适应变化的一种方法。因时、因势、因事调整计划，它可以处理近期内即将发生或已经发生的变化，它不赞成为未来的不确定的变化花费太多的时间，变化会导致近期计划的调整，也使长期的计划难以预期。

采用敏捷的方法并不意味着没有规矩，没有文档、没有计划、没有跟踪与控制并不意味着就是敏捷。敏捷方法在落实其规矩时与重量级的方法有所不同。

（1）　敏捷方法减少了中间结果的记录，减少了管理与支持类的文档

敏捷方法减少了管理与支持文档的工作量，但并不意味着没有做管理，只是做得少、文档也少。比如敏捷方法也要做计划，也要估算项目的工作量，也要和项目组的成员沟通计划的可行性，也要获得项目组成员的承诺，只是这些管理活动可能只有最终的计划书，而没有

中间结果的记录。在敏捷方法中很少看到关于质量保证活动、度量分析活动的系统要求。

（2）敏捷方法强调**通过面对面的口头交流，减少书面的文字交流**

文档是沟通的一种方式，口头交流也是一种沟通的方式。在重量级的管理方法中强调了文档的重要性，而敏捷方法并非没有文档，只是它认为口头交流更重要，口头交流效率更高，因此可以编写简单的设计文档，设计思想可以通过口头交流进行评审，用口头交流弥补文档简化的不足。因为文档简单，将来的变化也就少，维护的工作量也相应减少。但是口头交流在传递的过程中，很容易由于传递者个人的观点而对信息进行增删改，比如一些神话故事，各有各的版本。

（3）敏捷方法强调最终的交付物而忽略了中间产物

关注最终交付物的质量而不是中间结果的质量，采用诸如单元测试、结对编程、代码重构、持续集成、代码规范等手段确保源程序的质量。采用迭代的方法尽早进入编程，在过程中通过沟通进行设计的实时评审、代码的实时评审，以便于尽早发现交付代码的缺陷，尽早修复缺陷。作为开发过程的中间产物，需求与设计等文档则进行了简化。代码是必须交付的，所以要采用一切手段规范之，既然要交付，就要保证其质量。而需求与设计文档并非是必须交付的，需求和设计也是经常变化的，既然不交付，既然始终变化，干脆就不花时间去写。

（4）敏捷方法认为高效的人比规范的过程更重要

敏捷方法中最常见的是 3 种角色：教练、客户、开发人员。教练起到了项目经理和过程指导者的作用，客户实时执行确认与验证的动作，开发人员去实现产品。一群精英如果能默契地合作，则不需要去监督他们是否按照标准规范去执行了，这个团队是自我管理的，大家有着共同的价值观，彼此能快速协同，互补合作，最终走向成功。是英雄创造了历史，还是人民群众创造了历史？结论不言而喻，但是如果没有英雄呢？如果各位都是英雄呢？

以上种种思想，反映了敏捷方法的实用主义哲学。如果一家企业的项目大都在 10 人以下，开发团队完全可以从敏捷方法开始着手进行过程改进。但是，软件开发存在非规模经济的现象，随着团队规模的增加，上述的手段可能很快就失效，还要回到重量级方法上来。

策略四：先下游再上游

先改进生命周期下游的流程，再改进生命周期上游的流程。

系统的维护阶段是用户方与开发方交流沟通最多最直接的一个阶段，开发方在此阶段的错误可以被用户方直接捕获，用户对开发方的管理水平、服务水平、开发水平的体会最直接最深刻。开发方应该首先改进与客户直接交互的流程，确保高质量的产品能得到有效的部署与维护。**在维护阶段发现的问题，应该进行根本原因的分析，分析这些问题的产生根源，以提供客观的证据证明在生命周期上游存在的问题，便于从生命周期的上游开始改进。**

采用此策略易于解决目前客户反应最强烈的问题，易于发现目前的瓶颈问题进行改进，能够在短期内取得良好的改进效果，制定的改进点易于为开发人员所接受，是一种典型的由表及里的改进路线。

策略五：测试先行

在管理基础薄弱的软件企业里，通过加强软件测试，可以直观地发现很多问题，事实胜于雄辩，从而使大家认识到质量的重要性，认识到进行过程改进的重要性；另一方面也减少了用户发现错误的概率。

设立专职的测试，让他们在开发过程中参与测试，可以发现项目开发过程中的很多问题。

- 项目组提交给测试人员的文档太简单，测试人员无法看懂；
- 项目组提交的文档与实际做出来的软件不一致，测试人员无法测试；
- 项目修改了需求与设计，没有及时通知相关人员，测试人员按旧的设计测试，有的开发人员按新设计开发，有的开发人员按旧的设计开发；
- 不同的模块界面风格差别很大，没有统一的界面标准；
- 测试人员测试的版本与开发人员开发的版本不统一；
- 项目组成员的分工不合理，有的开发人员任务重，他开发的软件缺陷就特别多；有的模块缺陷特别多，可能设计人员的能力比较弱；
- 项目组没有按计划提交测试，项目拖期；
- 软件运行速度很慢，怀疑系统的设计有问题。

通过对错误原因的分析，可以发现大量的管理问题、需求的问题与设计的问题，这些实际的问题对我们找出最关键的改进点，说服反对派，教育软件工程师，加快推进过程改进是一个有力的武器。

策略六：从经验教训中学习

每次去客户现场进行差距分析或者运行检查，我总是习惯于找他们的缺点，但是每次也总能发现他们的优点，时间久了。慢慢地对缺陷麻木了，审丑疲劳了，只有发现他们的优点时，我才会精神一振，心情愉快。

我始终坚信，通过每个开发人员、每个项目组、每个角色自我总结自己的经验教训，吸取这些经验教训，可以扎实地提高组织的过程能力，如果再加上参考某个模型，效果可能更好。而现实是，很多企业把眼睛盯在外部的参考模型上，而忽略了自身的经验教训，没有挖掘自身的价值，实在是让我痛惜。

曾子曰："吾日三省其身！"，圣贤的话是很有道理的。

向自己的历史学习，针对性强、见效快、效果好！

灯，需要有人去点燃！点燃的灯，往往灯下黑！

案例：看看你的表，告诉你几点了

2007 年 1～2 月份期间我去给一个客户做运行检查，整理完发现报告后，我查阅了 6 个项目组的阶段总结报告与项目总结报告中的经验教训部分，我发现的 60%的缺陷他们自己也感觉到了，只是没有人去提取，去系统地归纳整理、去落实。他们老板的一句话马上浮现在我的脑海里："咨询顾问就是当你问他时间时，他拿过你的手腕，看看你的表，然后告诉你几点了，再向你收费！"。他们没有想到看自己的手表，我就充当了那个看手表的顾问，我比他们更知道手表的价值。

策略七：因材施教，各个击破

在一个企业内可能有多个开发项目组或者开发部门，不同的组与部门有不同的管理水平，在我们推行 CMMI 时，**不要一刀切**，不要希望每个队伍同时达到 **CMMI 2 级**或更高的级别，应该区别对待。比如说产品研发的部门，经常进行大大小小的各种各样的升级，产品的版本比较多，他们对版本管理认识得很深刻，在工作中积累了一套行之有效的版本管理方法，对于这样的部门可以实施配置管理 PA 的要求，进一步提高管理水平，而对于其他做系统集成的部门这方面的工作可能就差一些，没有很好的版本管理的基础。因此，如果一刀切，要求大家都在 3 个月内都达到 CMMI 2 级的要求，这个目标对系统集成的部门就定得太高了。所以在进行改进时应针对不同的项目组、不同的部门定出不同的改进计划，如可以采用表 1-8 的方式来定义不同项目组、不同 PA 的阶段计划。

表 1-8　　　　　　　　　不同项目组、不同 PA 的阶段计划

部门/项目组	PA	当前情况	一季度目标	二季度目标	三季度目标	四季度目标
A	REQM					
	PP					
	PMC					
	CM					
	PPQA					
	SAM					
B	REQM					
	PP					
	PMC					
	CM					
	PPQA					
	SAM					
…….	…….					

策略八：教育与培训并重

教育主要是改变思想观念，培训主要是传授具体的方法，二者互补，以使员工能够知其然，知其所以然，能够在主观上认可，客观上执行。

进行教育与培训有各种方式，需要配合起来使用。

（1）观摩学习。看看其他的标杆企业是如何做的？和其他企业的管理人员多沟通交流。这种方式是企业的高层管理人员经常采用的。

（2）请外面的专家来讲。俗语讲得好"外来的和尚好念经"，这句话屡试不爽。企业内的人说多遍可能效果甚微，外面的专家讲一句，一下就点透了，对方就接受了。

（3）自我反省。开发人员进行自我分析找出自己的不足，并提出改进意见，大家互相沟通交流这些经验教训，自己教育自己。

（4）培训。培训可以分成多种：技术型培训与管理型培训，这是最基本的工作，思想工作做通了，培训起来效果就会比较好。

过程改进不能仅仅定义为开发部门的工作，需要整个企业的所有人员的参与和重视，因

此教育与培训的对象比较多，不要有遗漏，如：

a）高层管理人员：为什么要进行过程改进？所支持的经营目标是什么？企业能提供哪些支持？在过程中会出现什么问题？对公司有哪些正面与负面的影响？需要领导配合做哪些工作？要认识到工作的艰巨性。

b）开发管理人员：技术与管理知识，CMMI 的理念、作用。

c）开发人员：技术与管理知识，CMMI 的理念，企业的政策、规程。

d）市场人员：要认识到 SPI 过程改进的重要性、SPI 对市场的影响，在此过程中如何配合？

e）客户：对于一个项目而言，需要提出合理的进度、质量与投入的要求，并把握需求的范围。

案例：富士康科技集团的教育训练

自 2006 年 6 月起，我便为 FOXCONN 集团提供 CMMI 的咨询服务，接触了多个事业群。在我接触到的所有企业中，FOXCONN 集团是教育训练做得最优秀的。平均每位员工接受训练要达到 288 工时/年，师四及以上级别的工程师每年对内部员工必须做两次教育训练，如果无法达到这个考核指标，则影响员工的晋级。

在给 FOXCONN SIDC 部门咨询时，楼道的墙壁上贴满了本月的培训课程，内容很丰富。这些课程有些是 FOXCONN 集团评定的内部教员讲授，有些是外部讲师的讲授，有些是以前历史培训的录像。

有一位事业群的老总讲过一句话让我记忆深刻："我要让我的员工一半时间挣钱，一半时间提高！"

策略九：充分利用管理工具

管理工具可以作为思想、方法的载体，它可以将管理可视化、客观化，降低劳动强度，解决手工无法解决的问题，易于为开发人员、管理人员所接受。充分利用管理工具来推行过程改进是一个很好的策略。

1998 年我在做过程改进时引进了 MKS SI 配置管理工具、Project 98 计划工具、SQA 测试工具、以及 QA monitor 等其他的一些管理工具。开始引入的时候是有些难度，毕竟是对工作方法产生了改变，一旦熟练了，就习惯了。

对工具的选择与购买需要把握好"够用即可"的原则。软件开发管理工具一般比较昂贵，如果一次性投资购买了比较昂贵的软件，可能软件的 80%的功能用不上，待企业的管理提高到工具软件可以支持的较高的管理水平时，已经是 2 年以后的事情了，而 2 年以后的版本也需要升级更新。所以，没有必要为用不到的 80%的功能提前投资。而现在各种各样的开源工具比较多，功能可以满足需求，又便于进行客户化，因此，充分利用开源工具是一个不错的选择。

策略十：内外结合，以内为主

目前很多软件公司，为达到在较短的时间内通过 CMMI 的评估，签订咨询合同，寻求咨询公司的帮助，我认为这也是一个可行的方式。原因有以下几个方面。

（1）咨询公司熟悉 CMMI 框架，并提供相应的培训，可使公司的 EPG 抓住重点，少走弯路，与完全依靠组织自身的 EPG 相比，可缩短实施的周期。

（2）咨询公司的培训往往比公司内部的培训效果要好，正是所谓外来的和尚好念经，公司内的认可程度较高。

（3）咨询公司对组织资源的建议，比较易于获得企业高层的采纳，引起组织的重视。

但同时也需要注意，不要过分依赖咨询公司，尤其不值得提倡的是，有些公司直接从咨询公司处得到标准、规程，囫囵吞枣，直接照搬照抄，真正是为了评估而评估。企业的标准规范必须与本企业紧密结合，这些标准规范在 CMMI 中被称之为企业财富，只有符合企业实际情况的标准规范才是最有价值的。

咨询公司虽然可以提供帮助通过评估，但企业的过程改进还是要以内部为主。软件的过程改进实际上是企业文化的转变，而企业文化的转变归根结底是人的观念、思想、认识、做事方式的转变，是个人能力的提高，这种提高是通过组织中的 EPG、项目经理、工程技术人员、管理人员整体素质的提高得以实现的，这种实现的途径是通过学习、实践获得的。因此，软件企业要真正注重实效的改进，就要尽可能多的与咨询公司进行交流，不仅要知其然还要知其所以然，打破沙锅问到底，才能真正促进企业过程的改进，同时也能丰富咨询公司的工程实践经验，获得双赢的效果。

策略十一：由外而内的过程改进策略

何谓"外"？外，是相对而言的。

对于一个公司而言，供应商、客户为"外"。

对于一个开发部门而言，供应商，客户，其他部门（比如市场部门、运维部门等）为"外"。

对于一个项目组而言，供应商、客户、其他部门、其他项目组、其他支持组为"外"。

对于一个项目组内的小组而言，其他小组、其他项目组为"外"。

对于一个项目阶段而言，其上游阶段、下游阶段为"外"。

对于一个人而言，其他人为"外"。

在定义过程体系时，采用由外而内的策略，则意味着，可以采用如下的优先级定义和规范公司的管理。

1．先定义和客户、供应商的沟通协同规范，再定义公司内部的规范，如：

需求获取、用户确认、验收测试、试运行、用户验收、运行维护的流程。

……

2．定义公司内部各部门之间的接口标准、沟通协同规范，如：

市场转开发、开发转测试、测试转运行维护的接口标准、规范。

……

3．定义项目组和其他组之间的接口标准、沟通协同规范，如：

领导下达、验收任务的流程、标准；

项目组之间互相支持的流程、标准；

质量保证组、测试组以及其他支持组和项目协同的流程和标准。

……

4．定义各个项目小组之间的接口标准、沟通协同规范，如：

问题处理的流程、标准；

承诺、确认的流程、标准；

……

5．定义阶段之间的接口标准，如：

从需求阶段进入设计阶段的标准是什么？

从设计阶段进入编码阶段的标准是什么？

从编码转测试的标准是什么？

测试结束的准则是什么？

……

6．定义每个人的行为准则，如：

如何对项目经理承诺，如何给项目经理报告工作？

如何配合其他人完成开发任务？

……

说白了，此策略就是优先进行管理接口的设计，只不过接口有大有小，是"攘外必先安内"的反其道而行之！

1.3.3　CMMI 实施的 4 个重大失误

很多公司在做 CMMI 时在重复这种错误："证书优先，机械照搬，文档泛滥，宁严勿宽"！

（1）"证书优先"

CMMI 的证书成了一个敲门砖，没有这个证书是无法承担国外的项目，没有 CMMI 的证书就无法在国内一些项目的竞标中获胜，也无法获得政府的补助，于是很多公司都选择了要在短时间内获得 CMMI 证书。证书只是过程改进的附属物，而过程改进的实效才是其真正的价值。为了尽快拿到证书，企业往往忽略了实效，从形式上满足了模型的要求，但是从实质上却差的很远。

根据 SEI 的报告，自 1992 年以来，从 CMMI 等级 1 到等级 2 的达到时间的中间值为 19 个月，从 2 级到 3 级的中间值为 19 个月，从 3 级到 4 级的中间值为 24 个月，从 4 级到 5 级的中间值为 13 个月。在中国根据调查，从 1 级到 2 级的平均时间为 14 个月，从 1 级到 3 级的平均时间为 18 个月，到 4 级的平均时间为 32.6 个月，到 5 级的平均时间为 34 个月。

CMMI 的基本精神是循序渐进，循序渐进就是要逐步改进，逐步改进就要立足实际，就需要时间，而非一蹴而就。

（2）"机械照搬"

企业在实施 CMMI 的时候，为了满足模型的要求，在描述自己的过程时，习惯于照搬模型的描述。最典型的例子是 PMC 过程域，该 PA 中包含了 10 条实践。

SP1.1　监督项目的计划参数

SP1.2　监督承诺

SP1.3　监督风险

SP1.4　监督数据管理

SP1.5　监督项目相关人员的参与

SP1.6　执行进展评审

SP1.7　执行里程碑评审

SP2.1　分析问题

SP2.2　采取纠正行动

SP2.3　管理纠正行动

于是有的企业就照搬上面的 10 个活动定义了自己的项目监督与控制过程，其实项目的监督与控制活动主要是：

（1）每天检查项目组成员的工作情况：进度，质量等。

（2）周例会。

（3）阶段审查与里程碑评审。

（4）事件触发的跟踪与管理。

这 4 个活动已经包含了模型中要求的 10 条实践，按照企业的实践来描述这个过程是最自然的，是项目经理最容易理解的，而不需要机械地按照模型的实践去描述。

机械照搬的根源在于缺乏软件工程的经验，不能真正理解模型的要求。在模型的构件中，只有目标是必需的，实践是期望的，子实践是解释说明的。所以首先要满足模型里每个目标的要求，目标的达成是根据实践的执行情况来判断的，模型里给出的实践是可以替换的。只要能达成目标，采用什么实践都是可以的。CMMI 采用 SCAMPI 评估方法，评估组的成员根据专家判断给出是否达成目标的判断，是依赖于专家经验的，所以在评估方法中对评估组成员的工程经验有明确要求。对于企业来讲，只要能达成目标，就没有必要一定照搬模型。

CMMI 最初的实践来源基于为美国国防部供货的软件厂商，这些软件厂商的企业规模比较大，软件项目组的人数也比较多。对于规模比较小、管理基础比较差的公司，有些实践并非一次改进就可以达成的，可能需要循序渐进地完成。

ISO 组织在借鉴 CMM 模型起草 ISO15504 标准时，将软件企业的成熟度划分为了 6 个等级而非 5 个等级，实际上就是规避了 CMM 门槛太高的问题。CMMI 本身也在逐渐更新，从

CMM 1.0、CMM 1.1、CMMI 1.1、CMMI 1.2 到 CMMI1.3。新的成功的软件工程实践也在不断地总结出来，比如每日构建等实践，这些实践都可以充分地吸收到企业的实践里面来。

其实判断哪些实践是否适合本企业，关键在于从事过程改进工作的人，他们是否有足够的软件工程实践，能够对比较好的实践很敏感。

（3）"文档泛滥"

文档与口头交流是两种沟通的方式，文档可以减少二义性，可以永久存储，可以方便检索，可以经济地存档，可以多人共享。而口头交流具有时效性，这个时刻说的话，如果不录音，第二天就无法重现了，而且往往讲话时所处的场景信息、讲话者的语气、神态等都是对语言的含义起到了辅助作用，这些都是不可重现的。因此文档作为一种沟通的工具远比口头交流更加有效。但是任何文档都不能将所有的信息包含在里面，文档不能解决所有的沟通问题，需要辅助以口头交流，二者是互补的，文字不能替代语言，语言也不能替代文字，在软件开发的过程中尤其是这样。

SCAMPI 评估方法需要企业提供两种证据：物证和人证。每条实践必须要有物证来覆盖，物证包括了产出的文档、使用的工具等；人证是在评估时通过访谈来获得的。由于物证是必需的，于是为了满足评估的需要，很多企业做了上百个文档来满足模型的要求，其实这是不对的。模型是强调证据，但是并非文档越多越好，文档只是用来证明某个实践你做到了，只要达到了这个目的就可以了，而且一个文档可以满足多条实践的要求，可以作为多条实践的证据，其实这是最经济的做法。只要内容有了，也并不一定在乎文档的多少与格式。

需要注意的是，企业的成熟度不同、软件类型不同、客户群不同，同样是 CMMI 2 级的企业或者同样是 CMMI 3 级的企业，管理的严格与细致程度差别还是很大的。CMMI 的等级只是一个基本台阶，是基本要求。CMMI 对证据中包括哪些内容有基本的要求，但是并没有对文档的多少进行要求，文档的多少实际上与企业管理的细致程度紧密相关。

（4）"宁严勿宽"

把握好尺度，既能满足模型的要求，又能符合企业的实践是相当有难度的。放宽底线，是一种错误；同样超出模型要求并脱离了企业实践的要求，也是错误的，都忽略了 CMMI 的真正的精神。究竟什么该宽，什么该严呢？其实该严的是过程改进的实际效果，而非形式效果！首先就应该从企业做过程改进的时间上严格，不能鼓励那种短期行为！SEI 建议的过程改进的模型是 IDEAL 模型，螺旋上升式地逐步改进企业的过程。有的企业一个循环没有做完，企业的过程体系没有经过多个项目的检验就通过 CMMI 3 级的评估，这显然违背了客观规律，这些都应该从严处理！严，应该是内容上的严，实践上的严，而不是形式上的严。为了达到模型的要求，让企业去补一些文档，表面上是严了，实际上却违背了 CMMI 的精神，浪费了人力与时间！

1.3.4　CMMI 成功的根本原因是什么

曾经和一位朋友沟通关于在公司内实施过程改进的心得，我介绍了几个成功案例后，她突然问了一句话："他们成功的最重要的原因什么呢？"，我第一反应是：原因很多啊！随即，在林林总总的原因中，我找到了自认为最重要的原因："企业文化"！随着讨论的深入，越来越意识到这个结论的正确性。

企业文化也许是一种说不清道不明的东西，但是你却能切实地感受到。有的企业从员工到领导重视质量：系统没有经过严格测试不可以发布，文档没有经过评审不能正式发布；无论是小 BUG 还是大 BUG，在公司内都会记录并跟踪至问题的关闭；测试与评审的任务都会在计划中明确识别出来等等。而有的企业对于质量的投入能省则省，领导不会过问质量问题，即使出了质量事故也只是就事论事地批评责任人，没有从根本上找原因，企业的管理体系无法落实下去。有的企业员工勇于承担责任，勇于实践，勇于吸收，采取有价值的管理改进与技术改进。有的企业员工则推诿责任，所有的好想法都停留于口头上，领导不推，自己不动。凡此种种，这些都是企业文化的体现。

仔细回顾我的成功案例，真的是：**整个企业建立了重视质量的文化，企业具有强有力的执行力，这样的企业才真的将过程改进落实到实处。**

企业文化是由人建立的，企业文化是由老板建立的，老板的文化代表了企业的文化，在我看到的软件企业中大都如此。

案例：富士康科技集团的文化

富士康集团自 20 世纪 90 年代初进入大陆设厂以来，已经发展成为了全球最大的代工厂。我在给富士康集团 SIDC 部门咨询时，每次讲课，培训教室座无虚席，因为座位有限，EPG 给每个部门分配听课的名额，每个部门的部门经理都会努力争取多要名额，有时每个部门都会多派人员参与培训，即使是站在教室的后边听课。每次做运行检查，当访谈一位员工时，部门的其他同仁如果没有紧急的事情需要处理，都会旁听，以期能够从别人的经验教训那里汲取营养。有一次有位部门主管返台度假，我无法进行当面访谈，结果该主管

要求一定电话访谈，为什么呢？他希望能够帮他找到工作中的不足，能够帮他提高。从普通员工到高层主管，都用他们的言行给我传达了一个强烈的信号："我要提高，我要改进"！我想这可能也是富士康能够快速发展的原因之一吧。

而其他一些客户表现出来的改进的热情却远远没有那么高。我曾经到深圳的一家私营企业做培训，只有寥寥数人听课，还都带了笔记本电脑不知在忙什么，现场的提问与沟通效果也很差，让我很是痛心。因为对方毕竟是花了高价请我来讲课，公司提供了帮助大家提高的机会，为什么不珍惜呢？

这便是文化的差异，文化的差异决定了企业未来的竞争实力。一个没有建立良好文化的企业不可能长久。

1.3.5　Infosys 公司过程改进的 18 条经验

Infosys 公司是印度最大的软件外包企业之一，是 CMMI 5 级的软件企业，其质量管理水平全球闻名。Pankaj Jalote 是印度理工大学计算机科学与工程系的教授和系主任。曾经是马里兰大学计算机科学系的副教授，担任过印度班加罗尔的 Infosys 技术有限公司质量部门的副总裁，在 Infosys 公司任职期间，他是推动 Infosys 向 CMM 高成熟度等级发展的主要设计师之一。他写了 2 本书介绍 Infosys 的过程改进与项目管理的经验：《CMM 实践应用（Infosys 公司的软件项目执行过程）》与《软件项目管理实践》。

我基于这两本书，提取了 Infosys 公司进行过程改进的 18 条经验。

（1）设定明确的过程改进目标，每次改进的周期不宜太长。

（2）保持过程定义的简单性，使过程定义易于为项目经理、开发人员所接受。

（3）尽可能减少过程定义的变更次数。

（4）基于企业的实践定义过程，使过程易于接受，并减少培训、部署的工作量。

（5）**过程改进视同为一个项目，有明确的项目计划。**

（6）为每个项目组配备质量顾问，质量顾问为 **EPG 成员，负责手把手指导项目组按体系执行。**

（7）每次改进在 3 个月内完成体系修改与试点工作。

（8）在新项目中部署新的体系变更，正在进行中的项目采用旧的体系。

（9）对项目经理和开发人员培训公司定义的过程体系而不是 CMM 模型。

（10）建立 EPG 与项目组成员沟通的 WEB 网站。

（11）进行质量和 CMM 的周测验，给获胜者以奖励。

（12）成立管理指导组（MSG），MSG 由 CEO 领导，高层管理人员参与，MSG 每月定期开会，检查过程改进的进展情况。

（13）**CEO 对从事过程改进的优秀者加薪、提升和股票奖励。**

（14）**对高层管理者进行关于 CMM 的高级培训。**

（15）在 MSG 的例会上讨论过程改进项目的风险。

（16）聘用有经验的 CMM 咨询顾问判断公司的实践是否符合 CMM 的要求。

（17）EPG 负责组织定义过程，但很少由 EPG 本身去制定过程定义。

（18）**EPG 每月向其上级汇报过程改进的进展情况，**每季度向公司管理委员会提交度量分析报告。

1.4　CMMI 实施的难点与对策

1.4.1　CMMI 2 级的难点

其实这个问题本没有答案，因为不同的企业难点是不同的。对于某些企业来讲，可能没有什么难点。譬如，某企业只想拿到一个评估证书，而不考虑改进效果。我是基于企业里最常见的难点泛泛谈之。尽管 CMMI 2 级是最基本的等级，如果真想将 CMMI 2 级做好，其实还是不容易的，通常情况下的难点如下。

（1）做一个切实可行的计划

任务要识别得比较全面，估算的工作量比较合理，人员的安排不能超负荷、不能窝工、进度安排紧凑而不失弹性。

（2）实时掌握项目动态，发现问题，解决问题

- 如果项目经理是技术人员出身，往往不喜欢实时管理项目中每个任务的进展，总是阶段性地去检查，发现问题比较滞后。

- 如果项目经理缺乏技术背景，监督进展时往往浮于表面，没有深入实际判断是否任务真的进展顺利。

（3）需求变更的影响分析要全面而完备

需求变更时要：

- 分析对设计、编码、测试用例的影响。

- 分析对规模、工作量、进度、成本的影响。

- 分析对客户、开发人员、测试人员、管理人员等的影响。

- 分析需求变更的相关风险。

（4）需求文档化

需求文档化是需求变更的基础，如果需求不全面、不正确、不详细则在后续的过程中变更的次数会比较频繁。如果需求没有文档，沟通时我们会这样讲："传说，需求是这样的……"。基于传说中的需求时是不可能让客户顺利验收的。而要做到前面说到的全面、正确、详细，则可能需要加强需求获取、需求描述、需求评审的工作。

（5）收集真实的、有用的度量数据，并得出管理结论

度量数据不在于多，而在于"精"。所谓"精"的含义是指：数据要准，数据要有用，数据要反馈在管理实践中。

- 用数据说话，用数据说真话。首先要保证数据的正确性与及时性，其次要能够通过这些数据分析出结论，并体现在后续的管理措施中。数据的真实性是很多企业面临的难题，数据不真实，数据的实用性也就无从谈起了。

- 度量数据的需求来源是管理的需要。从客户、高层经理、项目经理一直到具体的开发人员，各个层次、各个角度的人员都有自己感兴趣的数据，要基于这些人的实际数据需求去度量数据，要自顶而下地基于目标建立度量数据，不要度量无需求的数据。

- 有的数据要对其进行分析，得出管理结论并定义相关的管理措施，以充分发挥数据的作用。否则，该数据就失去了存在的价值。

（6）建立开发人员实施配置管理的工作习惯

- 工作产品要及时入库。

- 工作产品的变更要符合流程，要保留历史痕迹，可回溯。

（7）QA 要严格、细致地对项目的活动与工作产品进行检查

在 QA 方面最常见的问题如下。

- 检查不全面，有的工作产品或活动没有检查。

- 检查不细致，不能及时发现产品与流程的不符合问题。

1.4.2　CMMI 2 级难点之对策

CMMI 2 级难点及对策参见表 1-9。

表 1-9　　　　　　　　　　　　　CMMI 2 级难点及对策

难点	对策
（1）做一个切实可行的项目计划	（1）建立 WBS 分解的指南与样例 （2）对项目经理培训如何做 WBS 分解 （3）培训如何使用 Ms Project 等工具做一个合理的计划 （4）加强对项目计划的同行评审 （5）定义规模、工作量估算的方法并培训项目经理
（2）实时掌握项目动态，发现问题，解决问题	（1）建立周例会制度 （2）当前阶段的任务分解的颗粒度不要超过 3 天 （3）建立问题处理流程 （4）建立里程碑评审的制度
（3）需求变更的影响分析要全面而完备	（1）建立需求变更申请单的模板，在模板定义必填项： 　　　对设计、编码、测试用例的影响； 　　　对规模、工作量、进度、成本的影响； 　　　对客户、开发人员、测试人员、管理人员的影响； 　　　需求变更的风险分析 （2）基于需求跟踪矩阵进行需求变更影响分析 （3）变更影响分析时要经过多个角色确认
（4）需求文档化	（1）定义适合不同场景的需求文档模板 （2）对需求分析人员进行需求工程的专题培训 （3）加强需求评审工作 （4）需求人员与设计人员分离

续表

难点	对策
（5）收集真实的、有用的度量数据，并得出管理结论	（1）访谈该项目的客户、主管领导、项目经理等多个角色获取度量需求 （2）自顶向下基于度量需求设计指示器、决策准则、基本度量元、派生度量元 （3）指定采集数据、分析数据、验证数据的责任人 （4）监督数据采集、分析、验证、发布的过程执行状况 （5）通过日志等工具采集度量数据
（6）建立开发人员实施配置管理的工作习惯	（1）导入 SVN、VSS 等简单易用的可以和开发平台紧密衔接的版本管理工具 （2）强制各小组、各部门之间的文档交互必须基于配置库 （3）执行配置审计，审计结果和项目经理的业绩挂钩 （4）总结配置管理工具使用的经验教训，在组织内推广
（7）QA 要严格、细致地对项目的活动与工作产品进行检查	（1）选择细心、认真的人员担当 QA （2）做详细的 QA 计划，并对计划进行评审 （3）QA 负责人严格按照计划跟踪 QA 的活动 （4）对 QA 人员的活动进行审计 （5）统计分析 QA 人员发现的问题并更新检查单

1.4.3　二级的实效体现在哪里

CMMI 2 级是成功实施 CMMI 的基础，真正将 2 级做好了，对企业的帮助也是很显著的。而很多企业恰恰忽略了 2 级 PA 的实施，从而导致 CMMI 的实施难以见到实效。2 级需要抓住哪些实效点一定要落实呢？我做了如下的归纳。

1．建立 WBS 分解的方法指南，训练项目经理如何进行任务分解，充分识别项目范围。

很多项目经理即使接受了 PMP 的专业培训，仍然没有掌握 WBS 分解的方法，正如很多人拿到了驾照不会开车一样，缺乏实际训练。在实施 CMMI 2 级时，组织级应该定义出 WBS 分解的方法指南、模板，供项目经理参考，并对项目经理建立的 WBS 进行多次评审，训练其分解的技能。

2．建立组织级的估算方法指南，教会项目经理如何做估算，为项目的工作量、工期、质量的平衡提供依据。

估算是帮助项目经理进行能力平衡的手段。通过估算工作量、工期、成本等可以平衡能力需求与实际可提供的能力之间的差别，即使不能满足也要知道差别有多大，这种差别是否可以通过加班、加人、裁剪需求等来弥补，不能糊里糊涂地做项目，即使死，也要死地明白。在项目组需要进行估算的时机主要有 3 个时间点。

（1）需求不明确，需要给客户报价或项目立项时。

（2）需求明确，需要制定项目的开发计划时。

（3）在开发或维护过程中，需求发生变更，需要变更项目计划或给客户承诺变更的完成时间时。

在不同的时机，不同的输入条件下，对于不同类型的任务采用的估算方法不同，不能一概而论。因此项目经理要灵活掌握，组织级要给出明确的指南。

3．教会项目经理使用 Project 排进度表，合理安排进度，优化资源投入。

排进度表时要定义出任务之间的先后顺序关系，然后识别关键路径，想办法减少关键路径的长度，然后安排资源，再识别出关键链，减少关键链的长度，合理安排缓冲的时间，这样才能保证项目在比较短的时间内完成。如果进度安排不合理，会造成人为地拉长，有人忙工期，有人闲。借助于项目管理的工具可以帮助项目经理识别关键路径，减少安排计划的工作量。万事预则立，不预则废。

建立 WBS、项目估算、排进度表是项目经理制定计划的三项基本技能。

4．建立组织级风险库，教会项目经理如何识别风险、管理风险，培养风险意识。

很多项目经理不重视风险的管理，缺少风险管理的意识，这就导致了在项目初期一些可能发生的负面影响没有被识别出来，没有采取预防措施，坏消息没有尽早暴露出来，最终导致项目的延期、质量不过关等。风险列表、风险分类识别、头脑风暴法、阶段驱动法、任务驱动法等是常见的识别风险的方法，简单易行。识别出了风险，无论是否可以解决，都能够帮助项目组成员、项目组的上级领导、客户等清楚地了解项目的状态，即使发生了最坏的结果，相关人员也能够谅解。

5．建立计划评审检查单，计划评审流程，保证计划的合理性与一致性。

计划的好坏可以通过计划评审活动进行检验，通过计划评审可以在各利益相关者之间沟通计划的内容，识别出计划中的缺陷，同时也起到了培训和教育的目的，帮助项目经理提升项目策划的能力，尤其是对于管理刚刚起步的公司，尤其需要注重项目计划评审。

6．建立组织级每日站立会议制度，实时跟踪项目进展。

在 CMMI 中并没有要求一定要做每日站立会议，这是在敏捷方法中的一条实践，但是该实践简单易行，而且卓有成效，值得推广。通过每日站立会议可以及时了解每位项目组成员的工作进展，沟通项目的状态，同时也起到了建立团队文化的作用。

7．建立周例会的制度，定期评价项目状态。

如果导入了每日站立会议，未必需要开项目组内的周例会。

应该同客户每周至少沟通一次，应该同项目组的主管每周至少沟通一次。

通过周例会的形式建立一种正式的沟通渠道，使利益相关者全面了解项目的状态，发现问题，沟通问题的解决方法。

8．建立经验教训总结制度，固化管理经验教训。

在里程碑达到时、项目结束时，项目组要总结经验教训，组织级 EPG 固化经验教训。一般每个月或每 2 个月就应该总结一次经验教训，最长周期不能超过每 3 个月。固化经验教训是稳步提升管理水平的一个有效措施，是减少推广阻力的有效措施。

9．建立跟踪项目进展、生产率的度量体系，量化了解项目状态。

通过项目进展的度量可以标识项目完成的百分比，能够对项目的进度有一个总体的、量化的了解，以跟踪项目的进展，帮助项目经理管理进度风险。生产率的度量可以为项目的工作量估算、进度估算提供一个参考。这 2 个度量数据是最基本的项目管理的度量数据。

10．建立瀑布与迭代生命周期模型，根据不同项目的类型分而治之。

在企业内一般都会含有瀑布与迭代两种生命周期模型。瀑布模型适合于需求稳定的小项目，迭代模型适合于需求不稳定的项目。瀑布模型管理比较简单，相对而言迭代模型管理稍微复杂一些。通过定义生命周期模型可以帮助项目经理设计总体的项目管理思路，将大的复杂的项目划分为小的易于管理的阶段或迭代，以降低管理的复杂度。

11．实施 SCRUM 敏捷的项目管理方法。

在实施 CMMI 2 级时可以导入 Scrum 方法，Scrum 方法是敏捷项目管理方法，在该方法中定义了 4 个活动、3 个角色、3 个工作产品、2 个度量元，这个方法简单易行，作为一种项目管理的解决方案，适合于 CMMI 2 级的企业导入。在实施 Scrum 时，需要将 Scrum 的方法在组织内流程化、制度化。

12．培养 QA 人员，使其成为项目组的过程管理导师。

实施 CMMI 2 级的企业，首先要有 QA 人员，通过 QA 人员监督过程标准的实施，维护公司的质量文化。QA 人员首先应该是进行指导，而不仅仅是监督。在项目初期，QA 对项目组的管理策略、管理过程、项目计划提供指导，帮助项目组进行合理的管理设计，在项目执行过程中进行纠偏。

13．导入版本管理工具，建立配置管理的机制，控制变更、保持完整性和一致性。

通过导入 SVN、Git、VSS、CC 等配置工具将公司的文档、代码等管理起来，能够回溯到任何一个历史的版本，能够确保资料的完整性，这是最基本的管理要求。通过变更控制过程确保文档之间的一致性。

14．需求文档化，建立需求变更的控制机制，减少"根源性"错误，控制渐变的需求。

管理需求变更的前提是需求文档化。需求文档化看似简单，却是很多公司难以做到的。

无论需求是如何获取的，无论需求是如何描述的，需求的变更都要经过客户和开发人员的沟通，都要评估需求变更的影响范围，经过利益相关者的评审，而不是随意变更，所有的变更都应该文档化。

上述的 14 条实践要求项目组在项目管理中投入基本的工作量，以建立基本的项目管理方法。

1.4.4　CMMI 3 级的难点

（1）需求、设计、代码、测试用例的质量比较差

- 需求描述不全面、不详细。
- 设计中错误比较多，遗漏比较多。
- 设计与实现脱节，实现人员不看设计文档。
- 代码中隐藏的缺陷比较多，代码的可维护性比较差，其他开发人员难以读懂代码。
- 测试用例数量太少，对需求、设计的覆盖率比较低。

（2）同行评审无法快速发现问题

- 缺少同行专家参与评审。
- 同行专家没有足够的时间准备评审。

（3）单元测试与代码走查推行不下去

- 开发人员不愿意改变工作习惯，没有意识到单元测试与代码走查的作用，不愿意做单元测试与代码走查。

- 项目的工期太紧，无法在单元测试与代码走查投入足够的工作量。

（4）没有足够多的时间做系统测试

- 项目组留给系统测试的时间很短，系统没有经过充分的测试就交付给客户。

- 系统测试不充分，正常、异常、边界情况没有完全测试到。

（5）对组织级的体系裁剪不当

- 项目组不知道如何根据自己的实际情况裁剪体系，机械执行体系，EPG 也没有提供实际的指导。

（6）组织没有建立持续改进的体系

- 虽然有专人负责过程改进工作，但是经验教训的收集与整理、典型案例的整理、组织级度量数据的分析、新体系的部署、过程改进点的识别没有制度化、经常化，没有在组织级建立持续改进的文化。

1.4.5　CMMI 4 级的难点

（1）目标驱动建立过程性能基线与过程性能模型

为什么要建立过程性能模型呢？要通过过程性能模型预测目标的达成，因此应建立过程性能模型与目标之间的映射关系。为什么要建立过程性能基线呢？过程性能基线刻画了历史的过程性能的变动范围，目标是基于历史的过程性能确定的。我们需要基于组织的商务目标确定组织的和项目的质量与过程性能目标。基于目标确定应该建立哪些过程性能模型，应该建立哪些过程性能基线，应该收集哪些度量数据。很多组织没有建立符合 SMART 原则的目标，过程性能基线和过程性能目标也没有和目标紧密相关。

（2）过程性能模型的建立与应用

过程性能模型建立上游过程与下游过程之间的量化关系，或者建立了过程的输入与输出之间的量化关系。过程性能模型表达的不是确定型的函数关系，而是统计关系或概率关系。应该根据目标确定建立哪些过程性能模型。在现实中关于过程性能模型常见的问题如下。

- 已建立的过程性能模型缺少历史数据。

- 已有的历史数据无法确定过程性能模型的成立。

- 过程性能模型的预测效果太差，预测结果对项目组的实际活动缺少指导意义。

- 项目经理不知道如何使用过程性能模型。

（3）统计过程控制技术的使用

统计过程控制技术应用于软件领域是有争议的。有的专家认为，在软件公司中对于某一个项目而言，可以重复的活动或过程很少，可以采集的数据点很少，难以证明过程的稳定性。因此，对于统计过程控制技术在软件项目中如何应用，采用哪种具体的技术需要仔细甄别，并注意应用正确的 SPC 技术。

（4）预防措施的选择与制定

从哪些现象入手进行分析？如何通过现象发现本质？如何通过量化的数据证明分析结论的正确性？如何通过量化的数据证明措施的有效性？这些问题的回答需要分析问题制定预防措施的人员具备应用统计学的基本知识，熟悉方差分析、假设检验、回归分析等手段。

（5）度量数据的支持

软件企业的管理达到 CMMI 4 级是管理水平的一个质变。依赖于度量数据可以实现开发过程的 SPC，可以预测过程的性能，可以控制过程目标的达成。此时的管理水平和传统硬件生产企业的管理水平近似相同，适合于重复生产型制造流程的各种手段都可以在这种创新型开发流程中得到使用。真正做到了数字说话的程度，而数字的准确性、结果的可预测性取决于管理流程的可重复性、稳定性。但是大部分企业在度量体系的构造、度量体系的执行、度量数据的分析上存在大量的问题，并导致数据没有用途、数据不准、数据无法分析出结论等现象。

1.4.6　为什么难以达到高成熟度

很多朋友认为 CMMI4～5 级难做的原因是度量做得不好，我认为那只是表象，最根本的原因还是过程不稳定，2～3 级的过程就没有做好。过程不稳定，反映在数据上就不稳定，MA 可以做得很好，但是 MA 的结果可能没有管理的参考价值，建立的模型就没有意义。比如：

我们可以很准确地度量身高、体重、年龄、每天的饭量、每天饭食里葡萄糖的含量、智商。我们希望建一个模型来预测智商，假如根据上述信息建立了一个模型：

$$智商=f（身高，体重，饭量，年龄，葡萄糖摄入量）。$$

假如这个模型有统计意义，各 x 和 y 之间有因果关系，但是将你的信息输入到这个模型中，预测出来你的智商在 60～140 之间，你认为这个模型有实际的作用吗？不用量化预测我们凭经验都能认为你的智商基本上是在这个区间内，所以这样的量化预测有啥意义？假如模型能够预测你的智商在 91 到 103 之间，那我们认为这个模型还是很有意义的。为什么呢？因为预测得比较准确，变动的范围很窄，凭经验不能预测得那么准。可惜的是，现实中很多公司的过程性能模型预测出来都是在 60～140 之间，所以模型没有实际意义。根本原因在哪里呢？不是数据不准确，不是建模的方法不对，而是过程本身就不稳定，基于不稳定过程的输出数据进行建模，进行预测，预测的结果也不稳定。

正如你是一个业余射击选手，我们建一个模型预测本次打靶你能打几环，预测的结果就难有意义，业余选手的过程不稳定，难以预测。如果你是一个职业选手，我们建一个模型预测本次打靶你能打几环，就会比较准确，职业选手的过程稳定，就好预测。

这便是高成熟度级难做的本质原因！**2、3 级过程稳定了，高成熟度自然好做！**

第2章
敏捷方法实践精要

20世纪90年代末产生了以Scrum与XP为代表的敏捷方法。敏捷方法吸收了历史上各种软件开发方法中的最佳实践，如迭代、原型、用户驱动、时间箱管理等，并提出了轻量化过程的思想，以简化开发过程中的管理负担，达到简洁高效的目的。

敏捷方法与以CMMI为代表的规范方法都是为了按时、保质地实现需求，殊途同归，目的相同，实现的方法不同。

两种方法都认为每个人都会犯错。

规范方法的管理假设是：通过遵循规范的过程可以降低犯错的概率。如何确保按过程执行了呢？需要QA进行检查。QA怎么检查呢？通过检查执行时留下的证据来验证是否遵循了过程。这些证据是否是最终用户所关注的呢？是否对最终用户有直接作用呢？未必！遵循过程的人员可能做了一些无用功，这些投入不是客户所关注的。

敏捷方法的管理假设是：开发人员是有经验、有智商的，不需要详细地告诉项目成员如何做一件事情，只要告诉项目成员做事的原则与目标，他们就可以自己根据经验判断应该如何做，应该如何实现目标，即使在过程中发生了错误，也能够及时地发现并纠正。在这种场景下，不需要保留做事的中间证据，只要检查半成品或成品的质量即可。**胜任工作与互相协同的人是敏捷方法的核心基础**。敏捷方法强调好的结果胜过好的过程，因而敏捷方法更注重过程的速效性。敏捷方法强调在产品本身投入更大的质量成本，而非在过程的监督与执行上。敏捷方法期望客户实时参与、开发人员实时面对面的沟通，以便于进行验证与确认。规范的方法强调文字沟通、强调记录。敏捷的方法强调口头的、面对面沟通。流行的敏捷方法大都回避了对于质量保证活动的描述，而是强调了测试，强调了实时地对文档进行评审。

如果说规范方法的管理假设是"人之初，性本恶"，敏捷方法的管理假设则是"人之初，性本善"。如果说规范方法是"中药",敏捷方法则是"西药"。中药长于治本,重在预防,见效慢,效果持久。西药长于治标,见效快,立竿见影。

很多软件项目的管理者、开发者倾向于采用敏捷开发方法,但是不能误解敏捷方法。**敏捷方法不意味着没有管理,也不意味着不写文档,不要打着敏捷的旗号行"不作为"之实**,从而玷污了敏捷的名声,正如以机械的行为玷污 CMMI 的名声一样。

CMMI 在实施初期往往编写了大量的文档,随着对 CMMI 的理解越来越深刻,与实际的结合越来越紧密,文档会越来越精简。

敏捷方法在初期时,往往感觉很简单,但是越做就会感觉越复杂,一个很简单的活动如果想做到位,有很多注意事项。

CMMI 的实践如同白开水,没滋没味。敏捷的实践如同陈年老酒,需要慢慢品,越品越有味。

中药与西药都能治病,关键是看你得的什么病!只要对症下药,中西医结合可能更好!

2.1　Scrum 敏捷项目管理

Scrum 是一种敏捷的项目管理方法,该方法的名字源自于英式橄榄球争球的队形,该方法借鉴了橄榄球队成功的原则发展而来。Scrum 将软件开发团队比拟成橄榄球队:

- 有明确的最高目标;
- 熟悉开发流程中所需具备的最佳典范与技术;
- 团队具有高度自主权;
- 成员紧密地沟通合作;
- 以高度弹性解决各种挑战;
- 确保每天、每个阶段都朝向目标有明确的推进。

Scrum 将开发过程分为多个迭代,如图 2-1 所示每次迭代称为一次冲刺(Sprint),每个 Sprint 具有固定的时间长度,一般为 2～4 周。

首先,产品需求被分解成产品需求待办事项(Product Backlogs)。然后,在 Sprint 计划会议(Sprint Planning Meeting)上,最重要或者是最具价值的产品需求待办事项被优先安排到下一个 Sprint 周期中。同时,在 Sprint 计划会上,将会预先估计所有已经分配到 Sprint

周期中的产品需求待办事项的工作量，并对每个条目进行设计和任务分配。在 Sprint 开发过程中，开发团队每天都会进行一次简短的 Scrum 会议（Daily Scrum Meeting）。会议上，每个团队成员需要汇报各自的进展情况，同时提出目前遇到的各种障碍。每个 Sprint 周期结束后，都会有一个可以被使用的系统交付给客户，并进行 Sprint 评审会议（Sprint Review Meeting）。评审会上，开发团队将会向客户或最终用户演示新的系统功能。同时，客户会提出意见以及一些需求变化。这些可以以新的产品需求待办事项的形式保留下来，划分优先级，并在随后的 Sprint 周期中得以实现。Sprint 回顾会随后会总结上次 Sprint 周期中有哪些不足需要改进，有哪些方面值得肯定。最后整个过程将从头开始，开始一个新的 Sprint 计划会议。

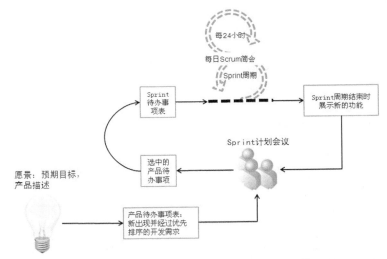

图 2-1（此图片来自于网络：http://www.kuqin.com/upimg/allimg/100204/1436350.jpg）

2.1.1　Scrum 的 3 个角色

在 Scrum 方法中将项目的利益相关者分成两大类：Pigs 角色与 Chickens 角色。Pigs 即为项目组的实际参与人员，Chickens 为项目组的外部人员，包括经理、最终用户等。这种分类的方法源自于一个关于猪和鸡合伙开餐馆的管理寓言（如图 2-2 所示）：一天，一头猪和一只鸡相遇了，鸡对猪说："嗨，我们合伙开一家餐馆怎么样？"猪说："好主意啊，那你准备给餐馆起什么名字呢？"鸡想了想说："叫'火腿和鸡蛋'怎么样？""那可不行"，猪说："我把自己全搭进去了，而你只是参与而已。"Pigs 在 Scrum 中细分为三个角色：Scrum Master、Product Owner、Team，这三个对等地位的角色构成一个平衡的铁三角，推动整个项目的进展。

图 2-2　Scrum 方法中的不同角色

1．Scrum Master

Scrum Master 不是项目经理，他没有分配任务的权力，没有考核的权力，没有下命令的权力，他在项目组承担了如下细分角色。

（1）会议主持人

他负责主持四个主要的会议：策划会议、每日站立会议、迭代评审会议、迭代回顾会议。

（2）牧羊犬

他负责屏蔽项目组外部的干扰。

图 2-3　屏蔽干扰

（3）雷锋

他给 Product Owner、Team 提供帮助，帮助 Product Owner 确定需求、排定优先级，帮助 Team 做估算、分解任务、完成任务。

（4）外交官

当项目组外部有人不理解项目组的工作时，他负责去解释说明，负责对外发布项目组的信息。

（5）教练

他指导项目成员按照 Scrum 的原则、方法做事情，当出现偏差时，他去纠正，可以说他既是精神教父，也是警察（QA）。如果有项目成员不熟悉 Scrum 的方法，他要去提供相关的培训。

（6）清道夫

他负责排除在项目进展中遇到的各种障碍，如果他没有能力或没有资源他可以协调项目组的其他成员一起来排除障碍。

Scrum Master 并非固定地由一个人承担，在一个团队中，有能力的、熟悉 Scrum 的成员都可以担当 Scrum Master。

敏捷方法看上去简单，实施起来比较难。敏捷方法的实践少，但是要求每条实践必须做到位，做扎实。真要做到位就要求 Scrum Master 必须很熟悉 Scrum 的基本原则与基本思想。简单的站立会议，有些 Scrum Master 就不能控制局面，一提到问题就讨论如何解决问题。可以写一个站立会议的检查单，在开站立会议前的 1 分钟，把站立会议的要点重复一遍，慢慢地把这些思想渗透到每个人的骨髓中。

所以，对于 Scrum Master 而言要培养其基本的技能：如何主持会议？不仅仅要理解 Scrum 的要求，而且要具备这些技能。公司里熟悉 Scrum 方法的人可以作为 Scrum Master 的导师，旁观 Scrum Master 的活动，然后指出其缺点，在实践中指导提升其基本技能。项目成员也要重视每次迭代结束时的回顾活动，通过自我总结提高团队的整体能力。Scrum Master 并非固定的，是可以变化的，通过这种方式也可以发现团队中适合做 Scrum Master 的人。有的团队每天站立会议的主持人是变化的，大家轮流主持，这也是一种很好的尝试，通过这种方法可以发现人才。

挑选什么样的人做 Scrum Master？要选组织能力强的人，而不一定是选择技术能力强的人，Scrum Master 的作用是要发挥整个团队的能力，激发大家的能力。不是 Scrum Master 有多强，而是整个团队有多强！

2. Product Owner

Product Owner 是产品的负责人，或者是需求的负责人，他在项目组承担了如下细分角色。

（1）领域专家

他是需求方面的专家，熟悉需求。他知道客户、最终用户以及其他利益相关者对项目的真正需求是什么。他负责编写用户需求，维护用户需求。

（2）需求决策人

哪个需求重要，哪个需求不重要，需求的优先级如何排列，在某次发布中要发布哪些需求都由他来拍板。他负责平衡需求、进度与资源的关系。

（3）需求讲师

他负责在项目进展过程中给项目组的其他成员讲解需求的含义，对需求进行答疑。

（4）测试员

他负责编写每个需求的验收标准、功能测试用例。

（5）验收人

当项目成员完成某个需求后，是 Product Owner 进行功能测试和验收，他认可后才能认为某个需求完成了。

Product Owner 可以来自于用户、客户、销售部、产品策划部门，或者来自于开发部门的需求分析人员。无论是来自哪里，都需要满足如下的要求。

- ➢　Collaborative：易于协作、易于沟通。
- ➢　Representative：有代表性的，能代表用户、客户、市场的利益。
- ➢　Authorized：有授权，得到了用户、客户、市场等的授权，有对需求的决策权。
- ➢　Committed：尽责，能够认真地、尽职尽责地工作。
- ➢　Knowledgeable：在行，明白，熟悉需求。

以上的 5 项要求可以简写为 CRACK，这是我们的理想，在现实中找这样的 Product Owner 有一定的难度。

Product Owner 是一个角色，并非指是一个人，可以是多个人。但是如果是多个人，这多个人要协调一致，对需求的理解与解释是一致的。

根据我观察在多家软件公司中实施 Scrum 方法的成功与失败经验，PO 这个角色是最容易失败的角色。熟悉需求而又有决策权的人往往很忙，不能全程参与开发，因而无法保证与项目组的沟通时间，无法落实其测试与验收的职责。如果请多个人分担此角色，则又存在与真正的 PO 之间保持沟通一致的问题。

3．团队成员

Team Member 是技术的责任人，他们负责实现这个系统，他们是自我管理的，不需要外部的管理者来管理他们。在一个 Scrum 团队中，一般是整个团队（包含 Product Owner、Scrum Master）不超过 10 人，Team 应该是一专多能的全才型选手，而不是那种专业化分工的团队，这样才能保证团队的效率比较高，也易于沟通。团队成员都应该是专职人员，不能同时兼职做多个项目。Team 承担了如下的细分角色。

（1）设计人员

对系统进行简单设计，并进行设计的讨论。

（2）实现人员

负责实现整个系统，并对系统执行单元测试，构建整个系统。

（3）自我管理人员

大家一起来估算，一起来选择任务，一起来跟踪任务进展。

Product Owner 定义了项目做什么，Scrum Master 从过程上保证了如何实现项目，Team 从技术上保证了如何实现项目。

2.1.2 Scrum 的 3 个文档

在 Scrum 方法中明确要求了 3 个文档。

（1）产品待办事项列表

（2）迭代待办事项列表

（3）燃尽图

1．Product Backlog

Product Backlog 中列举了本项目应该实现的需求，需求采用了用户故事的方式进行描述。用户故事是一句简短地采用用户熟悉的术语表达的需求，是用户讲给开发人员的故事，不是开发人员讲给用户的故事。既然是故事，就要有人讲，谁讲呢，是 Product Owner 来讲。每次讲时可能都有细节的不同，就要有变化，但是万变不离其宗，所以故事本身是有一定弹性的。故事可以有标准的格式，笔者称之为三段论式故事。哪三段呢？

（1）用户角色

（2）需要的功能

（3）目的

比如，有这样一个故事：

作为一个家庭主妇，我需要一个 30 平米的餐厅，以便于我可以招待 10 位朋友来用餐。

用户角色是家庭主妇，30 平米的餐厅是功能需求，招待 10 位朋友用餐是为什么需要这个功能。千万不要小看这个三段论式的故事，需要仔细琢磨每一段的作用。用户角色表明了是谁使用这个功能，如果一个功能没有明确的使用者，是否可以删除呢？如果一个用户角色不重要，是否这个需求的优先级比较低呢？目的说明了为什么需要这个功能，这个功能解决了什么问题，如果一个功能没有明确的目的，是否可以删除呢？如果目的不太关键，这个需求是否可以优先级比较低呢？

优先级？没错，我多次提到了优先级，需求一定要分优先级！谁来划分需求的优先级？Product Owner！如何划分优先级？根据商业价值！根据对客户、对最终用户的商业价值来划分优先级。如何区分商业价值的大小呢？比如提问如果不实现此需求，如果推迟实现此需求客户是否会不满意？是哪类人不满意？不满意到什么程度？一个称职的 Product Owner 可以凭经验划分出需求的优先级。

是否仅仅描述了这样一句话就充分了呢？其实还有第四段，即用户故事的验收标准，或者称为用户故事的测试要点，这也是由 Product Owner 完成的。Product Owner 可以先完成前三段，在和 Team Member 的沟通过程中逐步丰富完善验收标准。对于前面我们提到的那个故事，如果你实现了这样一个餐厅，比如是一个 2 米宽、15 米长的餐厅，那位家庭主妇会如何想？哈哈，如果她心理健康的话，估计她立马让你跳楼！如果她心理不健康，她会跳楼的。当然在敏捷方法中不会出现这种现象，在开发过程中，Product Owner 会与你随时沟通交流需求，在沟通中 Product Owner 还传达了这样的信息：

（1）*我希望这个餐厅是 5 米 ×6 米；*

（2）*我希望这个餐厅灯光明亮；*

（3）*我希望这个餐厅靠近厨房，我不希望超过 10 步；*

（4）*……*

这就是验收标准！也可以换一种角度，从如何验收的角度来描述：

（1）我会量量这个房间是否是 5 米×6 米。

（2）我会测测如果在这个房间里白天打扑克，不开灯的话，能否看到扑克的花色和点数；

（3）我会测测从厨房到餐厅需要走几步；

（4）......

如果一个故事提不出来验收标准怎么办呢？不实现它，晚实现它，直到明确了验收标准。

到目前为止我们实际讲了在 Product Backlog 中包含了 5 段：

Product Backlog ＝ 需求 ＋ 优先级

　　　　　　＝ 用户故事 ＋ 验收标准 ＋ 优先级

　　　　　　＝ 用户角色 ＋ 功能 ＋ 目的 ＋ 验收标准+优先级

也有将验收标准单列出来的，但我认为验收标准应该是需求的一部分，只不过换了一种描述需求的方式而已，所以还是作为 Product Backlog 的一部分比较好吧。

前面我一直在提"功能"二字，没有提非功能的需求，如果有非功能的需求怎么办？两种处理办法，一是如果能明确到某个故事，就描述在故事的验收标准中；二是写一个"技术故事"，单列出来，提醒开发人员注意这些故事，这个故事未必是 Product Owner 提出的。

对于用户故事我们希望能够达到如下的理想：

（1）独立性。尽可能避免故事之间存在依赖关系，故事之间存在依赖关系会造成划分优先级的困难，在安排开发顺序时需要考虑故事之间的依赖关系。

（2）可协商性。故事是可协商的，故事是有弹性的，故事是需要讲的，不是必须实现的书面合同或者需求。

（3）对用户或者客户有价值。确保每个故事对客户或用户有价值的最好方式是让用户编写故事。

（4）可预测性。开发者应该能够预测（至少大致猜测）故事的规模，以及编码实现所需要的时间。

（5）短小精悍。一个故事在一个迭代周期内一定是可以实现的，而我们提倡短周期迭代。

（6）可测试性。所编写的故事必须是可测试的，能够定义出验收标准。

注意，这是理想！

Product Backlog 在项目进展过程中是会发生变化，只有 Product Owner 有权来修改此文档。你可以用 Excel 文件来描述它，也可以采用一些敏捷项目管理的工具来帮助你维护，或者使用一些缺陷的跟踪工具如 JIRA 之类的。最直观、最朴素的办法是采用即时贴，直接贴在办公室的白板上，让大家都能随时看到。

2．Sprint Backlog

Sprint Backlog 就是任务列表，如果映射到传统的项目管理理论中就是 WBS（Work Breakdown Structure），而且是典型的采用面向交付物的任务分解方法得到的 WBS。注意，在 PMBOK 中，WBS 分解到工作包级，此处的 WBS 是指分解到具体的活动级。

比如有一个 Product Backlog 条目为：

作为系统的合法用户，可以通过录入账号和密码登录到系统中。

为了实现此需求，Team Member 识别出任务，进行了工作量的估计，进行了任务的认领，其结果记录表 2-1 所示。

表 2-1　　　　　　　　　　　　　Sprint backlog 案例

任务	估计工作量	责任人	任务状态
1）单元测试程序编写	30 分钟	郭靖	完成
2）界面设计	20 分钟	黄蓉	进行中
3）密码校对算法设计	30 分钟	郭靖	进行中
4）程序调试	30 分钟	郭靖	未开始

此表格是由开发人员基于经验采用头脑风暴的方法大家一起分解得到的，里面列举的任务是为了实现该用户故事必须做的事情，按照简化的原则，可做可不做的任务则删除之。估计的工作量是由任务责任人自己估算的，任务的工作量合计应该不超过用户故事估算的工作量。如果任务拆分后发现工作量的合计远远大于用户故事估计的工作量，则可能需要对用户故事的工作量估算值进行修订。

Product Owner 负责基于商业价值挑选某次交付中应该包含的用户故事，而开发人员负责基于开发的风险、用户故事之间的依赖关系等，挑选在某次迭代中要实现的用户故事。

Sprint Backlog 可以采用 Excel、白板或者敏捷的项目管理工具进行维护。

3．燃烬图

Burn Down Chart 翻译为燃烬图（或燃烧图），很形象，是 Scrum 中展示项目进展的一个指示器。我一直认为用户故事、每日站立会议、燃烬图、Sprint Review、Sprint Retrospective 真是越琢磨越有味道的好东西，也因此很喜欢 Scrum 这种方法，这些实践简单有效，非常经典。

燃烬图的样例如图 2-4 所示。

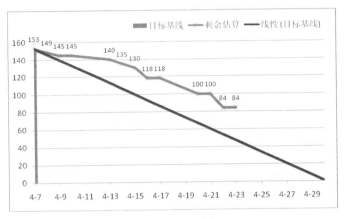

图 2-4　燃烬图

横坐标为工作日期，纵坐标估计剩余的工作量，每个点代表了在那一天估计剩余的工作量，通过折线依次连接起所有的点形成估计剩余工作量的趋势线。另外还有一条控制线，为最初的估计工作量到结束日期的连线，一般用不同的颜色画上边的两根线。

对此图的研判规则如下。

（1）如果趋势线在控制线以下，说明进展顺利，提前完工的概率比较大；

（2）如果趋势线在控制线以上，说明延期的概率比较大，此时需要关注进度了。

注意，趋势线并非一直下行，也有可能上行，即发生了错误的估计或遗漏的任务时，估计剩余的工作量也有可能在某天上升了。

每天开完 15 分钟站立会议后，由 Scrum Master 根据进展更新燃烬图。第 1 个点是项目最初的工作量估计值，第 2 个点是最初的估计工作量减去第 1 天已完成任务的工作量，依次类推计算后续的点。任务完成的准则如下。

（1）开发人员检测：所有的单元测试用例都通过了。

（2）**Product Owner** 检测：通过了所有的功能测试。

燃烬图最好是张贴在白板上，让每个项目成员抬头就能看见，这样给大家一个明确的视觉效果，每个人随时都能看到我们离目标有多远。

燃烬图可以每天画，表示完成某个迭代的进展趋势，也可以在某次迭代结束的时候画，表示完成整个项目的进展趋势，此时横坐标就是迭代的顺序号。

燃烬图和传统项目管理理论中的挣值图比较起来更加简单、直观，这种设计深得管理的精髓！度量的精髓！真是让人佩服！

在敏捷方法中提倡看板管理，将这 3 个文档都贴在一个白板上，让项目组的所有成员都能一目了然。

案例：项目管理看板

图 2-5 为 2013 年 6 月份笔者摄于北京某家客户处。

图 2-5　看板

2.1.3　4 种会议

在 Scrum 方法中定义了 4 种会议活动。

（1）Sprint Planning。

（2）Daily Meeting。

（3）Sprint Review。

（4）Sprint Retrospective。

除去开发活动外，这 4 种会议构成了 Scrum 方法的核心活动。这 4 种会议的要点如表 2-2 所示。

表 2-2　　　　　　　　　　　　　　　　4 种会议的要点

会议	时机	活动名字	主持人	参与人员	主要任务	输出
①	迭代开始之前	Sprint Planning	Scrum Master	项目组的全体成员	需求讲解；估算；开发顺序安排；任务分工	规模与工作量估算结果；Sprint Backlog
②	每天	Daily Meeting			跟踪进展	Burn Down Chart
③	迭代结束	Sprint Review		项目组的全体成员、客户或者用户、其他利益相关者	演示软件，评审完成的功能	修改后的 Product Backlog；可执行的软件
④	迭代结束	Sprint Retrospective		项目组的全体成员	总结本次迭代的经验教训	经验教训总结

案例：敏捷迭代总结

　　2012 年杭州某公司的一个项目组采用敏捷的方法完成了一个项目，在此过程中，每次迭代结束后，项目组的每个成员都总结了本次迭代的经验教训，这些总结很有代表性。我汇总了这些经验教训，点评如下。

分 类	总 结	点 评
需求	故事、任务的目标不清晰，导致开发前期存在迷茫	在做项目的策划会议时要进行充分的沟通，PO 要讲解需求，大家要一起评估实现的风险，做系统隐喻。如果发现自己理解得不清晰，是否及时提出来，进行了沟通了呢？
需求	开了一天的会，定制下来的故事，在实际工作中并没有按此执行，给人的感觉是，分配任务的时候工作很清晰，但是实际操作时候很复杂，使得故事的制定意义不大	为什么呢？有没有分析原因呢？
需求	开发过程中需求变更太多	在每个迭代周期内不处理需求的变更，在下次迭代时才处理需求变更。需求变更多的原因是什么？是否在迭代的回顾会议上进行了总结呢？要及时地做需求确认
设计	各自实现接口的时候，都比较孤立，需要别人什么接口，别人需要什么接口都不能确定	前期沟通、共同设计、开发中实时沟通、持续集成、尽早发现问题！接口要早设计、早实现、早集成
设计	各人做不同的模块，模块之间的接口应更明确	
设计	写代码前要完成设计，明确不同分工人员代码间的接口和数据结构	
设计	老员工带新员工一起定义接口，然后分工实现，提高效率	接口的设计是最主要的架构设计内容
设计	多花点时间在设计上面，不是多花了时间，是在节省时间，但是这样做的前提是你的设计具备良好的扩展性，同时又不花太多时间，这个还得要有经验	在质量和进度之间平衡。敏捷的设计实践为系统隐喻和简单设计。系统隐喻对设计人员的水平要求比较高，要求能够将设计的思想采用最通俗的比喻表达清楚。简单设计是不为未来的不确定性做设计

分　类	总　　结	点　　评
设计	考虑不充分。照搬设计文档，不管设计是否正确，直接实现，结果无法满足需求	还是沟通的问题！ 如果不是你设计的，你和设计师沟通了吗？采用什么方式进行的沟通？如何保证沟通的质量呢？ 想想结对编程吧
设计	开发阶段讨论不充分，各做各的，结果在代码集成时，接口或功能不一致，引起后期代码需要返工	沟通！ 为了减少这种现象，我们有哪些措施呢
设计	通过评审代码，感觉有些功能是在完全没有理解设计思路的情况下，直接编码的，有点想当然的感觉	文档+口头交流是沟通的两种手段！是互补的两种手段。口头交流比看文档沟通更有效！只看文档是不行的
设计	团队组员对设计理解不到位，导致做出来的东西需要反复改	是对需求理解不一致，还是对设计理解不一致？ 设计是否进行了讨论？结对编程、系统隐喻是进行设计沟通的有效手段？
设计	分歧比较多，很难统一，无谓的讨论比较多	分歧在什么地方？为什么分歧多？是对实现方案的分歧吗？ 如何提高讨论的效率？是否想过优化的方法呢？ 有时候在设计时是条条大路通罗马的，可能有多种解决方案，没有绝对的好，没有绝对的坏，只是风格的差异、习惯的差异。此时没有必要耗费那么多时间
设计	设计阶段多投入，避免走弯路	多投入，如何多投入？是写设计文档还是多做设计的讨论？
设计	MVC，不是说它不好，只是希望能够一步一步做起来。先做到界面数据分离，能做到数据层可测，再去想 MVC。让一个 MFC 都不熟的人去用 C++ 做 MVC，我只能摇头叹息	人员的技能是基础！需要在前几次迭代解决人员的技能问题

分　类	总　　结	点　　评
设计	逻辑和界面一定要分离，否则代码重用、需求变更以及修改 bug 都会占用整个项目的很多时间	技术经验也要总结
编码	代码随意写，不考虑类的耦合性，可认为是没用心写代码。需要加强对软件功能的理解，不是简单完成这个功能，而应该考虑用户会怎么用。写代码要考虑重用以及和其他类的关系，如何降低代码修改的影响面	开发人员要养成良好的工作习惯，事情一次做对！一次做完美！不要对付！要认真负责
编码	良好的代码编写习惯（类功能单一＋单元测试)需要保持下去的呀，不然后面出现什么问题都不清楚	
编码	代码行限制在 15，为什么要限制这么低，别为了 15 行去 15 行，这没意思。可以先放开点，等大家都习惯了，成熟了，再慢慢提高要求	有道理！目的是写好程序，而不是写小程序！好程序可能是小程序，小程序未必是好程序！首先保证代码的质量，其次再追求代码的长短
编码	代码风格不统一	基于编码规范编写程序，统一代码的风格不会增加开发工作量，不会降低开发效率，只是修改了开发人员的工作习惯。
编码	好的习惯是需要养成和传承的，例如 　　（1）代码风格 　　（2）框架设计 　　（3）团队合作	开发人员感觉是增加了自己的精神负担，而不是增加了工作量，所以他们不愿意按编码规范写程序！ 变革，改变的是习惯
编码	维护老代码很痛苦	先保证新写的代码的质量，如果时间允许则对旧的代码进行重构。 当对老代码进行修改时，对其进行重构。 重构后的代码要能通过单元测试与功能测试

分 类	总 结	点 评
编码	没有完全厘清代码，就开始修改重构，然后做到一半发现大坑，过不去了，得重来	如果历史的代码质量很差，不值得重构可以推倒重写
编码	修改代码或者改 BUG 的时候尽量少贴膏药，界面和逻辑不要耦合，会给后期维护的人员带来很多麻烦	重构的是详细设计！重构的内部结构
测试	这个迭代单元测试做得较好，而且还暴露出了一些 BUG	敏捷的核心策略就是在保证质量的前提下快速交付，质量是前提
测试	在测试的时候，还是不够充分	单元测试是否有覆盖率的要求呢
测试	在后面的迭代开发过程中，团队应该把原本分配给测试的时间全部用来测试，并且保证单元测试	保证质量的投入才有质量的产出
测试	集成测试 BUG 暴露不够	在敏捷方法中强调的是单元测试与功能测试。单元测试是由开发人员完成的，功能测试是由 PO 完成的。这里所讲的集成测试 Bug 暴露不够，应该是单元测试得不够充分？
测试	TDD 和 MVC 很好，给人干净利落的感觉。虽然对项目开发短期任务的工作量会增加，但基于长期的代码维护及个人的开发习惯，代码的质量显然是有很大帮助的，应该推广并保持	注重长远！预防错误！尽早发现错误
测试	演示时还有不少问题	是否每天交付的都是可用的产品呢
持续集成	联编经常败掉，以后得好好努力减少败掉的次数	因为经常失败，所以才要持续集成！错误要尽早发现，尽早修复，这样才能提高开发效率，节约成本！为什么会联调失败？是因为沟通有问题？还是因为测试不够

分　类	总　　结	点　　评
持续集成	有时没能及时更新公共资源	要统一在配置管理工具中管理代码
估算	是否该反思，是什么原因引起估算偏差？为何每个迭代总有一个故事来不急	在迭代结束的回顾会议上需要作此反思啊
估算	估算不准确，主要原因应该是对系统陌生，讨论时间不足	讨论，沟通！ 磨刀不误砍柴工
估算	几字形的燃烬图，最后还是没烧完	中间过程中肯定发生了漏算的任务
估算	任务的拆分有待提高	任务的拆分是否可以总结出固定的套路呢？
估算	估算得不是很好，有些问题没有考虑，超出预期	如何才能估算好呢？沟通！通过策划扑克法强制对需求理解一致
估算	某人估故事点的时候等别人亮牌了才出牌	
估算	预估时间的方式有待改进，例如：估时间时有同事看别人估多少就估多少。原因无外是，不知道要做的东西有哪些	此人没有相关经验吗？还是工作态度有问题？还是对需求的理解有问题？需要知道原因，区别对待
计划	做好计划每一步，结果就不会差	没错，凡事预则立，不预则废
计划	希望下个 Sprint 能进行开发与设计工作，到目前 4 个 Sprint，还没真正进行过开发，感觉个人最近激情不足	前期的 Sprint 没有安排编码的任务吗？没有交付可用的产品吗？如何让每个成员在完成一个 Sprint 后就有成就感呢
计划	Sprint 开始之前，本来是有几天时间可以整个任务调研、分析，结果是直接开始做，没有做充分的任务分析，到做的时候时间比较紧，在前面两周，对集成测试不足，后面测试很多一部分时间在集成测试。	如何确定每次迭代的目标很重要！尤其是前期与最后的迭代！前期的迭代中可能有原型开发、可行性研究等。后续的迭代包含了系统测试等

分　类	总　　结	点　　评
计划	任务预估与划分、设计变更、设计错误等原因导致本轮迭代很累，希望下轮迭代有所改进	这是综合能力提升的问题
计划	整个团队陷于 BUG 怪圈，忙于 BUG 修改和查找新的 BUG，团队其他成员忙于修改 BUG。	为什么呢？因为在上一个迭代肯定是快而脏的开发模式了！一定要记住，敏捷方法的前提是在保证质量的前提下提高速度！ 　　质量：质量在于每天的开发工作中！写每行代码都要保证质量！有哪些措施能保证质量呢
计划	本轮开发、进度和质量均失控，未能完全达到验收标准	工具静态检查、人工代码走查、TDD、编码规范、结对评审！这些都是质量的投入，有投入才有产出！
计划	开发的进度不够快	先保证质量，再追求速度，在保证质量的前提下加快速度！不返工就是提高效率的最好方法
计划	进度过慢，质量不高	为什么呢？ 慢是如何判断的？ 质量不高是如何判断的?
任务分工	同一个类由不同的人写，是否分工时可以至少以类为最小颗粒度	为了便于检查，便于协调，一个类安排 1 个人完成，不要安排 2 个人完成，如果安排 2 个人做，则需要结对编程
任务分工	事情优先级划分不明确，导致几件事同时压着做	做完一件事情再做另一件事情!这是一个工作习惯的问题。同时做几件事情，切换的成本比较高，降低效率
任务分工	很多人一起做一个故事，有点乱	在分配任务时应该本着尽可能独立的原则,减少不必要的、可以规避的沟通成本

续表

分　类	总　结	点　评
任务分工	任务分组，完成的效率不错小团队操作，每种类型的任务有专人负责，发挥了个人的主动性，效果似乎不错	分工时要考虑多个因素：负载均衡、人员的特长、AB角、人员的培养等等
站立会议	主持的晨会能发挥主持人的作用	如果发现了这样的人才，则要人尽其才，以后就让他主持吧
站立会议	晨会的任务还是模糊不清，不够明确	晨会的目的就是同步进展，暴露问题
站立会议	每日晨会效率需要提高，往往开成半吊子会议：讨论，讨论不清；决策，决策不清；叙述，叙述不清。杜绝汇报会形式	能否仔细总结这些问题呢
站立会议	晨会换另一个人主持，大家都可尝尝鲜，吃吃螃蟹	很好！训练每个人主持站立会议的技能！每个会议的主持人都可以不是固定的人员
站立会议	晨会时间到，大家都有点拖拉，希望下个 Sprint（如果还有的话），大家及时并主动些，不要等着别人叫	晨会一定要准点！这是团队的文化，小组应该有制度定义迟到的惩罚措施
站立会议	晨会开得有些晚，平均开完会要09：10，浪费时间稍微多了些。建议晨会提早几分钟	如何开好晨会？晨会的方法肯定有问题！建议组织级对晨会的开法有明确的指南或检查单。在每天召开晨会时，先回顾一下这些指南或检查单，提醒大家如何召开晨会
站立会议	没搞明白，每天这么开晨会带来了什么成果，不知道别人怎么样，反正我是疲了	
沟通	Team 缺乏主动与 Product Owner 沟通，产品设计的细节做得不够到位。自己与他人沟通不多，导致一些工作做了无用功或简单的事情复杂化	敏捷方法中有多种措施强制进行沟通，比如：策划扑克法、站立会议、结对编程、评审会议、回顾会议、现场客户、用户故事、系统隐喻、在同一个办公环境中办公、看板管理等

分 类	总 结	点 评
沟通	多交流，做之前，有些细节的地方要达成共识，相互之间有依赖的任务要优先完成	无论如何强调沟通的作用都不过分。一方面思想上要重视沟通，另外要落实到具体的措施与行动上
沟通	交流不足，引起自顾自的开发	
沟通	对于工作中的不顺利或其他的原因造成的冲突，要及早提出来私下讨论，而不是在会上再争论，影响大家的时间	
沟通	团队成员没有主动提出工作中遇到的问题或难题，并且也未请教技术能力强的同事	没有养成团队工作的习惯！有问题找队友！有问题早报告
沟通	团队成员要及时与产品经理或架构师沟通，而不是在演示会上才暴露问题，这样未免太晚了	完成的需求不是每天都由 PO 进行验收了吗？为什么在日常跟踪中没有发现问题呢
人员激励	新员工们总是充满激情地在加班，这让我们这些老员工情何以堪，这不好，下个迭代一定要改进	频繁加班不是好事！要保持平稳的开发速度！ 激情不是通过加班来实现的，而是通过有技巧的做事情来体现的！软件开发首先是脑力活，其次才是体力活
人员激励	加班过多，作为敏捷开发方式，是不用加班的，可是感觉每晚都有不少成员在赶工	
人员激励	终于这个 Sprint 按时完成全部任务了 这期没有任务遗留下一期	成就感是最主要的激励措施！ 看到大家的高兴都是来自于按时完成任务
人员激励	故事又没有全部完成	失败最能打击人的信心
人员激励	有水果吃好开心	通过各种措施提高大家的情绪是很好的办法

续表

分　类	总　结	点　评
团队协同	团队合作时，协调和交流有待改进	实时交流与沟通的极端做法：结对编程
团队协同	团队内互帮互助，调试、测试，定位问题，特别是对开发经验较弱者提升较大	产品的质量取决于团队中水平最差的人，帮助水平低的人提升就是提升产品的质量
团队协同	对新手的帮助比较给力	
团队协同	团队成员同心协力，团结互助，在工作中做到以强带弱	
团队协同	团队建设参与过少，下个迭代在团队建设上多投入时间	4 种会议就是团队建设的活动：站立会议、策划会议、回顾会议
团队协同	做一个任务时尽量 3 个人左右的小组，比较容易协调	一个用户故事参与的人不要太多，如果用户故事太大，拆成多个用户故事试试
团队协同	开发小组可以再分得小点，比如 2 个人一组：减少合作内耗，加快开发效率	结对编程是否是最小的团队
团队协同	成员间的帮助比较给力，测试做得挺多的	沟通与质量是敏捷方法的 2 个核心
文档	自己的工作文档内容没有及时跟上，文档总是放在工作最后来写	文档不是主要的，主要的是代码，先保证代码的质量，再保证文档的质量！要根据文档的目的，与读者确定：文档是否需要写？文档中包含哪些内容？文档应该什么时间写？文档采用什么格式？文档写到什么程度
文化	项目组时间和压力意识不足，认为本轮做不完就下一轮做的思想存在，没有充分意识到本期迭代产品开发的压力以及进度和质量要求	积极主动的文化很重要

续表

分　类	总　　结	点　　评
文化	大家没有紧迫感	为什么？ 每日站立会议，迭代的评审、燃尽图都是为了督促大家要信守承诺
文化	团队应该是一个激情的、学习的团队，而不应该是狂妄自大的、自以为天下第一的团队。目前团队状态似乎有些不正常，很多人热衷于批评前人代码太烂，此时不妨静下心来想一想，如果在需求没有确定的情况下让你自己全新写，你能写成什么样？你3年前写成什么样？5年前呢？不要以现在软件的发展情况来看3年前的代码，而且心安理得地高喊太烂了，希望团队能够多尊重别人的成果，写得不好的地方，我们可以去讨论，可以去修改，让自己不要再犯，写得好的地方，我们应该去借鉴	看自己历史写的代码永远是不满意的，总能找到改进点！ 看别人的代码总是认为别人写的代码质量差，总是不满意！ 这是很自然的心态，在时间允许的情况下，可以去做重构
文化	团队如果在承诺的方面执行不到位，永远不会成功，所有东西都习惯性地被和谐，被抛弃。个人觉得，如果承诺的东西，做不到或者做的很不理想，那就不要承诺，不要让团队成员都习惯了这种承诺之后却不去做。有时间，安排一次同其他部门的交流吧，如果我们做不到他们那样，我们的优秀团队，仍旧是一场梦	很对！要培养承诺的文化

2.1.4　如何开每日站立会议

每日站立会议是 Scrum 方法中的一条关键实践，看似很简单的一个活动，其实内涵丰富，站立会议通过每天面对面的沟通，可以：

（1）快速同步进展，让项目组内部的员工互相了解彼此的进展，从而了解本项目的整体进展。

（2）给每个人一种精神压力，信守承诺。这是一种面对面的精神压力，直面项目进展。

（3）培养团队的文化，让每个人意识到：我不是一个人在战斗，我们是一个团队。

为了保证每日站立会议的质量，需要注意如下的要点。

1．任务的分配与领用

（1）任务的责任人要明确。

（2）任务的颗粒度小于 2 天。

（3）如果有的任务颗粒度实在无法拆分到 2 天以内，则需要设置中间的检查点。

（4）任务的完成时间要明确。

（5）任务的完成标准要明确。

（6）任务识别要尽可能完备，不要在过程中增加很多遗漏的任务。在识别任务时，团队中的各个角色都要参与，要充分讨论。

（7）增加、修改的任务要增加小贴纸，明确地在看板中标识出来，这些任务可以采用不同颜色的贴纸标识。

（8）高层经理不要越级直接给团队成员下达任务。

2．任务的完工检查

（1）不能只靠责任人汇报说完成了就认为任务已经完成了，应该有检查。如果是编码，则要通过规范符合性检查、工具静态检查、人工代码走查或单元测试，并通过 Product Owner 的确认。如果是编写文档，则应该通过了评审，如果是预研，则应该展示预研的结果。

（2）要区分任务的完成与需求的完成。需求的完成需要多个任务完成的支持，不但要跟踪任务的进展，也要跟踪需求的进展。如果不是采用迭代模型，而是采用瀑布模型，可以定义一个任务进展的内部准则。比如对于一个需求，如果需求定义完成，则认为这个需求完成了 10%；如果详细设计完成，则认为这个需求完成了 30%；如果代码完成，则认为这个需求完成了 50%；如果单元测试通过，则认为这个需求完成了 70%；如果系统测试完成，则这个需求认为完成了 100%。

3. 进展的跟踪

（1）采用燃烬图标识每个小组的进展，每天站立会议完成后更新燃烬图；

（2）采用燃烬图标识整个产品开发团队的进展，可以每天或每 2 天更新燃烬图。

（3）每个小组、整个产品的进展都要及时跟踪。不能关注了局部，忽略了整体。

4. 站立会议

（1）每天定时、定地开站立会议，不需要事先通知。

（2）在站立会议上每个人当且仅当回答以下 3 个问题：

昨天完成了什么？

有什么难题需要别人帮助解决？

今天做什么？

（3）在汇报每个人的进展时，不需要汇报是如何做的，只汇报进展；

（4）需要别人帮助的问题在会后单独讨论。

5. 小组长

（1）主持会议，确保每位组员发言时不能跑题。

（2）可以点评、提醒每个人的工作，但是一定要简短点评。

（3）如果对总体情况进行总结，一定要简短。

6. 会议纪律

（1）不能迟到。如果迟到就惩罚之。

（2）只有一个声音在发言。不能一个人在发言，其他人在开小会。

（3）非本小组的成员，可以旁观，不需要发言。

（4）不能中途有人退席。有的人汇报完自己的进展后就退席是不允许的。

7. 物理设施

（1）站立会议时一般要有白板，白板上粘贴的是本项目组的任务状态：未开始的任务，进行中的任务，中断的任务，完成的任务。其实也有一些敏捷的工具，可以电子化 Sprint Backlog，但是还是不如物理的白板更有视觉的冲击力。

（2）白板的面积要大，如果所有的任务不能在白板上贴下，则可以只贴本次迭代的或最近一段时间的，比如 2 周的。

（3）如果白板面积不够，可以不用贴纸，手写任务。

（4）贴纸容易掉，可以用小磁条或不干胶粘在白板上。

（5）限于办公环境，每个小组的站立会议可以错开时间开。

8．其他注意事项

（1）一定要当面开会，不能邮件替代站立会议。

（2）一定要每天开会，每天跟踪项目的进展。

（3）不需要整理会议纪要，除非有其他必须的目的。

案例：站立会议

2010 年深圳某客户在公司内推广站立会议，2010 年 4 月份笔者曾经到这家客户观察过 1 个大产品的 10 多个项目小组执行站立会议的情况，并将结果与体会记录整理成了一篇博文：《每日站立会议的 10 个成功要点》。2013 年 8 月 23 日上午（深圳，滂沱大雨，雨声如鼓）故地重游，我又观察了该公司一个项目的站立会议，记录如下。

（1）某项目组站立会议，早上 9 点 13 分开始，9 点 26 分结束，费时 13 分钟。

（2）人员陆续而来，9 点 13 分开始后，9 点 15 分、9 点 20 分、9 点 21 分分别又来了 3 个成员，累计 13 个人参与了该会议。

（3）主持人是打开一个 Excel 格式的计划，对此计划进行跟踪，计划中包含的列有：任务、任务描述、任务跟踪记录、计划开始日期、计划结束日期、任务状态、责任人。

（4）主持人采用轮询的方式跟踪任务进展，边询问，边记录到 Excel 计划的任务跟踪记录列。

（5）主持人了解每个人的进展后，进行了简单点评，有问题则给出了指导意见，项目组其他成员也给出了一些建议，所有的问题当场都给了结论，需要尝试的，让项目组成员去尝试了。

（6）项目组成员彼此之间有接口的，互相询问、沟通了接口的进展情况。

（7）在某个成员汇报工作进展的时候，有的成员没有专心听，而是和其他成员开小会，在讨论自己感兴趣的话题，主持人没有制止。

（8）有的项目成员在整个过程中游离在团队之外，不关心别人的进展，始终在玩自己的手机。

（9）在跟踪任务进展过程中，经过简短讨论后，主持人随时增加了一些必须的任务，并责任到人了。

（10）没有画燃烬图。

（11）未按时完工的任务大都是需要其他项目组配合完成的任务。

总评：一项简单的措施坚持下来不容易，坚持做好更不容易。

2.2　XP 极限编程的 12 条实践

极限编程（Extreme Programming，简称 XP）是一种敏捷的软件开发方法。在迭代生命周期模型中贯穿了 12 条实践。

（1）现场客户：此实践继承自快速应用开发（RAD）方法的用户驱动的开发，要求客户、用户或其代表全程参与开发的过程，和开发人员一起工作，其职责为：

需求定义、需求讲解、需求优先级制定、需求验收标准定义、功能测试、功能验收。

此实践中的客户和 Scrum 方法中的 Product Owner 的职责类似。

（2）策划游戏：在 XP 中项目计划划分为 2 个层次：发布计划与迭代计划。在定义计划时，要进行以下 4 次的平衡。

① 项目的估算**总工作量**（需求工作量）与项目组成员可以提供的工作量（开发能力）的平衡。

② **某次发布**的需求工作量与在本次发布内项目组成员开发能力的平衡。

③ **某次迭代**的需求工作量与本次迭代的项目组成员开发能力的平衡。

④ 某次迭代内**某个人**的任务工作量与其开发能力的平衡。

估算工作量时可以采用策划扑克法或其他敏捷的估算方法。

（3）小版本发布：频繁发布软件版本供用户、客户进行确认，以尽早取得客户的反馈。

（4）平稳的开发速度：两层含义，一是每周工作 40 小时，不加班，让开发人员高效地、愉快地工作。二是**避免快而脏的开发模式**，在开发过程中保证质量的投入，不要到项目的后期集中改错。

案例：平稳的开发速度

　　我的一位同事采用敏捷方法做软件开发很多年，他曾经有过这样一个经历：有一次项目组新加入了一个员工。这位新员工以前没有敏捷开发的经验，他对项目组其他成员坚持做单元测试、持续集成很不以为然，认为大家的开发速度比他慢很多。在迭代结束联调时，其他人的代码很快就能集成并测试通过，而他的代码却问题很多，别人都下班回家了，唯独他需要留下来加班修改错误，经过 2 次迭代后，此人终于意识到了敏捷实践的优点。

（5）系统隐喻：对于系统的架构设计、概要设计，采用类比或比喻的方式进行设计，便于项目成员之间互相快速、通俗地沟通系统的设计思想。系统隐喻对于设计人员的水平要求比较高，因为将系统抽象的设计思想采用通俗的类比刻画出来需要较高的设计水平。

（6）简单设计：不为未来不确定的变化进行设计，不进行过度设计。

（7）结对编程：两人共用一台计算机工作，两人一起协商进行编程，结对不是固定的，每天调整结对的人员。很多软件公司对此实践则进行了变通执行，如：

① 每天早晨进行半小时的结对设计，每天下午下班之前进行一小时的结对代码走查。

② 执行结对修改。当修改错误或需求变更时才进行结对，其他时间不结对。

（8）编码规范：定义项目组的编码标准和规范，要求成员一致地执行，可以采用工具进行编码规范的静态检查。

（9）测试驱动的开发：在完成需求后即进行验收标准的编写，在写产品代码之前优先进行单元测试代码的编写，在编码过程中可以随时进行单元测试。

（10）持续集成：代码通过单元测试后可以与其他已经完成的代码进行编译链接，然后执行静态检查、单元测试等。此工作是实时进行或者定期进行，可以在持续集成的服务器中设置集成的策略。

（11）重构：重构是在不改变代码的外部行为的前提下，优化内部的实现方法。当修改错误时，当需求变更时，当代码评审时，可以对代码的坏味道进行重构。

（12）代码集体所有：项目组的所有成员对所有的代码共同负责，当发现代码的改进点时谁都有权利、有义务进行代码的优化。

这 **12** 条实践是相辅相成的，必须一起采纳才可以称得上是极限编程方法，不能仅仅采取了其中几条措施就称为极限编程了。在这 12 条实践中，后 6 条实践是紧紧围绕编码活动的，系统隐喻与简单设计是针对设计活动而言，在客户现场实践中包括了需求开发与功能测试、验收测试的活动。因此，我们说 XP 是侧重于工程活动的一种敏捷开发方法，75% 的实践都是工程活动。

在实践中通常是将 XP 方法与 Scrum 方法配合在一起使用，一种方法覆盖了工程活动，一种方法覆盖了管理活动，二者互补。

2.3　时间箱管理

时间箱管理是敏捷方法中的一条实践，其含义是项目中某些活动的完成时间必须在规定的时间内完成。该实践有助于提高整个项目的工作效率，避免帕金森现象。

在敏捷方法里，时间箱管理的具体体现以下几点。

（1）每次迭代必须在固定的时间内完成，比如 2 周或 1 个月。每次迭代必须交付一个质量得到充分检验的、可以运行的软件版本。如果有些需求不能在某次迭代内完成，则推迟到下一个迭代中完成。

（2）项目的策划会议必须在 4 个小时内完成，某次迭代的策划会议必须在 4 个小时内完成。

（3）每天 15 分钟的站立会议。

（4）在每日站立会议上发现的问题要在 1 天内解决。

（5）1 个小时内做出决策。需要项目的负责人或教练对于管理的问题在 1 小时内做出决策，不能拖延决策。

（6）每次迭代结束后的评审会议必须在 2 个小时内结束。在迭代评审会议上主要是示范本次迭代完成的产品或产品构件，获得客户及相关人员的反馈。

（7）每次迭代结束后的总结会议必须在 2 个小时内结束，通常是在 30 分钟内结束。主要是总结本次迭代的经验教训，下次迭代能够做得更好。

上述规则中的具体时间数字并非是绝对的，每个项目组可以根据自己的实际情况自行定义。

2.4　策划扑克法

策划扑克法是估算软件规模与工作量的一种敏捷方法。该方法的规模计量单位是故事点（Story Points），故事点只是一个计量单位的名称而已，你也可以给它命名为其他名字。故事点其实不仅仅是对规模的度量，也包括了对需求复杂度等其他因素的度量。故事点并非业界统一的一个度量单位，不像度量长度的单位：米。大家都知道 1 米有多长，你说的 1 米和他说的 1 米是等长的。故事点仅对本项目具有近似相等的规模，不同的项目所定义的故事点很可能是不等的。

策划扑克法参与的人员包括了所有开发人员：程序员、测试人员、数据库工程师、分析师、用户交互设计人员等等，在敏捷项目中一般不超过 10 人。产品负责人参与策划扑克法但是并不作为估算专家，如图 2-6 所示。

图 2-6　策划扑克法

策划扑克法的步骤如下。

（1）每位参与估算的开发人员发放一副估算扑克，扑克上的数字标为近似的斐波那契序列：1，2，3，5，8，13，20，40。

（2）选择一个比较小的用户故事，确定其故事点，将该故事作为基准故事，作为参照物。

（3）从其他故事中任意选择一个用户故事。

（4）主持人朗读描述。主持人通常是产品负责人或分析师，当然也可以是其他任何人，产品负责人回答估算者提出的任何问题，大家讨论用户故事。

（5）每个估算者对该用户故事与基准故事进行比较，选择一个代表其估算故事点的牌，在主持人号令出牌前每个人的牌面不能被其他人看到，然后大家同时出牌，每个人都可以看到其他人打出的牌。

（6）主持人判断估算结果是否比较接近。如果接近则接受估算结果，转向步骤（3）选择下一个故事，直至所有的用户故事都估算完毕，否则转向步骤（7）。估算结果是否比较接近的规则，项目组可以自行定义。

（7）如果结果差异比较大，请估算值最大及最小的估算者进行解释，大家讨论，时间限定为不超过2分钟。如果大家同意，也可以对该用户故事进行更细的拆分。

（8）转向步骤（5），一般很少有超过3轮才收敛的现象。

在该方法中，参与的人员对于被估算的需求进行了充分的沟通，并综合了程序员、测试人员等各个角色的专家观点，融专家法、类比法、分解法为一体，可以快速、可信、有趣地进行估算。

在估算完故事点后，可以凭经验估算一个故事点的开发工作量，从而得到所有的用户故事的工作量。也可以进行试验，试着开发一个用户故事，度量花费的工作量，得到开发效率，即在本项目中一个故事点需要花费多少工时，再去估算所有故事的工作量。

2.5 敏捷度量

在敏捷方法中，要求度量的数据少之又少，可谓简单实用。

（1）规模

故事点：用以估算工作量、度量开发效率。

（2）工作量

计划的工作量：用以排定项目计划。

剩余任务的计划工作量：用以跟踪项目进展。

（3）效率

开发速度：每次迭代完成的需求的规模（如故事点），用以估算项目需要的迭代次数。

其他度量元根据项目组的实际情况，可以由项目组自己定义。

2.6　关于敏捷方法的典型问题

2012 年 12 月 8 日晚，笔者和两位朋友聊天，他们从国外的大企业工作了多年，回国创业开办了一家软件公司，按照敏捷的方法进行了 2 年的软件开发。在实践中有些具体的问题，大家在一起进行了沟通讨论，从敏捷方法的文化到敏捷方法的具体实践的做法，沟通了大概 3.5 小时，第 1 个小时的沟通笔者忘记录音，后边的沟通笔者做了录音。根据回忆和录音，将讨论的问题整理如下，属于"非典型企业的典型问题"。

2.6.1　什么是敏捷方法的"神"

在实施敏捷方法时，遇到了"形似而神不似"的问题，敏捷方法的"神"究竟是什么？

我总结为两条：**质量与沟通**。很多企业是没有把握住这 2 条，而导致敏捷的失败。先说质量。

（1）在敏捷方法中，"多快好省"四个字进行平衡时，首先是要固定质量，在固定质量投入的前提下，再去平衡进度、需求和投入。在剩下的这三个要素中，往往先裁剪需求。

（2）**质量的含义包含了内部质量和外部质量**。外部质量是用户可以感知的，是对需求的符合性。内部质量是开发人员感知的，决定了软件的易维护性。内部质量决定了外部质量，敏捷方法是二者并重的，并非仅仅关注了外部质量，但传统的方法往往仅关注外部质量。

（3）质量的管理首先关注**质量的投入**。质量的投入表现在质量管理的活动上：测试驱动的开发、静态检查工具的使用、结对编程、代码走查等。没有质量的投入就没有质量的产出。敏捷方法对于质量应该如何投入给出了具体的实践，而不仅是停留在概念上。

（4）**提升软件开发效率的最有效方法是减少返工**，一次做对是提升效率的最有效方法，因此就要预防错误。预防错误的方法包括和开发人员对需求的理解达成一致，结对设计，测试驱动的开发，结对编程等。

再说沟通。

（1）敏捷方法为什么可以少写文档，因为它通过口头交流的方式替代了文档交流。有哪些具体的口头交流的手段呢？在策划会议上项目成员对用户故事做了沟通和讨论，开发人员做了结对编程，每天开了站立会议，用户代表或产品负责人在过程中实时地做功能测试等等，这些手段都保证了在文档比较少的前提下，可以保证产品的方向、产品的具体功能不会偏离用户需求。

（2）在敏捷方法中沟通了什么？首先是需求，其次是设计，再次是进展，最后是经验教训。在需求方面沟通了对需求的理解，需求是否实现了，需求的沟通是重中之重。用户故事是用来讲的，是用户讲给开发人员听的，开发人员是否实现了听来的故事，是需要讲故事的人进行确认与验收的。对于需求、对于进展都要**尽早地报告坏消息**：如需求理解错了；需求无法实现；需求实现错了；需求没有按时实现。

在敏捷宣言中讲到了 4 条宣言，在 XP 方法中有 4 个价值观，在这些描述中笔者体会最关键的还是这 2 条。

每个开发人员要将以上的 2 条落实到他们每个人的细节行动上，大家需要不断反思：做这件事情你是否保证了质量？是否通过沟通减少了错误的发生？

2.6.2　如何建立团队文化

团队文化就是互补的文化，就是互相配合、互相帮助的文化。在中国的教育体系中，从小学到大学都没有培养团队协同的思想与理念。每个人的单兵作战能力还可以，但是大家不知道如何形成一个团队，从项目经理到团队的成员都缺少这方面的思想认识或具体的做法。团队文化包括了积极主动的文化、互相协调的文化。比如在开站立会议时，就有人只是关注自己的工作，不关注团队中其他人的工作，你的是你的，我的是我的，而不是我们的。也有的人认为我的就是我们的，是我们的那就不是我的，不是我的所以我也就没有责任。

如何形成团队文化？

（1）在一个公司中，**企业的文化首先是老板的文化**，老板的一言一行影响了员工。我们可以比较一下联想、华为、富士康等企业的文化，你就可以发现这个结论。如果一个团队没有形成一个良好的文化，首先领导就要反思，是否自己的言行出了问题。

（2）小团队容易形成团队文化，而大团队形成团队文化就比较困难。**小团队靠人治，大团队靠法治**。敏捷方法中提倡小团队，其中一个好处，就是容易形成这种互相配合、互相协同的文化。

（3）文化体现在细节，文化需要不断地进行重复强化。要从每个细节活动中去反思是否符合团队的文化。

（4）**文化的载体有 2 个：规章制度与人**。通过企业的规章制度体现企业的文化，通过以老带新来传承文化。

2.6.3　如何运用敏捷实践解决其他问题

有些比较复杂的任务、不够清晰的任务，比如编写文档等是否适合采用敏捷方法来管理？在 XP 中有结对编程，适用到对客户的支持时可以借鉴结对的思想。如何保证质量？如何通过沟通减少中间记录？对于文档的编写我们可能不使用结对编写文档，但是我们是否可以对这个文档进行评审呢？在写文档之前我们是否对文档做了结构的设计呢，就像我们做系统隐喻一样呢？是否做了方案的讨论，我们都可以借鉴敏捷的实践，你也可以把它作为一个用户故事，一个用户故事就是一个需求而已。

只要明白了敏捷的思想，你只要类比就可以了。比如用户故事的四段论，看上去很简单，谁要这个功能？什么功能？为什么要这个功能？有了这个功能如何验收？不能假想功能，做了功能没有人使用，这个功能要解决什么问题？目的是否明确？通过验收的标准进一步澄清目的。我们把这个思想类比到日常工作中，我们给一位员工下达一个任务时，常常发生对方没有按我们的要求完成任务，需要进行返工，尤其是布置任务的人比较繁忙时，往往是简单说了一句，布置一下任务就放手让别人去做事情了。如果我们借鉴用户故事的方法，我们可以这样给其他人安排任务，我想让你做什么事情，为什么要做这件事，你做完了以后，我会检查哪几点，这样就可以减少很多误解和返工。看上去用户故事是很简单的一条实践，但是你需要仔细琢磨这条实践解决了什么问题，它背后的道理是什么。

2.6.4　如何理解平稳的开发速度

欲速则不达。平稳的开发速度如何理解？如何提升软件开发的效率？不返工就能提高速度吗？如何不返工？在做之前做了充分的设计，传统方法是写文档和评审，敏捷方法是讨论，是三个臭皮匠顶一个诸葛亮。

每次迭代结束后，大家做回顾，提升团队的能力。每次迭代结束后团队的整体能力应该有长进，开发的速度越来越快，越来越稳定，是个正反馈的自适应过程。

要通过成功走向成功来激励员工，每次迭代要能成功结束，而不是每次迭代都要会失败。每次迭代结束后要调整下一次迭代的开发速度，确保下一次迭代是切实可行的。

2.7 敏捷始于客户

每个失败的项目都可以找这个借口：项目周期短、需求变化快、人员有限。

需求、工期是由客户确定的。作为客户来讲，他不可能去合理地评价给定的需求是否可以在某个时间内完成，至于投入多少人则更是开发方自己的问题。

开发方对客户做出了承诺就要兑现承诺，否则就不要承诺，既然承诺了，就没有理由再去抱怨工期短、需求变化快。开发方必须接受这个现实，认可这个现实。

CMMI 是应对这种局面的一种解决方案，CMMI 是全球最大的软件客户——美国国防部资助开发的模型，是甲方驱动的模型，是得到甲方认可的方法。敏捷方法呢？敏捷方法如果能够真正推行开来，同样也需要客户的认可。

敏捷方法的推广应该始于客户，始于甲方：

（1）需要甲方认可质量第一，功能多少与工期第二。

（2）需要甲方对需求划分优先级。

（3）需要甲方认可分批地、阶段性地交付系统。

（4）需要甲方参与阶段性确认或者全权委托代表进行阶段性确认。

（5）需要甲方在开发过程中安排熟悉需求、有需求决策权的专家参与项目，与项目组保持实时沟通。

否则，不具备成功的基础，则敏捷的开发管理仍然会失败。

2.8 软件工程 7 原则与敏捷实践

Barry Boehm 于 1983 年提出了软件工程的七原则（Seven Basic Principles of Software Engineering），这是很经典的七个原则，有人将题目翻译为软件工程的七个基本原理，其实，principles 在此处还是翻译为原则更为准确。依据原文笔者对于各原则的理解如下。

原则一：使用分阶段的生命周期计划管理（Manage Using a Phased Life-cycle Plan）

（1）一定要有项目计划。

（2）项目要划分生命周期阶段，每个阶段都要有计划。

（3）计划要分层或分阶段逐步细化。

（4）要使用项目计划管理项目，不能弃之不用。

原则二：执行持续确认（Perform Continuous Validation）

（1）尽早发现错误。大部分缺陷是编码之前注入的，缺陷越早修复，成本越低。

（2）尽早发现错误的措施，包括：深入评审；设计阶段编写用户手册、使用手册、数据准备手册；原型；模拟；自动化的检测工具；设计审查与走查；等等。

原则三：维护规范的产品控制（Maintain Disciplined Product Control）

执行配置管理，确保工作产品之间的一致性。

原则四：使用现代化的编程实践（Use Modern Programming Practices）

采用现代化的开发方法、开发实践提升软件的效率与质量。

原则五：维护关于结果的清晰责任（Maintain Clear Accountability for Results）

对于项目的阶段产出、各个小组之间的承诺、每个人的产出与承诺要明确，要可验证。

原则六：使用少而精的人员（Use Better and Fewer People）

（1）人与人之间的效率差别达 10 倍甚至 25 倍以上，因此要使用精英团队。

（2）采用多种方式提升沟通的质量与效率，包括：不要通过加人的方式解决进度问题；项目的初期不要太多的人员；为高性能提供高的回报；淘汰低性能者；使用自动化的辅助工具。

原则七：坚持过程改进的承诺（Maintain a Commitment to Improve the Process）

识别、分析技术与过程的改进，建立持续改进的机制。

如果仔细去分析敏捷的软件开发方法，则可以发现，恰恰敏捷的实践很好地满足了上述七个原则。

表 2-3　　　　　　　　　　　　软件工程七原则与敏捷实践

Barry Boehm 七原则	敏捷实践
原则一：使用分阶段的生命周期计划管理	采用迭代的生命周期模型 增量式交付 制定交付计划与迭代计划

Barry Boehm 7 原则	敏捷实践
原则二：执行持续确认	现场客户随时执行功能测试 测试驱动开发 持续集成 Sprint Review
原则三：维护规范的产品控制	现场客户或 Product Owner 负责维护需求 持续集成
原则四：使用现代化的编程实践	系统隐喻 重构 持续集成
原则五：维护关于结果的清晰的责任	开发人员认领任务 用户故事的验收准则 每日站立会议 测试驱动开发 持续集成 现场客户功能测试 Sprint Review
原则六：使用少而精的人员	每个项目小组不超过 10 人 采用一专多能，交叉职责的人员 自我管理的团队 每周工作 40 小时
原则七：坚持过程改进的承诺	Sprint Retrospective

第**3**章
如何建立过程体系

3.1　过程的基本概念

我们做过程管理，天天都在讲"过程"二字，真要给过程下个定义却没有那么容易。正如我们天天说某某是好人，某某是坏人，啥是好人，啥是坏人很难明确定义。但是这却是无法回避的问题，因此我们必须给过程下一个定义。

在 CMMI-DEV V1.3 模型 P449 中，对于过程的定义，全文如下：

A set of interrelated activities, which transform inputs into outputs, to achieve a given purpose. (See "process area," "subprocess," and "process element.")

<参考译文：过程是将输入转换为输出以实现给定目的一组关联的活动。>

在 CMMI 模型中的定义和 ISO 9000、ISO 12207、ISO 15504、EIA 731 中的定义是一致的。我们来看看 ISO 9000-2008 中的定义：

过程是将输入转化为输出的相互关联或相互作用的一组活动。

在 CMMI 对过程的定义中，还给出了如下的补充说明：

The terms "sub process"and "process element" form a hierarchy with "process" as the highest, most general term, "sub processes" below it, and "process element" as the most specific. A particular process can be called a sub process if it is part of another larger process. It can also be called a process element if it is not decomposed into sub processes.

在此补充说明中又提到了子过程、过程元素两个概念，也解释了过程，子过程、过程元素这 3 个概念之间的关系。

我们来看子过程与过程元素的概念。

在 CMMI –DEV V1.3 的 P464 中给子过程的定义如下：

Sub process   A process that is part of a larger process. (See also "process," "process description," and "process element.")

A sub process may or may not be further decomposed into more granular sub processes or process elements. The terms "process," "sub process," and "process element" form a hierarchy with "process" as the highest, most general term, "sub processes" below it, and "process element" as the most specific. A sub process can also be called a process element if it is not decomposed into further sub processes.

<参考译文：

子过程是一个较大过程的一部分。子过程可以进一步分解为多个更小的子过程或过程元素。过程、子过程、过程元素构成了一个层次结构，过程在最高层，是更宽泛的术语，子过程其次，过程元素更具体。如果一个子过程不能被进一步分解为子过程，它也可以被称为过程元素。>

我们再来看看过程元素的概念：

Process element   The fundamental unit of a process.

A process can be defined in terms of sub processes or process elements. A sub process is a process element when it is not further decomposed into sub processes or process elements. (See also "process" and "sub process.")

Each process element covers a closely related set of activities (e.g., estimating element, peer review element). Process elements can be portrayed using templates to be completed, abstractions to be refined, or descriptions to be modified or used. A process element can be an activity or task.

<参考译文：

过程元素是过程的基本单元。过程可用子过程或过程元素为单位进行定义。当子过程无法进一步分解为子过程或过程元素时，它就是一个过程元素。

每个过程元素覆盖了一系列紧密相关的活动（如估算元素、同行评审元素）。过程元素可以使用需要填写的模版、需要细化的抽象概念，以及需要修改或使用的说明进行描述，过程元素可以是一个活动或任务。>

上述的 3 个定义结合起来，我们可以这么理解：大过程由小过程构成，小过程即子过程，子过程又可以分解为子过程或过程元素，过程元素是最小的子过程，不能再拆分为子过程或过程元素了。过程元素由一系列紧密相关的活动构成，过程元素也可以是一个活动或任务。

这里还要仔细去理解大过程由小过程构成的含义。所谓的构成可以有 2 种含义。

（1）整体与部分关系。

（2）继承关系。

比如我们讲评审过程，评审过程包括了三种方法：审查、技术复审、走查，这 3 种方法都定义了各自的过程，那么评审过程与这 3 种评审过程之间是什么关系呢？这就是一种继承关系。此时我们提到的评审过程实际上是一个抽象的概念。审查过程划分为了 5 个大的活动集：准备、概况会议、个人评审、记录会议、返工处理，则每个大的活动集可以视为一个过程元素。

在模型的 193 页中，对于过程元素给出了如下类似定义描述：

Each process element covers a closely related set of activities. The descriptions of process elements may be templates to be filled in, fragments to be completed, abstractions to be refined, or complete descriptions to be tailored or used unmodified. These elements are described in such detail that the process, when fully defined, can be consistently performed by appropriately trained and skilled people.

<参考译文：

每个过程要素都覆盖了一组紧密关联的活动，过程元素的描述可以是有待填充的模板，有待完成的片段，需要细化的摘要，或者是需要裁剪的或直接使用的完整描述。当这些元素描述的很完备时，过程可以被经过适当培训并具备一定技能的人员一致地实施。>

在模型中同时还给出了过程元素的案例如下：

- Template for generating work product size estimates（生成工作产品规模估算的模版）

- Description of work product design methodology（工作产品设计方法的说明）

- Tailorable peer review methodology（可裁剪的同行评审方法）

- Template for conducting management reviews（执行管理评审的模版）

- Templates or task flows embedded in workflow tools（嵌入在工作流工具中的任务流模板）

- Description of methods for prequalifying suppliers as preferred suppliers（准入供应商的选择方法说明）

这里所提到的模板指的是活动模板或者可以直接理解为活动说明。

在定义过程时，我们需要在过程元素这个层次上进行定义，然后通过过程架构将过程元素构造成为一个过程。同一个过程元素可能是多个过程的组成部分，比如准备会议室这个过程元素，可以是同行评审过程的组成部分，也可以是里程碑评审或客户接待的组成部分。

在 CMMI-DEV V1.3 模型 P450 中，对于过程架构给出了如下定义：

process architecture　(1) The ordering, interfaces, interdependencies, and other relationships among the process elements in a standard process, or (2) the interfaces, interdependencies, and other relationships between process elements and external processes.

<参考译文：

过程架构：（1）是在一个标准过程中的过程元素之间的顺序、接口、内部依赖以及其他关系；（2）是在过程元素和外部过程之间的接口、内部依赖以及其他关系。>

结合生命周期、阶段、过程、过程架构的概念，我们可以用如图 3-1 所示的类图表达这些概念之间的关系。

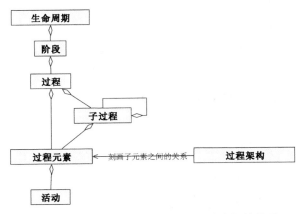

图 3-1　描述过程、子过程和过程元素之间的关系

3.2　过程体系的建立基础

在建立 CMMI 的过程体系时应该基于两个基础：理论基础和实践基础。

（1）理论基础

要深刻地理解 CMMI 模型，要理解每个 PA 的目的是什么，熟悉每个 PA 的每条实践。通过理解每条实践的输出是什么，通过查阅在每条实践用到的管理技术与方法，可以加深对 CMMI 模型的理解。比如，对 PP 的"SP1.1 确定项目的范围"这条实践，该实践的输出是 WBS 分解，进行 WBS 分解的方法有多种，比如先产品分解，再活动分解，再比如基于组织级的 WBS 指南等。

（2）实践基础

对本组织的现状要进行评价，评价时可以参考 SCAMPI 评估方法。通过评价以深刻理解现状，比如：

哪些实践符合 CMMI 模型的要求？

哪些实践不符合 CMMI 模型的要求？

不符合 CMMI 模型的实践如何修改？

哪些实践是目前迫切需要改进的？

哪些该做的实践是目前无法做到的？

哪些 CMMI 模型的要求在实践中没有体现？

哪些是需要改进但不包含在模型的要求中？

通过对现状的了解，可以识别出目前需要解决的重点问题，以反映在体系中。

3.3　建立过程体系时的注意事项

在建立过程体时，注意如下的几个要点。

（1）**责任到人**。每个过程应选择该领域的专家来进行过程定义，而很多公司的专家经常很忙，所以往往安排没有多少实践经验、时间比较充裕的员工负责体系的编写，这种分工风险很大，因为很难保证体系的合理性、实用性。

（2）**要有明确的体系制定计划**。定义清楚谁？何时？提交什么文档？如何评审？

（3）**要先熟悉模型，再编写体系**。可以让责任人给 EPG 讲一遍自己负责的模型，先讲编写的思路，然后编写体系。

（4）**责任人要模拟体系的执行**。责任人先自己模拟一下过程的执行，填写所有的文档和表格，看是否可行、是否可理解，再提交评审。

（5）一定要在组织内部进行充分的讨论与评审。

3.4 过程体系建立的步骤

过程体系建立的步骤如图 3-2 所示。

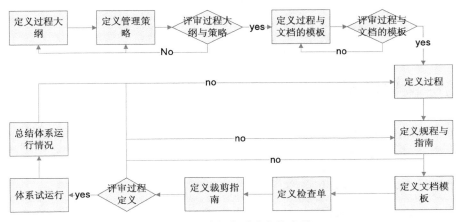

图 3-2 过程体系建立的步骤

3.5 定义公司的过程大纲

定义公司的过程大纲，即定义整个公司的过程体系文件包括哪些。

在公司的过程体系中，文档可以划分为如图 3-3 所示的几类。

（1）方针：定义整个组织在某个过程或某几个过程方面的总体管理要求。

（2）过程：定义活动与活动之间的顺序关系。

（3）规程与指南：定义活动的具体做法。

（4）模板：定义过程输出的格式。

（5）检查单：定义 QA 如何检查过程的执行情况。

图 3-3 文档的类型

可以将体系中包含的模版采用表 3-1 进行归纳整理：

表 3-1　　　　　　　　　　　　　过程体系模版清单

序号	名称	作用	主要内容	目标读者	编写时机	应用频率	对应的PA	对应的实践	裁剪的要求	作者角色	文档分类

3.6　确定项目的类型

确定整个公司的项目从管理的差异上可以划分为几类，不同类的项目在过程、规程、文档模版等方面可能有所不同。

对项目进行分类时，可以从多个维度上进行划分。

（1）按项目的国别，例如：国内项目；欧美项目；对日项目。

（2）按对业务的熟悉程度，例如：预研类；新品开发类；定制类；维护类。

（3）按规模划分，例如：大项目；中项目；小项目。

（4）按客户的行业类型，例如：电信系统；物流系统；金融系统。

应针对不同类型的项目定义不同的管理侧重点，可以参见表 3-2。

表 3-2　　　　　　　　　　不同类型的项目定义不同的管理侧重点

项目类型	PP	PMC	PPQA	CM	MA	......
新品开发类项目						
定制类项目						
项目类型	PP	PMC	PPQA	CM	MA	......
维护类项目						
......						

案例：项目管理策略

表 3-3 是深圳的某客户针对产品维护类项目的 PP 过程制定的项目管理策略，供大家参考：

表 3-3 产品维护类项目的管理策略

过程	要求	证据
项目策划	1、每个版本要有版本计划；	版本计划（OA 和 xls），要体现迭代计划。正常版本计划中至少有两次正式转系统测试的计划
	2、1 周以内的任务不超过 16 个工时；	项目管理平台/（配合项目管理其他形式的暂时也接受）
	3、每个任务要有结束的标准；	项目管理平台（按照大的里程碑来）
	4、使用项目管理平台管理任务；	项目管理平台（粗细度为周的任务）
	5、使用 FFP 方法进行规模估算；	版本计划（要有相关估算记录）
	6、基于功能点估算工作量；	版本计划（要有相关估算记录）
	7、每个版本是瀑布模型；	版本计划
	8、每个项目组必须有进度表；	版本计划
	9、留有适当的缓冲；	版本计划（每个人的工时按周不能大于 40 时）
	10、版本计划要经过开发、测试和实施的认可；	邮件确认

3.7 确定描述规范

要定义方针、过程、规程、检查单、指南及文档模板的描述规范，即定义模板的模板。如果没有模板的模板，则定义的过程、模板等风格迥异，不像是一个公司的产物，给大家的阅读与填写带来障碍。

3.7.1　ETVX 过程描述模式

ETVX 过程描述模式提供了简单实用的过程定义方法。

E（Entry）：代表输入（Inputs）及其必须满足的条件（Entry Criteria）。

T（Task）：代表在过程中执行的任务。

V（Verification & Validation）：代表在过程中应执行的确认与验证活动。

X（Exit）：代表过程的输出（Outputs）及其过程结束必须满足的条件（Exit Criteria），是对过程执行质量的要求，如图 3-4 所示。

以软件设计过程为例，对 ETVX 模式说明如下。

- 输入

软件需求规格说明。

- 任务

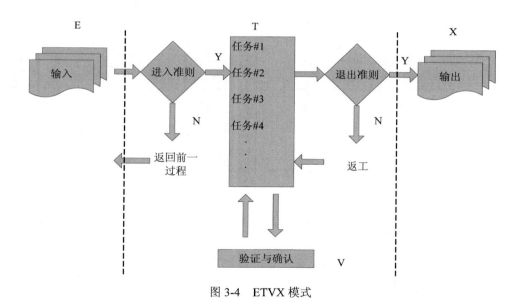

图 3-4　ETVX 模式

（1）理解与沟通需求。

（2）选择技术方案。

（3）设计体系结构。

（4）设计接口。

（5）设计界面。

（6）设计数据库。

（7）完成概要设计文档。

（8）建立需求跟踪矩阵。

（9）设计模块的功能。

（10）设计模块的算法。

（11）完成详细设计文档。

- 验证与确认

评审技术方案。

评审概要设计。

评审详细设计与需求跟踪矩阵。

- 输出

概要设计说明书。

详细设计说明书。

需求跟踪矩阵。

- 退出准则

概要设计说明书、详细设计说明书、需求跟踪矩阵评审通过。

　　在上述活动（任务）的描述中，没有明确活动的责任人与参与人，可以采用 2 种方式解决该问题。一是可以在文字描述中说明，如：技术经理选择技术方案，核心技术人员参与讨论方案；二是采用业务过程图的方式将上述活动之间的关系及角色责任的关系进行描述。如图 3-5 所示。

　　上述过程中的某个活动可能需要再细化描述，参见另外的一个过程定义，此时可以在文档说明描述，如：设计评审请参见《同行评审过程》，也可以在过程图中采用特定图符定义，如图 3-5 中的设计评审活动。

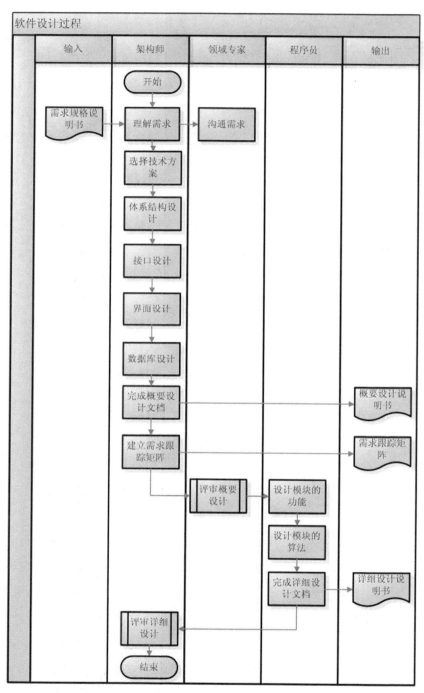

图 3-5　采用业务过程图的方式描述软件设计过程

业务流程图需要定义图符的标准，建议不要定义太多的图符。

案例：业务流程图标准

图 3-6 是我为客户建议的流程图标准，图中包含了活动、判断、引用的过程、输入与输出文档、开始结束、跳转线等几个图符，可以在 VISIO 中画此类的流程图。

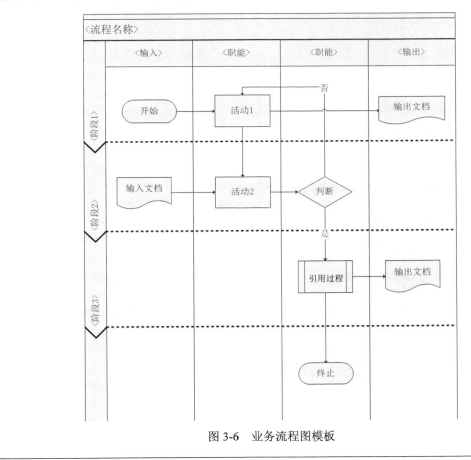

图 3-6 业务流程图模板

3.7.2 过程描述的 12 个属性

在 CMMI 模型中提供了一种描述过程元素的方法，包含了 12 个要素。

（1）过程角色（Process Roles）：哪些角色参与本过程的哪些活动，可以用角色-职责矩阵表示。

（2）适用的过程和产品标准（Applicable Process and Product Standards），包括企业内或者企业外的。

（3）适用的规程、方法、工具和资源（Applicable Procedures, Methods, Tools, and Resources）。主要是提供做法的参考，资源中包括了关键的设备。

（4）过程性能目的（Process Performance Objectives）。可用一些量化数据来表示，如周期、生产率和缺陷排除率等。

（5）入口准则（Entry Criteria）。

（6）输入（Inputs）：哪些文档是该过程或活动的输入。

（7）活动：执行过程的所有活动及其先后顺序。

（8）要收集和使用的产品和过程度量（Product and Process Measures to be Collected and Used）。

（9）验证点（如同行评审）（Verification Points）。

（10）输出（Outputs）：输出那些文档，要注意这些输出是否覆盖了模型的要求。

（11）接口（Interfaces）：与其他过程或规程的衔接关系。

（12）出口准则（Exit Criteria）：定义了过程或活动应达到什么要求才算结束了。

对于过程角色的职责也可以不在每个过程中进行定义，而是集中起来描述在一个文件中，这样便于按角色查询相关的职责，如表 3-4 所示。

表 3-4　　　　　　　　　　　　　过程角色的职责描述

角色	项目管理		需求变更		配置管理		……
	权力	职责	权力	职责	权力	职责	
项目经理							
测试人员							
开发人员							
配置管理员							
需求分析人员							
中层经理							

3.8　定义质量方针

方针定义了组织的中高层管理者对管理的期望，是执行过程的总体指导思想，是蕴含在管理流程中的思想精髓。方针要传达到组织内的每位员工，并体现在过程体系中。

3.8.1　先定义方针，再定义过程

将笔记本电脑装到背包里，是笔者天天重复的动作。偶尔有 2 次遗漏了电源，到客户现场后必须借一个同样型号的电源才可以工作，很是麻烦。但是笔者从来没有只装了电源而没有装电脑，因为如果忘记了装电脑，当背起包的时候，会明显觉察到重量的变化，所以犯这种错误的概率基本为零。为了避免漏装电源，我想到了规范电脑装包的动作。如果按照规范的过程定义方法，可以这样定义过程：

（1）电脑关机或休眠。

（2）拔下电源线。

（3）整理好电源线。

（4）电源线装到背包的外面口袋中。

（5）电脑装到背包的内部保护袋中。

（6）如果有其他书籍或笔记本需要装包，则装入包中。

（7）拉上拉链，完成装包过程。

采用这种方式定义的过程，忽略了一个基本的现实，即：笔者是一个有智商的成年人！其实笔者知道如何装包，只是有时在急于出门或者心有所思的情况下，忘记了装电源而已，笔者定义过程的目的也是为了规避这个错误。如果这么简单的一个动作需要写这样的一个过程，对笔者而言其实是一个负担。假如笔者要告诉其他同事如何电脑装包，就需要告诉他这七个步骤，他未必能记住这个过程，或者他根本就不想去记住这个过程。对他而言，可能认为这是常识，但未必能够体会到这个过程定义背后的道理。其实在这个过程定义中，隐含了这么一个原则：先装电源，再装电脑。

如果采用敏捷的过程定义方法，不是去定义过程，而是定义原则，即只要写一个原则"先

装电源，再装电脑"即可，其他的活动可以由执行者自己去把握如何处理。如果去教育其他同事时，只要告诉他这个原则即可，难道他会忘记装电脑吗？

在 CMMI 模型中，GP 2.1 要求定义每个过程的方针（Policy），上例中"先装电源，再装电脑"即为方针。在 3 级中 OPD 过程域要求建立组织级的标准过程定义（OSSP），方针是先于 OSSP 建立的，方针的重要性超过 OSSP，要先定方针再定 OSSP。

3.8.2　定义方针的原则

在定义方针时要把握如下 4 条原则。

（1）简要

- 方针不需要描述实现步骤，它是对过程的抽象。如方针可以定义为：每个项目必须估算项目规模。在方针中不需要定义具体如何实现估算（DELPHI、COCOMOII、FFP 法等）。

- 尽量采用短句，每个方针的字数尽量不要超过 15 个。

- 每个过程的方针个数尽量不要超过 5 个。

方针越简要，越便于记忆，便于推广。

（2）明确

方针应尽可能地传达明确的管理思想。有的公司定义 PPQA 的方针为：使工作人员和管理者能客观了解过程和相关工作产品的状况。这是一句泛泛的描述，在这句话中并没有传达一个明确的信息。请比较一下如下的 PPQA 方针描述：每周审计一次，实时沟通 QA 结果。

（3）实用

- 在方针里要反映出公司特定的管理实践，不能照搬标准。有很多公司是照搬模型里对每个 PA 的目的描述，这些描述能够在组织内深入人心吗？

- 要体现企业的商业目标。如有一家软件外包公司，定义关于度量的方针如下：项目组首先要满足客户的度量需求。这实际上就反映了组织的商业目标。

- 如果组织结构比较复杂庞大，或者不同部门的特点存在显著差别，可以分部门分级定义方针。

（4）完备

按照 CMMI 的要求，方针要覆盖到每个过程域。方针通常单独形成一个文件，一个方针可以覆盖多个过程域。在方针中也可以包括没有明确描述在 CMMI 模型中的一些管理理念。

案例：方针

以下是我综合了多家企业的方针拟定的一个案例供大家参考：

每个项目组不能超过 10 人；

每个项目的工期不能超过 1 年；

每个项目必须进行 WBS 分解，当前阶段的任务颗粒度不得超过 3 人天；

项目计划必须和责任人进行讨论，并获得责任人的承诺；

每个项目的质量目标应在组织的过程性能基线范围内；

项目组要通过每日站立会议、周例会、月度例会（阶段评审会议）跟踪项目的进展；

每个项目组至少要管理 3 个风险；

所有的工作产品纳入基线前都要经过审查；

所有的交付物都要纳入基线；

所有的需求变更必须走正式的变更过程；

每个项目至少建立三条基线：需求基线、设计基线与交付基线；

QA 每周至少对项目组的活动审计一次；

项目组的度量元至少包括质量、进度、效率、工作量、规模等五类度量元；

组织级每增加五个样本的度量数据就发布一次组织级的性能基线与性能模型；

在需求描述时要采用 USE CASE+界面原型的方法；

需求评审时要安排需求分析人员、测试人员、设计人员参加；

项目组技术路线的决策至少需要项目经理、技术经理、需求专家三个角色统一

意见；

概要设计不可以裁减；

项目组每周至少集成一次；

单元测试+代码走查的语句覆盖率为 100%；

系统测试用例的密度大于等于 2 个测试用例/功能点；

同行评审必须度量评审的效率与缺陷检出率；

EPG 每半年执行一次内部过程体系评审并更新一次体系；

体系的变更必须经过 CEO 的批准；

每位项目组的成员都必须经过质量管理体系的培训；

公司员工脱产培训投入为：5 天/人年。

3.9　定义过程

案例：过程为什么重要？

目前流行的管理模型都是以过程为核心的，为什么呢？请看如下的实际案例。

麦哲思科技经常给客户 EMS 寄送合同、发票、其他资料，最初总是由飞康达公司承运，飞康达公司的邮资比较便宜。

有一次从北京寄送资料到深圳客户 F，深圳大雨，恰好客户的办公环境手机信号不好，飞康达公司以联系不到客户为由，退回了资料，重新快递，成功。

此时麦哲思公司的另外一个客户从深圳寄来招标书，2 天内就寄送到了，服务比较专业，于是麦哲思科技决定换掉快递公司，改为顺丰公司，尽管一份邮件邮资贵 10 元，麦哲思科技仍然选择了顺丰公司。

又有一次，麦哲思从北京寄送资料到深圳客户 C，资料寄送给 C 的行政助理，助理由于工作繁忙忘记了将 EMS 给接收人，拖延多日，几经联系，才送达正确的接收人手中。

因此，鉴于两次快递失败，麦哲思公司决定：定义快递资料的过程，要求行政助理必须记录快递的标识号、快递公司的联系方式，并邮件通知接收人，邮件寄出 1 天后，跟踪进展，并将情况通知接收人，确保接收人能够及时拿到邮件。

从此，麦哲思科技完成了快递资料过程的制度化工作。正常运行多次，没有出错。

2009 年 2 月 6 日麦哲思科技通过顺丰公司寄送资料给上海的一位客户。

2 月 8 日周日，麦哲思科技的行政助理收到"顺丰快递"的短信（他们有短信通知的业务），确认资料已经由客户接收。

2 月 9 日周一，恰好麦哲思科技上海本地的咨询顾问去客户处咨询，于是行政助理就委托咨询顾问帮忙和客户确认是否收到资料，咨询顾问由于工作繁忙忘记了确认此事，而此后，行政助理也没有再该催问咨询顾问是否确认。

2 月 16 日，发现客户没有收到资料，经查询快递公司，是客户方收发室盖章接收的，但没有通知客户的接收人前去领取。

应该 2 月 9 日收到的资料，直到 2 月 16 日才发现客户没有收到资料。

简单的一件事情，要确保做好、做对，一直做好、做对，还是很不容易的。为了预防错误，及时发现错误、修复错误，必须定义过程，严格按过程执行，否则失败的概率太大。小事尚且如此，何况大事乎？

这就是过程的重要性。

定义过程时，要注意以下的问题。

（1）过程可以和过程域符合一致，也可以将某 2 个过程域合并为一个过程或者将某个过程域拆分为 2 个过程。

（2）对于在过程中描述的某个具体的活动或某几个具体的活动，比较复杂的，而且有多种实现方法的，可以单独编写独立的规程文件或者指南进行详细描述。如，对于 DELPHI 估算方法或者功能点估算方法就需要编写不同的规程文件进行详细描述。

（3）对于每个过程或者活动输出要定义文档的模板。在模板中不但要定义章节、排版等，还要定义每个章节如何写，写什么内容，对不同类型的项目如何裁剪。

3.10 如何定义文档模板

3.10.1 模板定义的要点

设计文档模板时要牢记以下几点。

（1）文档的编写与修改次数远远小于文档被阅读的次数，因此一定要站在阅读者的角度设计文档模板。

（2）文档中不要存在无用的章节。

（3）出现仅出现一次原则。所有同样的信息不要出现 2 次，否则就容易不一致。

（4）既提供模板也提供样例。当编制完模板后，作者可以填写一份样例，供将来的使用者参考。

（5）文档模板的常规内容与章节包括以下要素。

- 封面。

- 版本修改记录。

- 文档的目标读者。

- 术语。

- 参考材料。

- 目录：至少详细到 2 级。

- 摘要：如果文档的页数比较多，应该有文档摘要。

- 正文。

- 附录。

3.10.2 控制模板数量的基本原则

（1）使用频率越高的文档越要少而精。

（2）应用范围越广的文档越要少而精。

（3）项目管理类的文档要少而精。

（4）工程类的文档要少而精。

（5）规程、指南可以多。

（6）检查单可以多。

3.11　如何定义检查单

检查单的作用是提醒检查人员应该检查哪些内容，避免遗漏。在设计和使用检查单时，要注意如下的问题。

（1）两种类型的检查单要分开设计

检查单可以分为针对形式的检查单与针对内容的检查单。

针对形式的检查单：是一种有法可依的检查单，它们需要依据公司的过程、规程、模版、指南等进行定义，是由 QA 人员来使用，主要用来检查活动、工作产品与规范的符合性问题。这类检查单又可以区分为针对软件活动的检查单和针对文件或代码的检查单。

针对内容的检查单：是一种依靠专业经验进行判断的检查单，它们是根据历史的经验积累，针对工作产品内容的内在质量进行检查的检查项列表。这些检查项需要依靠检查单使用者的经验来判断得出结论，检查单起到一种提醒及经验教训总结的作用。这类检查单一般针对具体的某个工作产品，如需求评审的检查单、设计评审的检查单等。

如果将两种类型的检查单混杂一起，要么使用者无法得出正确的结果，要么浪费使用者的时间。比如，在对代码的 PPQA 检查单中，有如下的检查项。

动态内存的申请与释放是否是匹配的？

该检查项实际上是在进行代码评审或者是在白盒测试时由同行专家进行判断的，从原则上来讲不是由 QA 人员进行判断的。

再如，在需求文档的检查单中有如下的检查项。

用户需求是自完备的，没有遗漏的内容。

该检查项可以列在需求评审中给专家使用的检查单中，而不是列在给 QA 人员使用的检查单中。

（2）检查项要描述准确

一个好的检查项应该是明确的，无二义性的，易于得出结论的。例如：是否平均每 15 行代码就有 1 行注释？

再如，在某公司针对 C 语言源程序的检查单中，有如下的问题。

头文件名称是否合理？

对同一个源程序，当不同的 QA 人员按照本检查去执行审计时，得出的答案可能就是不一致的。什么是合理呢？每个人的判断准则是不同的。该检查项更好的设计方式应该是：

头文件的名称是否符合公司的命名规范？

检查项描述的准确性是与标准和规范制定的准确程度紧密相关的。如果标准和规范定义得不明确，检查单也往往不明确。

（3）要对检查单中的检查项进行分类

如果检查单中的检查项比较多，可以对这些检查项进行分类，以避免遗漏和重复。

（4）要对检查项进行度量分析，依据检查项的发现效率对检查项进行排序

例如，在某次评审中发现了 100 个问题，这 100 个问题对应到已有检查单的哪些检查项？哪些问题不在检查单里？对于不在检查单里的要增加到检查单里，对于在检查单里的要统计发现效率，根据发现效率调整检查单里检查项的优先级。这样不断滚动，才会越来越实用，才会成为组织的财富。

（5）QA 人员使用的检查单要努力做到"从形式到本质"

QA 人员是检查工作产品和过程与标准和规范的符合性，往往开发人员抱怨 QA 人员没有找到对他们有实质性帮助的缺陷，这是对 QA 人员的更高要求，需要 QA 人员在检查项上下功夫。这种要求并非做不到，比如，当一个企业已经建立了关于评审过程的性能基线，需求文档在正式审查的准备阶段每个评审员发现缺陷的效率为 2 个 Bug/页，评审效率为 5 页/小时，则 QA 人员则可以将以下这 2 个检查项列入对评审过程的检查单里。

评审员在准备阶段发现缺陷的效率是否大于等于 2 个 Bug/页？

评审员在准备阶段的评审效率是否小于等于 5 页/小时？

这 2 个问题就是通过形式的检查来检查过程的内在质量，只不过内在的质量还是由评审专家去完成的。

（6）要分角色设计检查单

在一次评审行为中，往往有多种角色的专家参与，如：设计人员、需求专家、测试人员等。对于不同类型的专家要设计不同的检查单，这样便于提高发现问题的效率。

上面的六条是最基本的应用技巧，在使用时还需要注意，不能完全依赖于检查单，要根据使用者的经验来发现问题。

3.12　如何定义裁剪指南

极端一点可以这么讲：裁剪指南比规范本身更重要，如果一套体系，没有裁剪指南就不可能真正能执行起来。裁剪指南可以单独成文，也可以融合到具体的过程或模版中。

北京的五道口向北是双清路与荷清路的交叉口，如图 3-7 所示，由于旁边有火车铁轨，所以在有火车经过时，这个路口经常堵车，尤其是早晨。路口南北方向与东西方向的红绿灯有固定的时间间隔，而无论是否堵车还是空闲，有时候南北方向堵车很多，而东西方向没有车，红绿灯仍然是固定的时间间隔，即使东西方向没有车，南北方向的车仍然不能穿越路口。这是规矩，规矩带来了安全，但是也带来了效率的低下。于是，为了提高效率，每天早晨的高峰期就会看到有警察在路口手工控制红绿灯的时间间隔，警察可以根据目测堵车的严重程度再手工控制红绿灯。有时，有人违反了交规，警察去处理这些突发事件，而忘记了控制信号，于是又会造成人为的堵车，这就是靠人去提升系统灵活性的弊端。有没有好的办法呢？如果红绿灯的控制系统能够根据四个方向的车流情况自动地调整红绿灯的时间间隔，那就是一套智能的系统，就是一套可以裁剪的系统。

图 3-7　北京荷清路与双清路路口地图

对体系的裁剪活动包括：增加、删除、替换方法或格式、修改顺序、多选一、修改权限与控制级别等。

裁剪的对象包括：过程、活动、方法、度量元、质量目标、控制权限、评审方式、活动频率、生命周期模型、基线、参考的度量数据、过程性能基线、过程性能模型等。

在定义裁剪指南时，注意如下的要点。

（1）描述方式：采用简单易用的图、表等形式展示裁剪的指南。

（2）抽象层次：对于整个管理体系，应该从策略层、过程层、活动层、模版层定义裁剪指南。

（3）完备：上述提到的裁剪对象、裁剪方法都应有描述。

（4）易用：可以针对不同类型的项目或不同类型的活动，提供裁剪后的几套模版。

（5）明确：裁剪指南的描述没有二义性，确保减少沟通的误差。

3.13　如何执行过程体系的评审

在过程体系的编写过程中，通常要执行技术复审、走查。在过程体系发布之前应该执行最正式的审查，审查时应该由组织内各个部门的专家代表参与。在体系评审时，要着重于如下几个方面。

（1）体系完备性

- 是否符合了模型的要求？

- 模型的每条实践全部覆盖？

- 所有的活动是否都有定义？

- 组织内是否还存在不成文的规定？

（2）实用性

- 是否真的有价值？

- 是否能够执行起来？

- 是否存在冗余的内容？

- 是否存在大量需要裁剪的内容？

（3）可读性

- 是否描述得清楚，明确？

- 能采用图表的地方是否采用了图表？

- 是否使用了公司内部普遍接受的术语？

（4）一致性

- 各文件之间是否有矛盾的地方、有疏漏的地方？

- 术语使用是否一致？

- 是否符合"一次仅且一次"的原则？各文件之间是否存在重复描述？

- 是否存在各位专家对同一内容理解不一致的地方？

（5）合理性

- 活动的时机是否合理？

- 活动的参与人员是否合理？

- 活动的准入与退出准则是否合理？

- 所有的比例等数字定义得是否合理？

- 所有的权限分配是否合理？

- 所有的分类是否符合完备与互斥的原则？

3.14 常被忽略的过程

我在咨询中发现有些过程易于为大家所忽略，而这些过程又很实用。列举如下供大家参考：

（1）公司开会的过程。

（2）项目组人员变动的过程（增加，减员，换人）。

（3）与客户定期沟通的过程（周报等）。

（4）纸质文档的管理过程。

（5）定期备份的过程。

（6）里程碑评审的过程。

（7）周例会的过程。

（8）过程体系文件变更的过程。

（9）项目组内部沟通的过程与机制（BBS、WIKI 等等）。

（10）项目结项（内部验收）的过程。

（11）临时授权的过程（如 PM 出差或者 CM 出差等之类的，如何由其他人代行职责）。

3.15　小型项目的管理策略

所谓的小型项目一般是指估计工作量大于 3 人月小于 9 人月的项目。对于没有实施 CMMI 的企业，这类项目一般是放任自流，少有管理。对于实施 CMMI 的企业，如果这类项目也想要达到 CMMI 的要求，管理的成本相对投入比较大，难以平衡管理成本与收益，因此需要做裁剪。如何裁剪，就是难点。

经过与多个客户讨论，最终形成了如下的参考意见。每个企业的特点不同，这些实践对于不同的企业仍然有不同的实现困难，可以在下述实践的基础上继续裁剪。但是，管总比不管要好，有总胜于无，总是要有基本的管理才可以。

（1）商务管理

- 与客户谈判时，应要求客户明确需求；

- 与客户确定需求变更的过程；

- 谈判时，应定义需求变更的成本由哪方承担；

- 要与客户商定项目各阶段的交付物和交付时间点；

- 与客户商定项目阶段和最终验收标准；

- 与客户商定双方合作中的沟通机制，包含沟通渠道、沟通方式、沟通时间以及反馈时间的约束。

- 项目经理参与合同评审。

（2）项目策划

- 项目经理与高层经理、客户确定项目的平衡策略，即需求、质量、进度、成本哪个指

标优先;

- 项目经理根据本项目实际情况,制定项目执行的过程规范;

- 项目经理确定代码评审和单元测试的代码覆盖率等质量目标;

- 项目经理确定项目的生命周期模型;

- 项目经理制定项目阶段计划,并明确每个阶段的交付物;

- 项目经理进行 WBS 分解,并细化《项目阶段计划》,采用 MS project 工具。

- 采用 MS project 等项目管理工具管理项目计划;

- 识别需求与进度风险,定义规避措施。

(3)项目监督与控制

- 项目经理负责召开周例会,并生成《周进展报告》或会议纪要;

- 项目所有成员填写日志,项目经理根据日志每天跟踪项目组成员的任务进展情况;

- 建立日志软件,每天填写日志的工作量要少于 5 分钟;

- 定期向高层经理汇报进度;

- 周例会时要监督风险的状态情况;

- 项目结束时,项目经理负责召开项目总结会,并生成《项目总结报告》。

(4)质量保证活动

- 代码规范的检查;

- 需求变更过程的检查;

- 评审过程的检查;

- 配置管理过程的检查;

- 缺陷关闭情况的检查;

- 监督项目组单元测试和代码评审的覆盖率的落实情况;

- 监督项目各工作产品是否满足组织级标准与规范。

(5)配置管理活动

- 使用 SVN 或 GIT 等工具进行配置管理;

- 所有的工作文档均应入库；

- 所有的交付物都要建立基线；

- 项目结束时，所有的文档应完整入库；

- 客户提交的所有电子文档应入库；

- 客户往来邮件定期整理备份。

（6）度量与分析

- 根据工作日志，按计划内外、工作类型、阶段由日志系统自动进行统计分析；

- 统计全生命周期生产率；

- 工作量数据均来自日志系统，代码规模数据在项目结束时采集。

（7）需求工程

- 识别重要的功能需求和非功能需求，形成文档化的 SRS；

- 描述需求时采用界面原型与 USE CASE 方式；

- 接受客户电子文档形式的需求变更（含邮件）；

- 至少 2 人以上参与需求变更的影响分析，并反馈给客户；

- 项目需求必须由项目经理确认同意后方可变更。

（8）软件设计与实现

- 系统架构设计文档化，形式不限；

- 评审系统架构设计；

- 编码；

- 单元测试及代码重构，引入 Junit、Nunit 等工具；

- 代码走查；

- 每日联调所有已完成的模块，并进行冒烟测试；

- 在开发过程中，请客户每月参与 1 次对已完成部分软件进行确认；

- 系统测试，未经公司系统测试通过，不能发布或交付系统。

3.16　维护类项目的管理策略

维护类项目有以下的三种常见情形的定义：

（1）在已交付的软件基础上增加少量功能。

（2）对已交付的软件进行局部的需求变更。

（3）修改已交付软件的 BUG。

维护类项目的特点：

（1）工期短，客户要求相应快。

（2）对已有的软件进行局部修改，投入的人力少。

（3）变更容易对已有的功能造成的影响，容易注入新的 BUG。

（4）需求沟通，设计方案的确定，测试的工作量大于开发的工作量。

（5）维护的请求比较多。

（6）维护的请求具有不可预测性，随时可能会发生。

基于上述的特点，笔者建议维护类项目管理策略如下。

（1）变更的影响范围应该经过市场、需求、开发、测试的评估，识别对成本、工期的影响、识别技术的风险，然后进行决策是否接受此次维护请求。

（2）对每个维护请求一定要有一个责任人，比如称为维护项目经理或产品经理等，他们负责该维护项目的始终。

（3）要对维护请求的进展状态进行跟踪管理。

（4）新增的需求在描述时应采用：功能需求描述+界面原型的方式，功能变更的需求应描述清楚功能的输入、处理、输出。

（5）需求的外部确认：一定要先用电话与客户沟通确认需求，然后再给客户发送描述了"角色+功能+目的+验收标准"内容的确认邮件。

（6）召开需求的内部沟通、策划会议，在会议上需要达成以下几点。

① 需求交底：由需求人员讲解需求，开发人员、测试人员和需求人员达成一致，不再另

行进行需求评审。

② 快速设计：大家一起对做什么、怎么做、怎么测试进行讨论，并记录设计与测试的核心思想。

③ 工作量估算：一起讨论进行任务分解与工作量估算。

（7）定义 WBS 分解的模版，帮助项目组成员完备识别任务，任务的颗粒度不超过 8 个工时，每个任务定义明确的交付物。

（8）维护成本核算：开发人员在项目管理工具中每天录入完成的任务与实际工作量。

（9）项目监控：每天跟踪项目的进展，每周举行部门或公司级的例会，向高层汇报进展。

（10）本次新增代码，要求对开发人员新改代码进行静态检查，公司定义哪些错误或告警必须改，项目经理抽查是否修改了该改的告警。

（11）项目经理指定人员进行新增、修改的代码比对，对新代码进行代码评审。

（12）系统测试时应首先对所有修改的或新增功能进行测试，然后对波及的其他功能进行测试，如果时间允许，执行全面回归。

（13）周期性发布版本时，要定义版本发布计划。

（14）QA 人员在过程中和项目结束时分别审计一次，帮助项目组总结经验教训。

3.17　如何将过程敏捷化

很多企业基于 CMMI 建立过程体系后，普遍反映太复杂，编写的文档太多。复杂的体系可能就无法贯彻执行，无法成为企业的文化。因此需要敏捷化。当我们对过程进行敏捷化时，是基于实效的目的而不是基于评估的目的。如何将一个过程体系敏捷化呢？下面以软件企业反映突出的 CMMI 中的 DAR 过程域为例，说明敏捷化的方法。

首先，看看在 CMMI 中对 DAR 的要求：

SP1.1　建立决策分析指南

SP1.2　建立评价准则

SP1.3　识别候选方案

SP1.4　选择评价方法

SP1.5   评价候选方案

SP1.6   选择候选方案

假如根据上述的要求，已经建立了企业的决策分析过程，具体的规范过程我们不去赘述。以下是敏捷化该过程的示例。

（1）整个过程的目的是什么？目的是最根本的要求，实现目的的方法是多种多样。

选择最优的解决方案，减少将来返工的工作量。

（2）整个过程的目的是否可以打折扣？判断最初的目的是否合适、是否经济？

快速地选择合适的解决方案，尽可能地减少返工的工作量。

（3）整个过程做事的最重要的原则是什么？实现目的的最重要的要点是什么？

多识别候选方案，避免思维盲区，所以要头脑风暴，多人参与决策。

全面客观评价候选方案，避免遗漏或片面或错误地评价候选方案，所以要头脑风暴，多人参与决策，并通过一些原型等方式验证方案。

（4）整个过程给客户的交付物是什么？客户交付物的最简单的表达方式是什么？

交付物：决策结论。

交付物的最简单的表达方式：决策结论、候选的方案、各方案的优缺点。可以体现在会议纪要中。

（5）整个过程的活动是否有可以简化的？简化了以后是否对目标的达成有影响？整个过程的中间产品是什么？是否是必须的？如果是必须的，最简单的表达方式是什么？

可以简化的活动：选择决策准则与决策方法。

中间产品：决策准则、决策步骤、决策方法描述。

是否是必须的：在决策时，一定会有评价指标，决策方法，决策步骤。评价指标应该是文档化的，决策步骤、决策方法可能是做了，但是未必文档化。

最简单的表达方式：在编写决策结论时，在比较各方案的优缺点，同时对各个评价指标进行优缺点分析。

（6）如果减少了中间产品，有什么手段可以规避缺少文档的负面后果？

可以在组织级定义常用的决策步骤与决策方法。

可以在进行决策前，在决策会议上先进行决策方法的讨论。

（7）简化后的过程是否有什么前提条件？

参与决策的人员有成功决策的经验。

（8）如何及时发现精简后的过程输出的缺陷？

形成的决策在后续的开发过程中实时（每天、每阶段）评价其有效性，一旦发现问题，则在团队内部再次进行评价。

第4章
项目策划

4.1 项目策划的9个基本要点

古人云"凡事预则立，不预则废"。项目要成功必须做好策划。项目策划是项目管理过程中最基本的一个过程，软件项目策划的方法是软件项目经理必须掌握的。在实际的项目策划过程中，必须掌握以下九个基本要点。

（1）掌握好项目策划的时机

软件项目策划过程的输出是文档化的项目计划书，在项目的不同阶段都需要进行项目策划，只不过在不同时机项目策划的目的不同，花费的工作量也不同。当有了概要的客户需求而没有形成详细的软件需求规格说明书（SRS）时，项目策划产生的是项目的概要计划或者是里程碑计划，当产生了详细的 SRS 后，项目策划产生的是项目的详细计划，可以明确估计项目的规模、工作量、进度、资源等，作为项目管理的主要依据。当需求发生了变化或者项目计划与实际存在比较大的偏差时，可以对项目进行重新计划。需要提醒注意的是，在需求未确定的时候，软件的估计是比较粗略的，此时不需要在项目策划上花费太多的精力。

（2）任务一定要明确

在进行项目策划时，建立工作任务分解（WBS）是必须要做的工作，即把工作拆分成一个个独立的、明确的任务。所谓明确的任务是指：

- 该任务一定有一个输出结果；
- 输出的格式有明确的定义；
- 输出的内容有明确的检测手段与验收标准；
- 任务的时间是有具体要求的。

上述 4 个判定标准其中有一个达不到就不能称为是一个明确的任务。在实践中，有一些任务难以定义得很明确，因为有些结果是难以预测的，比如说分析工作，具体的时间要求是难以准确预测的。任务如果不明确，将来任务是否做完了就无从谈起。

在项目组中往往由于前一阶段的工作没做好，造成后续阶段的任务难以明确定义下来。设计没有做完，编码的工作就不能定义得很清楚，往往就会造成实际的编码工作难以在要求的时间内完工，给项目造成进度与质量的风险。

（3）识别的任务不要有遗漏

在项目策划时，常犯的一个毛病是：任务没有识别全面。在项目的实际执行过程中，经常出现计划外的、又必须执行的项目组的任务，而不是项目组外的干扰活动。为了使识别的任务比较完备，可以建立任务识别指南，以提醒项目经理。经常遗漏的任务包括：

- 项目管理类的任务，如项目计划、计划的变更、计划评审等。
- 横向关联类的任务，如集成任务、需求跟踪矩阵的制定与更新等。
- 项目交付物的制作任务，如用户手册的编写、培训教材的编写等。

（4）任务的颗粒度要适中

在划分任务时，任务的颗粒度不能太大，也不能太小。颗粒度太大，就难以及时发现问题；颗粒度太小，就会增加管理成本。近期任务的颗粒度最小可以到半天，最大到周，一般以小于 3 天为宜，也就是说，项目经理能够在 1 周中至少 2 次检查工作的进展情况。适当的任务颗粒度一方面便于监控，另一方面也有利于调整任务。当出现任务拖期时，可以比较灵活地重新安排人员接手其他人员的任务。中长期的任务颗粒度可以稍微大一些。

（5）估计要尽可能地合理

请有经验的多位专家基于历史数据进行估算，可以保证估算的合理性。估算的结果应得到各利益相关者的认可，包括项目的责任人、项目的上级领导等。在估算的结果中应纳入一些缓冲的工作量。估计值不能太乐观也不能太悲观，乐观的估计结果是难以实现的，悲观的估计则会发生帕金森现象，即工作总是用完所有可以利用的时间。

（6）识别清楚任务之间的依赖关系

传统的任务之间的依赖关系划分为如下的四种：

完成到开始：只有 A 任务完成了，B 才可以开始；

完成到完成：只有 A 任务完成了，B 才可以完成；

开始到开始：只有 A 任务开始了，B 才可以开始；

开始到完成：只有 A 任务开始了，B 才可以完成；

在实践中，在建立任务之间的依赖关系时，通常考虑以下四种情况：

- 输入输出关系

即 A 任务的输出是 B 任务的输入，A 任务完成后，B 任务才可以开始。比如编码和测试之间的关系、复用构件与其他构件之间的调用关系。

- 资源依赖关系

即 A 任务和 B 任务使用同一个资源，当资源为 A 使用时，就不能为 B 使用，当资源为 B 使用时，就不能为 A 使用。例如一个程序员不能同时做 2 个模块的开发，必须做完一个模块再做另一个模块。因此 A、B 二个任务之间只能是顺序关系。

- 需求之间的接口关系

即 A 任务和 B 任务的输出存在接口，2 个部分的输出需要组装在一起，如果组装的任务是 C，则只有当 A、B 两个任务都完成，C 任务才可以开始。

- 采购关系

如果存在需要采购的外部构件，则采购任务必须先完成。这是一种对外部的依赖关系。

定义了任务之间的依赖关系，就可以识别出项目的关键路径与关键链，以重点关注关键路径与关键链，规避项目的工期风险。

（7）优先安排与系统架构有关的需求

要优先安排开发关键功能需求、全局性功能需求、接口需求、非功能需求等与系统架构有关的需求，这些需求影响的范围比较广，一旦返工，工作量比较大，因此在安排任务时要先安排这些需求的设计、实现、测试与联调。在计划时若没有安排好任务的顺序，会造成在项目的后期阶段发现有些模块无法联调，需要写测试程序或者等待其他模块的完成，造成工期的延误。

（8）建立项目的里程碑

在项目进展的过程中，项目经理、PPQA、CM 等从项目的不同侧面对项目组的进展进行了跟踪，但是缺乏全面、系统的分析与评价，借助里程碑评审可以综合各方面的分析数据进行判断。在项目的里程碑处，一般是通过里程碑评审全面客观地对项目组内外部的成员展示项目的进展，以判断上一阶段的工作是否完成，是否可以进入下一个阶段。很多企业往往将里程碑评审搞成了走过场，这违背了里程碑评审的初衷。在里程碑评审时，要注意是否全面评价了项目的进展，是否对项目内外部的相关人员展示了项目的进展。如果里程碑评审仅有项目内部的成员参加，则往往大事化小，小事化了，掩盖了真实的问题，不利于发现项目中存在的问题。

（9）预留管理缓冲

在项目过程中总会存在突发事件和估计不准确的情况，因此可以在计划中留有缓冲时间。对于缓冲时间有两种设置方法：一种是固定缓冲，即每周或者每月等固定地留有一定缓冲时间，如半天或两天等。另一种是在所有的与关键路径接驳的任务之前留有固定比例的缓冲时间，如 A 任务是关键路径上的任务，B 任务不是关键路径上的任务，但是 B 做完后，才可以做 A，B 和 A 是直接的先后时序关系，此时可以在 B 任务与 A 任务之间留有一定的缓冲时间，以降低进度风险。

管理缓冲应明确地识别出来，不要隐藏在每个任务中。

4.2　过程设计的 4 个层次

当获得一个项目的需求后，确定如何做该项目，需要执行哪些过程、哪些活动，这些过程、活动之间是何关系，有哪些输出，这便是过程设计。

过程设计可以划分为四个层次。

层次 1：确定过程的风格，即采用敏捷的方法还是采用规范的方法。

需要根据客户的需求、项目的规模、团队的资源状况等诸因素综合考虑项目过程执行的规范与敏捷程度，确定主要的风格，可以敏捷，可以规范，也可以揉合两种方法。

层次 2：选择生命周期模型。

如果是敏捷的方法，一般是选择迭代模型。如果是规范的方法，则可以有多种选择：瀑布、增量、迭代等。生命周期模型定义了项目的主流程，类似于我们写程序时的主函数一样。在生命周期模型中划分了项目的阶段，定义了各阶段的目标与完成标准。

层次 3：选择、裁剪每个过程或子过程的活动、工作产品等。

基于组织级的标准过程库，选择执行哪些过程或子过程，对于执行的过程或子过程，可以删除、修改、增加活动、工作产品。关于裁剪的具体内容可以参见本书的 3.12 章节。

层次 4：检验裁剪后的过程是否可以达成目标。

可以采用系统模拟、蒙特卡洛模拟的方法、回归方程等多种方法预测裁剪后的过程是否可以达成项目的质量与过程性能目标。

CMMI 2 级的企业是在前两个层次上进行过程设计，CMMI 3 级的企业是在前三个层次上进行过程设计，CMMI 4、5 级的企业要在第四个层次上进行过程设计。

4.3 软件项目的目标管理

项目的根本目标是什么呢？按时、保质、在预算内完成项目的需求。但是很多项目往往忽略了目标的管理，在实践中常常发现有的项目缺乏明确的目标，有的项目目标摇摆不定，有的项目目标错误等，请看下面的几个案例。

案例：目标不明之痛

2004 年某公司准备开发一个产品，该产品在公司内部已经完成立项，并投入了部分人力进行需求的整理和技术可行性的研究，我被邀请作为该项目的外部专家。很快我便发现比较突出的问题：项目的目标没有明确定义；产品的目标客户群没有准确定义；项目的总体指导原则也没有明确定义。该产品的立项是由老板提出的，但在项目的立项报告、项目组的任务书中并没有明确这三个问题，项目经理与开发人员对这三个问题的答复差异很大。因此我就和项目经理一起与老板讨论这三个问题，老板充当了客户的代言人，在交流中，老板表达了他的指导性意见：项目工期要短；目标客户群定位为高端客户；产品的功能范围紧扣国际管理标准。在沟通完毕的第 2 天，项目经理通知我，老板认为此产品的开发时机不成熟，该项目暂时搁置了。我相信，在沟通结束后，老板应该继续在在深入地思考了那三个问题，当他无法准确描述这三个问题时，该产品只能暂时搁置。

案例：目标摇摆之痛

2002 年我被任命为项目经理，为一个制药行业的客户定制一套分销管理系统，公司

在这个产品方向上已经开发了一套原型系统，希望在原型系统的基础上为客户定制，公司要求项目组满足客户需求的同时能够开发出一套适合于这个行业的软件产品，为此公司聘请了一位制药行业的资深人士作为领域专家掌控软件需求。结果项目组总是在定制软件和开发产品之间摇摆，两个目标的优先级不断对换，需求不断变更，使得计划半年结束的项目，接近实际花费了一年多时间才完工。

案例：目标错误之痛

2003 年我充当救火队员去挽救一个濒于崩溃的项目：项目已经拖期了达半年之久；BUG 层出不穷；程序员对项目经理很失望；客户已经强烈地表达了不满。我经过分析后发现这个项目存在很多经典的错误，第 1 个错误，是选错了一个项目经理，因为那个项目经理是一个很好的技术专家，而非一个合格的项目经理。第 2 个错误就是项目的目标定义错误了。在项目立项之初，公司设定了项目的目标是：

① 完成用户的物流管理系统。

② 在项目中形成一个公司可以复用的软件平台。该平台实现了持久对象层，提供了大量可以复用的软构件，只需要少量的编码就可以定制应用。

项目的工作量估算为 36 个人月。显然这两个目标在很大程度上是冲突的，项目最根本的目标是要按时、保质、在预算内完成客户的需求，而软件平台的开发追求的是稳定性、可复用性，有较大的技术风险，技术路线、工期、投入的资源数量具有较大的不可控性。如果公司已经有一个稳定的经过验证的软件框架，然后在此基础上开发应用软件是可以理解的。很遗憾，项目经理对目标的错误并不敏感，他就是技术平台的大力支持者，该项目在启动不久就陷入了泥潭。

4.4　过程体系的裁剪步骤

过程裁剪是项目计划的基础，是对项目的管理过程进行设计，是很关键的一个活动。但是在实践中很多项目经理往往不重视这个活动，往往应付了事，这是很危险的，磨刀不误砍柴工，通过过程裁剪可以确保项目高效的运作。如何进行过程裁剪呢？可以采用如下的步骤。

（1）分析项目的背景信息与特点，确定项目类型。

可以从多个维度分析项目的特点，比如客户的成熟度、客户的配合程度、项目工期的要求、项目的技术风险、人员的能力水平等。根据项目的特征可以确定项目的管理策略。

（2）对项目的质量与过程性能目标进行裁剪。

根据项目的特点，结合组织级定义的质量与过程性能目标确定项目的目标，这些目标可能涉及工期、质量、开发效率、成本等多个方面。

（3）裁剪生命周期定义。

不同的生命周期模型有不同的适用场景，需要根据项目的特点选择与裁剪。当选择瀑布模型时需要确定项目的阶段划分，各阶段的目标。当选择迭代模型时，需要确定迭代的次数、迭代的周期。

案例：生命周期模型选择指南

在给客户的咨询过程，曾经和客户讨论如下的生命周期模型选择策略（见表 4-1）供大家参考，在此表中对项目的特征从多个维度做了刻画。

表 4-1　　　　　　　　　　　生命周期模型的选择策略表

		纯瀑布	增量模型	纯迭代
需求稳定性	稳定	√	√	
	变化			√
软件规模	大		√	√
	小	√		
项目类型	新产品			√
	移植	√	√	√
	升级		√	√
	维护	√	√	√
复杂度	复杂			√
	简单	√	√	
技术新颖程度	新技术			√
	成熟技术	√	√	

续表

		纯瀑布	增量模型	纯迭代
人员技能	经验丰富	√	√	
	新手			√
用户的参与程度	很少参与	√		
	经常参与		√	√
项目风险	高			√
项目经理的管理能力	高			√

（4）活动裁剪（5W1H：做还是不做，如何做，谁来做，做到什么程度，何时做）。

结合项目自身的特点，基于组织级的标准流程进行活动的裁剪，确定每个过程、每个活动做还是不做，是否改变活动的顺序、参与角色、完成标准、输出等。

（5）文档裁剪。

结合项目自身的特点，结合组织级的要求，确定需要编写哪些文档？采用哪个模板？是否有客户要求的模板？文档中的章节是否都需要？章节的顺序是否需要调整等等。

（6）度量元裁剪。

在本项目中哪些度量元可以不采集？需要增加哪些度量元？数据的采集、存储、分析方法是否需要调整？

（7）其他内容的裁剪。

（8）形成项目的已定义过程（PDP）。

将上述的所有裁剪文档化，并记录裁剪的理由。

（9）评审项目已定义过程。

请 QA 人员、EPG 人员评审裁剪的结果，以判断其合理性。

（10）发布项目的已定义过程。

将裁剪的结果通知给项目内的各个角色，以便于在此基础上编写项目的各种计划。

（11）在里程碑处或重大的变更时，确定 PDP 是否需要变更？如何变更？

4.5　WBS 分解指南

4.5.1　WBS 的基本概念

WBS（Work Breakdown Structure）翻译为工作分解结构，在不同的管理标准中有不同的定义，我自己比较喜欢 PMBOK2004 版中对此概念的定义：

A deliverable-oriented hierarchical decomposition of the work to be executed by the project team to accomplish the project objectives and create the required deliverable. It organizes and defines the total scope of the project . The WBS is decomposed into work packages. The deliverable orientation of the hierarchy includes both internal and external deliverables.

（1）WBS 是面向交付物的，包含了所有的交付物；

（2）WBS 是分层拆分的；

（3）WBS 中定义了项目的完整的工作范围；

（4）WBS 可以被拆分为工作包；

（5）WBS 中的交付物包括了内部与外部的交付物。

通俗地讲 WBS 分解的过程就是把项目可交付成果和项目工作分解成较小的、层次化的、可定义的、更易于管理的、有利于责任分配的 WBS 元素的过程。WBS 元素是 WBS 中任何层次上的一个条目，通常用"名词+形容词"描述。项目的可交付成果、工作包、里程碑、活动和任务等都是 WBS 元素。WBS 为项目分配工作量、进度和职责提供了一个参考和组织机制，是项目计划的"基础构架"，是项目估计、计划、跟踪和监控的主要依据。在 WBS 中，每个元素与其下一层次细分的元素之间是整体部分关系，是实现与被实现的关系。

项目 WBS 分解活动的主要参与者是项目经理、项目的各分项负责人或子项目经理、项目成员，必要时可邀请项目的利益相关者参与。

4.5.2　WBS 分解方法

常用的 WBS 分解有三种方法：自顶向下、自底向上和类比法。在实际应用中，应基于具体的项目需求和使用的项目管理工具，选择适合的 WBS 分解方法。

1.　自顶向下

自顶向下（Top-Down）是指从项目目标开始，逐级将项目可交付成果和项目工作分解为更细颗粒度的 WBS 元素,直到项目经理和各利益相关者都满意地认为项目工作已经充分地得到定义,并满足管理的需要。

以下情况更适合选择自顶向下分解方法。

- 对项目的可交付成果的功能需求或性质还不太清晰。
- 对项目生命周期的性质不熟悉或第一次遇到。
- 项目经理和项目团队没有任何开发 WBS 的经验。
- 没有适合的 WBS 模板可用或没有同类项目可借鉴。
- 项目是由多个独立的、有共同总目标的、分工明确的项目团队组成的。

项目选用自顶向下方法时应注意,已识别的全部可交付成果和 WBS 分解的层次是否能满足客户、各利益相关者和公司管理的需要,是否还有其他的 WBS 元素被忽略了。

另外,采用自顶向下分解方法时,可使用头脑风暴方法或鱼骨图方法,更有助于项目团队充分发挥集体智慧和与目标为导向的问题分析。

2．自底向上

自底向上(Bottom-Up)是指从 WBS 最底层的工作包开始,将已识别的 WBS 元素逐级归类,聚集产生上一层元素,直至达到项目目标的要求。

自底向上方法更适合于已有同类项目开发经验,或者对项目全部可交付成果和项目工作非常熟悉的项目经理和项目团队选用。

以下情况更适合选择自底向上分解方法。

- 对项目的可交付成果的性质和功能有着非常清楚和深入的理解。
- 对项目应实现的所有中间的可交付成果和项目工作非常清楚。
- 先前已经开发过非常类似的产品或服务。
- 已经使用过相同类型的项目生命周期。
- 有较适合的 WBS 模板或同类项目的 WBS 可供借鉴。
- 可大量复用其他同类项目的 WBS 元素。

项目选用自底向上方法时应注意,在建立 WBS 前就要充分地识别出项目的所有可交付成果,否则容易丢失或偏离项目目标,有时还可能会忽略对重点可交付成果的关注。

3．类比法

类比法（Analogism）是指参考同类项目 WBS，或者使用本组织已定义的 WBS 模板来建立新项目 WBS 的方法。

当新项目所涉及的行业和应用领域与本组织内已有同类项目相似时，尤其是可交付成果基本特性和功能相同时，应尽可能参考以往同类项目的 WBS 来建立本项目的 WBS。

软件企业一般会针对常见类型的项目制作一些 WBS 模板并发布，项目可根据需要，选用最适合本项目类型的模板，并以此为基础，根据项目特殊需要做适当的客户化开发。

项目选用类比法时应注意，首先不要照抄，要精心地选择本项目适用的 WBS 元素部分。在 WBS 建立完成后，要审视是否包含了本项目不必要的可交付成果，或者丢失了本项目特殊要求的可交付成果。

4.5.3　表示方法

一般使用两种方法来表示 WBS：图形法和大纲法。在建立 WBS 时，项目组可以根据项目团队的需要和使用习惯，选择其中一种表示方法。

1．图形法

图形法是指采用树形结构图的方式表示 WBS。

图 4-1 为某项目按照交付产品"政务系统"的功能需求，逐层分解建立的 WBS 树形结构图的样例。

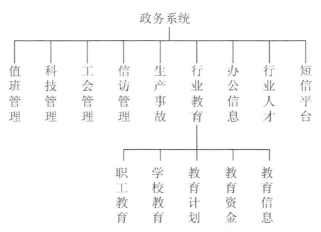

图 4-1　政务系统 WBS 树状结构图

2．大纲法

大纲法是指采用行首缩进的文本大纲的形式表示 WBS。

右图 4-2 为某项目按照交付产品"系统"的功能需求，逐层分解建立的 WBS 文本大纲的样例。

大纲法在项目的实际中应用最为普遍。业界常用的项目管理工具一般都是使用大纲法来表示 WBS，如 MSP、Redmine 等。在项目使用 Excel 工具时要特别注意，应遵循行缩进的方式描述每一个 WBS 元素，以较好地直观展现元素在 WBS 中的层次位置。

	WBS	任务名称
1	**1**	**☐ 政务系统**
2	1.1	值班管理
3	**1.2**	**☐ 科技管理**
4	1.2.1	职工教育
5	1.2.2	学校教育
6	1.2.3	教育计划
7	1.2.4	教育资金
8	1.2.5	教育信息
9	1.3	工会管理
10	1.4	信访管理
11	1.5	行产事故
12	1.6	行业教育
13	1.7	办公信息
14	1.8	行业人才
15	1.9	短信平台

图 4-2　政务系统 WBS 分解大纲

4.5.4　分解方式

WBS 的分解方式有多种，根据项目所涉及的行业、应用领域和客户要求的不同，项目可以选择适合的分解方式。

1．按产品功能分解

按照项目最终交付的软件产品的功能需求，逐层分解子功能、模块或类，建立项目的 WBS，直到最末节点的颗粒度满足管理的要求。

分解步骤如下。

（1）将项目最终交付的软件产品名称作为 WBS 的"根"，建立 WBS 的第 1 层。

（2）按项目最终交付的软件产品的功能需求，识别构成软件产品的主要功能，建立 WBS 的第 2 层。

（3）分解每一个主要功能，识别构成主要功能的子功能，建立 WBS 的第 3 层。

（4）分解每一个子功能，识别构成子功能的类、构件或模块，建立 WBS 的第 4 层。

（5）针对分解后的最末节点功能，识别完成每个功能的具体任务，建立 WBS 的第 5 层或更多层。

（6）按照软件工程的要求，识别与交付工作产品横向关联的支持类工作内容，补充 WBS 的第 2～3 层元素。例如，系统测试、产品交付、系统部署、试运行维护等。

（7）按照项目管理的要求，识别项目策划、执行与控制过程的可交付成果，补充 WBS 的第 2～3 层元素。例如，项目立项、工作量和成本估计、计划制定、计划评审、周会、里程碑评审、阶段总结、项目总结等。

（8）按照质量保证的要求，识别质量保证过程的可交付成果，补充 WBS 的第 2～3 层元素。例如，需求评审、设计评审、测试用例评审、配置审计等。

实例一：某政务管理系统软件开发项目的 WBS，如图 4-3 所示。

	ⓘ	WBS	任务名称
1		1	⊟ **政务系统**
2		1.1	值班管理
3		1.2	⊟ **科技管理**
4		1.2.1	⊟ **职工教育**
5		1.2.1.1	工人教育
6		1.2.1.2	干部教育
7		1.2.1.3	培训师资管理
8		1.2.2	⊞ **学校教育**
13		1.2.3	⊞ **教育计划**
17		1.2.4	教育资金
18		1.2.5	教育信息
19		1.3	工会管理
20		1.4	信访管理
21		1.5	行产事故
22		1.6	行业教育
23		1.7	办公信息

图 4-3　政务系统 WBS 按功能分解

在实例一中：

- 项目组首先以项目最终交付产品"政务系统"为根，设置 WBS 的第 1 层。

- 按照最终交付产品，识别组成该系统的 9 个主要功能（如图 4-3 左侧图形所示），建立 WBS 的第 2 层。

- 对各个主要功能细化分解，识别所包含的子功能，建立 WBS 的第 3 层。如图 4-3 左侧图形所示，将"科技管理"功能细分为"职工教育"、"学校教育"等 5 个子功能。

- 对每个子功能进一步分解，识别构所包含的构件或模块，建立 WBS 的第 4 层。如图 4-3 右侧图形所示，将"职工教育"细分"工人教育"等 3 个模块。

- 依此类推，识别实现每个模块的具体任务，建立 WBS 的第 5 层或更多层。

这种分解方式较适合于软件产品开发、软件外包开发类型的项目使用。经常与按阶段工作分解方式结合使用。

2．按阶段工作分解

按照项目定义的生命周期，划分项目阶段，定义阶段目标和可交付成果，逐层分解，识别完成阶段交付成果必需实施的各类工作，建立项目的 WBS，直到最末节点的颗粒度满足管理的要求。

分解步骤如下。

（1）将项目目标或最终交付的软件产品作为 WBS 的“根”，建立 WBS 的第 1 层。

（2）根据项目定义的生命周期和软件开发的需要，划分项目阶段，定义阶段目标和阶段交付成果，建立 WBS 的第 2 层。

（3）分解每一个阶段交付成果，识别构成阶段交付成果必需完成的各类工作，以及与各类工作横向相关的软件工程的支持类工作，建立 WBS 的第 3 层。

（4）分解每一类工作，识别构成每类工作需要的交付功能或完成每类工作必需完成的工作，逐层分解，建立 WBS 的第 4 层。

（5）针对分解后的最末节点功能或工作，识别实现每个功能或工作的具体任务，建立 WBS 的第 5 层或更多层。

（6）按照项目管理的要求，识别项目策划、执行与控制过程的可交付成果，补充 WBS 的第 2～3 层元素。例如，项目立项、工作量和成本估计、计划制定、计划评审、周会、里程碑评审、阶段总结、项目总结等。

（7）按照质量保证的要求，识别质量保证过程的可交付成果，补充 WBS 的第 2～3 层元素。例如，需求评审、设计评审、测试用例评审、配置审计等。

实例二：某政务系统软件开发项目的 WBS，如图 4-4 所示。

WBS	任务名称
1	⊟ **政务系统**
1.1	⊞ **差异分析阶段**
1.2	⊞ **需求定义阶段**
1.3	⊞ **系统设计阶段**
1.4	⊞ **客户化开发阶段**
1.5	⊞ **外围接口开发阶段**
1.6	⊞ **系统测试**
1.7	⊞ **系统部署与试运行**

WBS	任务名称
1	⊟ **政务系统**
1.1	⊞ **差异分析阶段**
1.2	⊞ **需求定义阶段**
1.3	⊟ **系统设计阶段**
1.3.1	前期技术准备
1.3.2	概要设计
1.3.3	数据库设计
1.3.4	概要设计评审
1.4	⊟ **客户化开发阶段**
1.4.1	值班管理
1.4.2	⊞ **科技管理**
1.4.3	工会管理
1.4.4	信访管理
1.4.5	行产事故
1.4.6	行业教育
1.4.7	办公信息
1.4.8	行业人才

WBS	任务名称
1	⊟ **政务系统**
1.1	⊞ **差异分析阶段**
1.2	⊞ **需求定义阶段**
1.3	⊞ **系统设计阶段**
1.4	⊟ **客户化开发阶段**
1.4.1	值班管理
1.4.2	⊟ **科技管理**
1.4.2.1	⊟ **职工教育**
1.4.2.1.1	工人教育
1.4.2.1.2	干部教育
1.4.2.1.3	培训师资管理
1.4.2.2	⊞ **学校教育**
1.4.2.3	⊞ **教育计划**
1.4.2.4	教育资金
1.4.2.5	教育信息
1.4.3	工会管理
1.4.4	信访管理

图 4-4　政务系统 WBS 按阶段分解

在实例二中：

- 项目组首先以项目最终交付产品"政务系统"为根，设置 WBS 的第 1 层。

- 按照项目选择的瀑布模型和为满足产品客户化开发与部署实施的需要，识别了项目生命周期的 7 个阶段，建立 WBS 的第 2 层。如图 4-4 左侧图形所示，识别了"差异分析阶段"、"客户化开发阶段"等阶段。

- 针对每个阶段的目标和交付成果细化分解，识别实现各阶段目标必需完成的各类工作内容，建立 WBS 的第 3 层。如图 4-4 中间图形所示，将"客户化开发阶段"按功能需求细分为"值班管理"、"科技管理"等 9 个主要功能开发工作。

- 对每类工作进一步分解，识别所包含的子功能和工作内容，建立 WBS 的第 4 层。如图 4-4 右侧图形所示，将"科技管理"功能开发工作又细分为"职工教育"、"学校教育"等 3 项子功能开发工作。

- 依此类推，继续细化分解第 4 层元素，识别所包含的具体工作任务或产品功能模块，建立 WBS 的第 5 层或更多层。如图 4-4 右侧图形所示，又将"职工教育"功能开发工作进一步细分为"工人教育"、"干部教育"等 3 项模块的开发工作。

这种分解方式较适合于解决方案软件应用系统开发、软件产品推广类型的项目使用。经常与按产品功能分解方式结合使用。其中，项目生命周期模型的选择和阶段划分原则可参考软件生命周期模型的阶段划分要求。

4.5.5 分解原则

无论项目组选择哪种分解方式，建立高质量的 WBS 需要满足以下原则，以保证 WBS 的有效性和可用性。

100%原则（The 100% Rule）。此原则是 WBS 的核心特征，要求 WBS 应包含项目范围和实现最终可交付成果的所有工作，也包含项目管理的工作，但不能包含超出 100%的任何工作。100%规则可应用于 WBS 的所有层次，即"子"层元素的总和必须等于由"父"层元素代表的 100%的工作，是建立 WBS 和评价质量的最重要元素之一。

唯一性原则。每个 WBS 元素只能在 WBS 中的一个地方且只应该在一个地方出现。对于项目管理和质量保证分解中识别的某些 WBS 元素，如周会、月度总结、阶段总结等，可以将此类共性活动提取出来，作为项目管理 WBS 元素下层的独立子元素，不必在 WBS 中重复多次。

逐步求精原则：充分细化的 WBS 分解需要花费时间，而有时在项目前期也不可能完全考虑到或明确后期具体的工作内容。因此，在建立 WBS 时，除了根据项目所包含的主要工作内容建立完整的 WBS 结构外，只对当前准备开始实施或正在实施中的 WBS 元素进行非常精细的分解，而对未来实施的 WBS 元素只做粗粒度的分解，只要能满足项目范围定义和主要交付成果识别的基本要求即可。例如：

- 在项目策划、需求分析和设计、软件交付、软件运行维护期阶段，粒度可以相对粗一些。

- 在软件实现、软件测试阶段，粒度应该尽可能细化。

- 分包给项目外部开发的 WBS 元素，粒度可以相对粗一些，而细化的粒度应该反映在承包方建立的 WBS 中。

案例：工作包的颗粒度

某客户在制定企业内部的 WBS 分解指南时，对工作包的颗粒度定义了如下的准则：

- 软件开发和维护开发类项目：可在 40 个工时（=每天 8 小时工作时间 × 每周 5 个工作日）内完成。

- 软件外包开发类项目：可在 16 个工时（=每天 8 小时工作时间 × 每周 5 个工作日）内完成，建议在 8 小时内完成。

责任到人原则：WBS 中最末节点的工作包只能分配给一个人且只有一个人负责。如果某个 WBS 元素需要由若干个人共同完成，则建议对该元素再细化分解，直到能由一个人完成。

层次原则：项目 WBS 的层次深度依赖于项目的规模、可交付成果的复杂度、项目阶段、客户和公司对项目监管的要求。

WBS 的层次是指各 WBS 元素中最深层次而言，但并不要求每个 WBS 元素都必须具有相同的层次深度，不同的 WBS 元素可以有不同的层次。

案例：IBM 公司的 5 级分解

在 IBM 公司将软件项目的 WBS 按以下 5 级层次进行分解。

（1）项目。

（2）可交付物，如软件，收集和培训。

（3）构件或子系统，是产生可交付物需要的关键工作项，如产品系统软件需要的模块和测试。

（4）工作包，产品构件需要的主要工作项或相关任务集。

（5）任务，通常由单个人完成。

4.5.6　分解步骤

在项目的不同阶段，可以选用不同的 WBS 分解方式和分解步骤。下面以自顶向下分解方法为例，描述几种常见的软件开发项目 WBS 的分解步骤，供各类型项目建立 WBS 时参考。

1．在项目商务阶段

目的： 满足商务报价估计，或产品规划成本估计的需要。

时机： 在获得了客户对软件产品的基本需求，或完成了新产品规划后。

输入： 用户需求/SOW/产品需求。

分解方式： 按产品功能分解。

建议层次： 2～3 层。

分解步骤如下。

（1）将项目最终的软件产品名称作为 WBS 的根（第 1 层）。

（2）识别构成最终交付软件产品包含的主要功能，建立 WBS 的第 2 层。

（3）分解各主要功能，识别所包含的子功能，建立 WBS 的第 3 层。

（4）估计工作量和成本，如果需要，则继续分解，建立 WBS 的第 4 层。

至此，项目商务阶段的 WBS 的分解可以完成。

2．在项目策划阶段

目的： 满足项目立项和策划的需要。

时机： 项目合同已签订或组织已决定正式投入软件产品开发、申请公司立项时。

输入： 用户需求/SOW/产品需求。

分解方式： 按阶段工作分解。

建议层次：3～4 层。

分解步骤如下。

（1）将项目最终交付软件产品名称作为 WBS 的根（第 1 层）。

（2）识别项目生命周期的各个阶段，以及阶段目标和交付工作产品，建立 WBS 的第 2 层。

（3）针对每个阶段交付工作产品，识别该阶段所包含的中间工作产品，建立 WBS 的第 3 层。

（4）对各阶段的中间工作产品再细化分解，识别完成工作产品必需的子功能或完成的工作，建立 WBS 的第 4 层。

（5）根据项目管理和质量保证的需要，补充 WBS 的第 2～3 层元素。

（6）估计工作量、成本、进度和人力需求，如果需要，则继续分解，建立 WBS 的第 5 层。

至此，项目策划阶段的 WBS 的分解可以完成。

3．在项目实施阶段

目的：满足项目进度监督和控制的需要。

时机：在项目某阶段开始实施时、每月或每周项目工作分配与跟踪时。

输入：用户需求/SOW、需求规格说明、系统设计说明、项目策划阶段已建立的 WBS。

分解方式：按产品功能分解/按阶段工作分解。

建议层次：4～5 层。

分解步骤如下。

（1）以项目策划阶段建立的 WBS 为基础，从第 3 层开始，选择当前需要进一步细化的 WBS 元素。

（2）按软件产品功能或完成工作，细化分解被选中的 WBS 元素，识别实现子功能或完成工作必需的具体任务，建立 WBS 的第 4 层。

（3）根据项目管理和质量保证的需要，补充 WBS 的第 2～3 层元素。

（4）为每个工作包分配单一责任人，如果需要，则继续分解，建立 WBS 的第 5 层或更多层。

随着项目进展，重复以上步骤，直至实现项目目标和完成最终的可交付成果。

4.5.7　WBS 中容易遗忘的任务

在进行 WBS 分解时，下列活动容易遗漏，需要引起注意，务必使 WBS 分解包含以下内容。

- 制定计划的活动。

- 计划变更的活动。

- 所有的评审活动（项目主计划、PPQAP、MAP、CMP、SAMP、需求、设计、测试用例）。

- 需求跟踪矩阵建立、维护的活动。

- 周例会（周期性的活动）。

- 里程碑评审。

- 实施 PPQA 的活动。

- 度量计划的制作。

- 度量数据的收集与分析。

- 采购相关的活动。

- 集成的活动。

- 交付的活动或者分期交付的活动。

- 回归测试的活动。

- 技术方案选择与评审的活动。

- 过程裁剪的活动。

4.6　白话软件估计

你一生会认识多少人呢？

听到这个问题，你可能认为无法回答，其实是可以估算的，只不过你没有去做。

首先，我们定义"认识"的含义。

如果你曾经记住他的名字，你见到他时能够记起曾经和他一起做过某件事情，那就可以称为认识他了，这就是在明确需求。

其次，我们采用穷举与分类的思想，对所认识的人员按如下的方式来分类。

（1）为你服务的

父母

老师

物业公司

……

（2）你为他服务的

孩子

客户

学生

……

（3）对等的

同事

兄弟

同学

　　小学

　　　　同班的

　　　　其他班的

　　初中

　　　　同班的

　　　　其他班的

　　高中

　　大学

　　其他特长班的

......

朋友

......

这实际上好比是在做 WBS 分解。

最后，对明细的分类进行估算，比如对于你的高中同学，你很容易就可以列举出来有 50 人、60 人还是 70 人。明细分类估算完毕，就可以计算合计值，得出最终的估计结果了。

如果有另外一个人曾经回答过这个问题，他的方法可能和你不一样，二者一对比，你可能发现你的估算中存在一些问题，然后你可以优化你的估算，使其更加合理，这就是借鉴历史数据。

4.7 做好软件估计的六个原则

为了确保估计的合理性，可以参考如下六个原则：

（1）有经验的人参与估算

一方面要对估计的内容有开发经验，另一方面也要接受了估计的训练，在估计方面有经验。两种经验缺少其一，估计的风险都比较大。正如我们估计一个房间的面积时，一位包工头或一位售楼小姐通常都比我们估计得准，为什么呢？因为他们有施工经验或估算经验。

（2）分解的颗粒度要小

在估计时要对估计的内容进行分解，化整为零，对于小的任务进行估计时，才容易把握。比如让你估计一碗大米中有多少粒米一样，通常的办法就是把大米划分成大小基本相等的几小堆，先估计其中一小堆或者数一数，然后估计整体的粒数。

（3）确保没有遗漏

如果估计的内容遗漏了，显然整体规模就会有偏差，所以穷举所有的任务是最基本的工作。WBS 分解的完备性很重要，是进行准确估计的前提。

（4）借鉴历史数据

历史类似项目的数据可以和待估计的项目进行类比。比如你昨天吃了 3 碗米饭，前天也吃了 3 碗米饭，可以推测今天也可能吃 3 碗米饭。历史中有规律，依据历史规律估计未来的变化。

在借鉴历史项目的数据时，一般要慎重考虑以下 5 个问题：

- 是否采用相同的技术平台？

- 是否是同类型的软件，比如都是嵌入式软件或者都是 MIS 软件？

- 是否项目的规模相近？

- 是否采用相同的生命周期模型？

- 是否人员的专业技能相近？

（5）采用多种方法互相验证

可以采用 Delphi 方法、功能点法、类比法等方法进行估计，然后对多种方法的估计结果进行对比。通过对比如果发现差异比较大时，就要仔细分析差异原因，提高估计的合理性。

（6）在项目进展过程中要持续估算，逐渐优化

随着项目的进展，对项目的了解会越来越深刻，估算会越来越合理。

案例：持续估算的案例

　　某项目在需求确定之前与需求确定之后分别进行了 2 次估算，估算的结果记录如下所示，从中可以看到两次估算的偏差还是比较大的。

表 4-2　　　　　　　　　OX 项目（MIS 软件，JAVA）2 次估计偏差率分析

	项目	计量单位	SRS 确定前估计	SRS 确定后估计	差异
A	编码与单元测试工作量	人天	30	38	26.67%
B	其他活动工作量	人天	145	282	94.48%
A+B	工作量总计	人天	175	320	82.86%
A/(A+B)	编码工作量比例 =A/(A+B)		17.10%	11.90%	−30.73%
C	估计的 LOC	LOC	3898	5016	28.68%
C/A	编码阶段生产率	LOC/人天	130	132	1.59%
C/(A+B)	全生命周期生产率	LOC/人天	22	16	−29.63%
数据分析	2 次估计的工作量偏差主要在于非编码工作量的偏差，达 94.5%。2 次估计的规模偏差达 28.7%，而编码的生产率基本保持一样，全生命周期的生产率下降了 30%				

4.8 为什么要做规模估计

很多项目经理在做项目计划时，习惯于直接估计工作量，不喜欢估算项目规模。为什么需要先做规模估算再估计工作量呢？举例说明如下：

2009 年 1 月 1 日，张三站在你面前，让你估计体重，你已知的确切信息是：张三是男士。根据你面前张三的形象，你估计其身高约在 1.75 米，看上去张三有点胖，比较结实，因此你估计张三的体重为 75 公斤。估计体重是你的目标，在估计体重之前，实际上你先估计了张三的身高、胖瘦、结实程度。这三个因子决定了人的体重，正如项目的规模、复杂度、复用率等决定了项目工作量一样。

2009 年 2 月 1 日，你又见到了张三，让你再次估计体重，同样你已知的确切信息是：张三是男士。根据你面前张三的形象，你估计其身高约在 1.73 米，看上去张三有点胖，比较结实，因此你估计张三的体重为 70 公斤。如果我告诉你，同样一个张三，在 1 月 1 日时你估计张三的体重是 75 公斤，你可能纳闷，为什么同样一个人，估计的结果相差 5 公斤，难道这 1 个月里张三是在减肥吗？

如果你记录了 1 月 1 日估计的中间结果以及 2 月 1 日估计的中间结果，你就可以比较一下，究竟为什么存在估计的差异。如果没有记录中间结果，那就很难想起来为什么时隔 1 个月估计的结果有着显著差别。

以上的道理同样适合于工作量、成本、进度的估计。为什么你会估计某个任务的工作量是 10 人天呢？因为你认为这个任务比较复杂、输出比较多，所以需要 10 人天。"复杂、输出多"是这个任务的属性，你估计了，记录下来，作为估计工作量的基础，这就满足了 CMMI PP PA SP1.2 的要求。

如果不估计下规模，直接估计工作量是否可以呢？可以，但是你是怎么估计的工作量呢？在你头脑里难道不是先考虑了任务的规模，或者复杂程度，或者其他属性，才去估计工作量吗？为什么在你头脑里自然而然地先去估计其他属性呢？因为那些属性是基本稳定的，我们可以用稳定的因子去估算变化的因子。万变不离其宗，把握本质。

总而言之，估计规模理由可以总结为：

（1）以规模来估计工作量与成本。

（2）可以度量项目的开发效率：规模/工作量。

（3）通过估计规模来细化需求。

（4）通过规模的实现百分比来度量项目的进展。

当然也存在有的项目不是规模决定了工作量，而是复杂度决定了工作量，此时则应进行复杂度的估算。另外，软件的规模估算与硬件的规模估算方法不同。在硬件研发项目中通常以电路板的面积或层数、器件管脚的个数、新模块的个数等度量硬件的规模。

4.9　COSMIC-FFP 规模估算方法

4.9.1　功能点度量方法简介

软件规模估算是估计软件开发的工作量、成本与资源需求的基础，通过规模与其他度量数据还可以度量项目的生产率、缺陷密度。目前，在工程界流行的估算方法是代码行估算方法和功能点分析方法（Function Points Analysis，FPA）。代码行估算方法是一种经验估算方法，通常会采用 PERT sizing 方法和 Delphi 方法，估计结果与估计的人员、使用的开发工具紧密相关。FPA 法最早由 IBM 的工程师 Allan Albrech 于 20 世纪 70 年代提出，随后被国际功能点用户协会（The International Function Point Users'Group，IFPUG）提出的 IFPUG 方法继承。IFPUG 功能点分析方法在美国盛行多年，这种方法主要适合于信息系统的规模估算。基于 Allan Albrech 的功能点方法，又发展出了多种方法。目前被 ISO 组织接受为国际标准的功能点分析方法有 4 种。

- 国际功能点用户协会提出的 IFPUG 功能点分析方法。

- 荷兰软件度量协会（NEtherlands Software Metrics Association，NESMA）提出的荷兰软件功能点分析方法。

- 英国软件度量协会（UK Software Metrics Association，UKSMA）提出的 Mk Ⅱ 功能分析方法（Mark Ⅱ FPA）。

- 通用软件度量国际协会（COmmon Software Measurement International Consortium，COSMIC）提出的全功能点分析方法（COSMIC-FFP）。

COSMIC-FFP 是第 2 代功能点规模度量方法，其发展历史如图 4-5 所示，它不仅适合于信息系统的规模度量，还适合于实时系统和多层系统的规模度量。该方法可以在软件开发生命周期的各个阶段使用，从用户功能的视角入手，起源于客户可以理解的术语，不需要调整因子，简单易行，因而受到越来越多的软件公司地推崇。

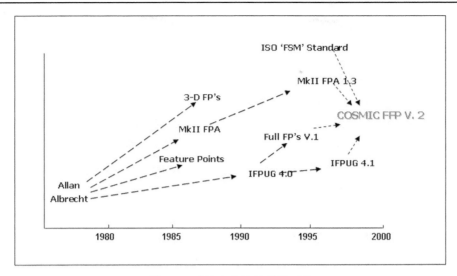

图 4-5   功能点方法的发展历程

4.9.2   COSMIC-FFP 方法的基本原理

COSMIC-FFP 方法假设功能的规模是可以通过"数据移动"的个数来度量，一个数据移动是一个数据组的传输，一个数据组是一个有区别的、非空的、没有顺序且没有冗余的数据属性的集合。有 4 种类型的数据移动：输入、输出、写和读。输入是从用户穿越被度量系统的边界传输数据到系统内部，这里提到的用户既包括系统的使用人员，也包括其他软件或者硬件系统；输出是一个数据组从一个功能处理通过边界移动到需要它的用户；写是存储数据到永久性的存储设备；读是从永久性的存储设备读取数据。一个数据移动记为一个 COSMIC 功能点（COSMIC Functional Point，CFP），CFP 是 COSMIC-FFP 方法中标准的测量单位。通过统计系统中所有的"数据移动"的个数就可以得到系统的功能规模。

在 COSMIC-FFP 中，将系统的功能处理分解为"数据运算"和"数据移动"两种类型，该方法只统计了"数据移动"的个数，没有对"数据运算"进行度量，所以，COSMIC-FFP 方法主要适用于如下的领域。

- 以数据处理为主的商务应用软件，如银行、财务、保险、个人、采购、分销、制造等领域的信息系统。

- 实时系统，如电话交换系统，嵌入式控制软件（家电中的控制软件、汽车中的控制软件、过程控制中的自动数据采集系统等）。

- 上述两种类型的混合，如飞机售票系统、旅馆预订系统等。

COSMIC FFP 方法不适合于复杂算法的系统和处理连续变量的系统，如：专家系统、模拟系统、自学习系统、天气预报系统、声音和图像处理系统等。

我们以最简单的一个登录功能为例说明 COSMIC-FFP 的原理。对于用户登录的功能我们采用USE CASE 的方式描述需求如下：

Actor	System
用户输入账号密码	校验正确性
	如果错误，允许重复三次
	如果正确，进入系统
	记录登录日志

此功能很简单，我们视为一个功能处理，根据 COSMIC-FFP 的计算规则，度量出的功能点如下：

- 输入　用户信息　1 CFP

- 读　　用户的密码信息　　1 CFP

- 输出　错误提示　1 CFP

- 写　　登录日志　1 CFP

累计为 4 个功能点。

图 4-6　用户登录功能界面

4.9.3　COSMIC-FFP 的估算过程

COSMIC-FFP 的分析过程分为三个阶段：第一个阶段是度量策略阶段，在该阶段需要确定度量的目的、度量的范围、功能用户以及需求描述的详细程度；第二个阶段是映射阶段，映射阶段的目的是将软件的功能需求分解为功能处理、数据组、数据属性；第三个阶段是度量阶段，度量阶段的目的是将功能处理分解为数据移动，计算功能规模。整个过程的模型如图 4-7 所示。

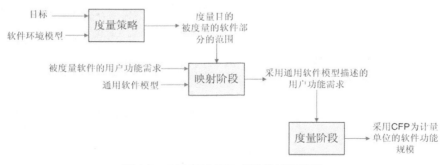

图 4-7　COSMIC-FFP 方法的过程模型

上述三个阶段可以细化为图 4-8 所示的具体业务流程：

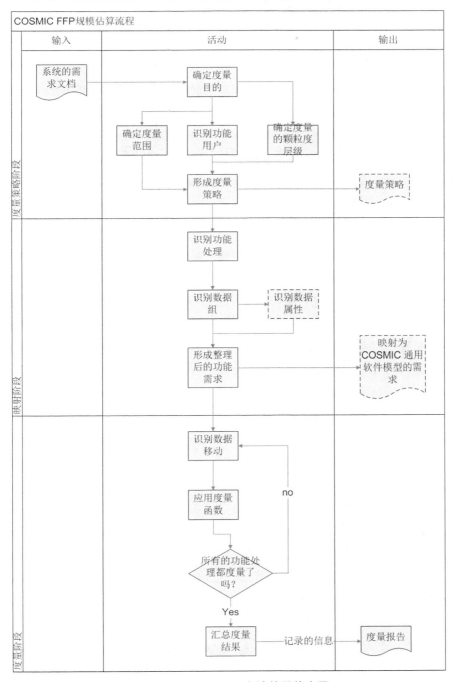

图 4-8　COSMIC-FFP 方法的具体步骤

4.9.4　COSMIC-FFP 中的基本概念

度量目的描述了为什么要度量规模？度量结果有何用途？通常会有五类规模度量的目的：

- 估算：如随着功能需求的演变，度量其规模作为估算开发工作量过程的输入。

- 管理：如在功能需求已经被认可后，度量其变化的规模，以管理项目范围的蔓延。

- 考核：如度量已交付软件功能需求的规模作为度量开发人员业绩的输入。

- 了解现状：如度量已有软件提供给操作人员的功能规模。

- 技术有效性：如：度量所有已交付软件功能需求的规模，以及所有已开发软件功能需求的规模，以得到复用功能的度量数据。

度量目的有以下的作用：

- 确定度量范围以及度量需要产出的工作产品。

- 确定功能用户。

- 确定在项目的生命周期中实施度量的时间点。

- 确定度量的精度以及因此确定是否可以使用 COSMIC-FFP 方法，或者是否使用一个本地化的近似的 COSMIC-FFP 方法。

度量范围是在某次特定功能规模度量中包含的用户功能需求的集合。如准备度量某销售管理系统的规模，则该系统中包含的所有系统用例就构成了度量的范围。

在 COSMIC-FFP 方法中，度量的是功能需求的规模，用户功能需求描述了客户必须做什么，而不包括任何描述了"怎么做"的技术和质量的需求。用户功能需求可以在软件开发之前从软件需求文档中抽取出来，用户功能需求也可以在开发完成之后从软件产品中抽取出来。用户功能需求可以是清晰的，也可能是模糊的，在估算时，可能需要估算者做出推理或假设。对于模糊的、初步的需求可以采用近似的算法进行估算。用户功能需求中并不包括技术与质量的需求，在实践中有些需求很难界定是否是"功能需求"，比如"应该简单易用"。最基本的判定准则是：只要移动了数据组，则应该识别为功能需求，并识别出功能处理，度量其规模。

功能用户是指与被度量的系统交互的人、设备或其他系统。在功能用户与被度量的软件之间从逻辑上存在一个边界，通过跨越边界，软件系统输入或输出数据。软件系统从存储介质处输入或输出数据。存储介质不是功能用户，被认为在度量范围内。

在 COSMIC-FFP 方法中，将功能需求拆分成功能处理。一个功能处理是用户功能需求集合的一个基本部件，包括一组唯一的、内聚的、可独立执行的数据移动。功能处理由一个来自于功能用户的数据移动（一个输入）触发，该数据移动告知软件功能用户已识别了一个触发事件。当功能处理执行完所有被要求的任务之后，该功能处理结束。触发事件是指导致软件的功能用户启动（触发）一个或多个功能处理的事件。一个功能处理至少从一个可识别的用户功能需求（FUR）中派生出来。当一个触发事件发生时，一个功能处理被执行。一个功能处理至少有两个数据移动组成，一个输入加上一个输出或者写。一个功能处理属于且仅属于一层。

需求描述的详细程度在 COSMIC-FFP 方法中被定义为功能处理的颗粒度层级。在 COSMIC-FFP 方法中提倡的需求详细程度有以下的特征：

（1）功能用户是一个人或者是工程设备或者是一个软件，而不是这些对象的群体；

（2）软件必须响应的是单个事件的发生，而不是事件组的任何一个级别。

例如，如果识别的功能用户是一个"部门"，则他们的成员需要处理很多类型的功能处理，则这种描述的详细程度就没有达到功能处理的颗粒度层级。再如，识别的外部触发事件是"导航命令"，而不是具体的"上、下、左、右"之类的命令，则该需求的描述也没有达到功能处理的颗粒度层级。

兴趣对象是从用户功能需求角度识别的任何事物。它可能是任何物理的事物，也可能是任何功能用户世界中的概念对象或者概念对象的一部分，这些都是软件必须处理和存储的数据。在 COSMIC-FFP 方法中，使用术语"兴趣对象"以避免暗示大家必须使用某种软件工程开发方法。这个术语并不暗示这个"对象"就是面向对象方法中的对象。

一个数据组是一个有区别的、非空的、没有顺序的并且没有冗余的数据属性的集合，包含的每个数据属性描述了同一个兴趣对象的一个互补的侧面。一个兴趣对象可能包含多个不同的数据组，不同的数据组具有不同的属性。

一个数据属性是已识别的数据组中最小的信息包，从软件用户功能需求的角度表达了一定含义。一个数据属性要么刻画了用户的现实世界，要么是记录了环境信息，但不能是一种特定的实现技术所使用的信息，如临时变量等。识别数据属性并非是必须的活动。

COSMIC-FFP 方法中基本的功能度量单位是一次数据移动，数据移动的对象是数据组，数据组是数据属性的集合。在计算功能规模时没有考虑数据属性的多少，对于特定的度量目的，需要更加精确地度量规模时，可以对 COSMIC-FFP 方法进行扩展，度量数据属性的个数即是其中的一种扩展方法。

一个数据移动是一个功能处理的部件，它移动属于一个单独的数据组中一个或多个数据属性。如果移动多个数据组的数据属性，则应识别为多个数据移动。有四种子类型的数据移动：输入、输出、读和写。在任何一个功能处理中，不要重复识别一个数据移动。例如：假定在 FUR 中要求一个数据组的移动，但是开发人员决定通过 2 个命令，在功能处理的不同地方，每次读取不同数据子集，在考虑规模时，仅识别为 1 次读。但是，本规则也有一些合法的例外，比如在实时软件中，如果 FUR 要求在某个处理停止之前，必须重复读，以检查从第 1 次读到现在的数据是否已经改变了，在这种情况下，如果有额外的和/或不同的数据操作与第 2 次读相关联，那么读就应该识别为 2 次。

4.9.5　COSMIC-FFP 的规则

基于 COSMIC-FFP 方法的原文及我在实践中的经验教训总结，我将 COSMIC-FFP 方法中提到的原则与规则以及实际中可能需要明确的规则汇总整理如表 4-3，在表中对某些规则做了简单的例子来说明，供大家参考。看上去规则很多，其实这些规则理解了以后，是不需要专门去记忆的。

表 4-3　　　　　　　　　　　COSMIC-FFP 度量原则与规则汇总

分类	序号	内容
总体规则	1	层与层之间是单向依赖的，即 A 依赖 B 提供的服务，而 B 不直接或间接依赖 A，则认为 A 与 B 不在同一层中
	2	被度量的软件块不能跨层
	3	度量软件块的规模时，需求的描述应该都在功能处理的详细程度上，即外部的触发事件单一，功能用户单一
	4	度量的目的决定了度量的范围，决定了外部的功能用户，决定了需求的详细程度，度量报告的准确程度
	5	COSMIC-FFP 方法仅仅度量功能需求的规模，如果非功能需求不能转换为功能需求，则不能度量其规模
识别为功能处理的规则	6	一个功能处理是用户功能需求集合的一个基本部件，包括一组唯一的、内聚的、可独立执行的数据移动。部件意味着有独立存在的价值，基本部件意味着不可以再细分。比如一只铅笔，有笔柱，笔芯，橡皮，这是 3 个部件，而如果把橡皮再截成 3 段或 4 段就没有独立存在的价值了，就不是部件了。笔芯还可以再拆分为油、头、桶，则笔芯就不是基本部件
	7	一个功能处理不能跨越多层，仅存在于一个层次中

分类	序号	内容
识别为功能处理的规则	8	功能处理可以独立执行。比如对于某个查后修改的功能，客户可以只查询不修改，也可能查询后接着就进行修改。此时就应该将查询识别为一个功能处理，修改识别为另一个功能处理。这 2 个功能处理不是同生共死的，一个离了另外一个照常执行，这就可以识别为 2 个功能处理
	9	功能处理一定是对用户有特定意义的。比如在一个界面中，有一个下拉框，列出了所有的人员，在该界面中，可以不执行其他任何操作就退出去，但是客户不会为了仅仅是在此下拉框中看看有哪些人而进来执行此功能的，所以不能把列出所有的人员作为一个单独的功能处理识别出来，因为对用户而言没有特定的意义，除非客户明确的这么讲了，当然这是很极端的情况
识别为兴趣对象和数据组的规则	10	兴趣对象是功能用户感兴趣的实体、类或它们之间的关系，每个兴趣对象有 1 个或多个属性，每个兴趣对象的不同属性的子集构成一个数据组，一个数据组的属性只能来自于一个兴趣对象，否则就是多个数据组
	11	兴趣对象或数据组一定是外部的功能用户感兴趣的实体或类，而不是设计人员感兴趣的实体或类，所以功能用户不感兴趣的临时表、临时变量等都不是数据组
识别功能点的规则	12	每个功能处理至少包含 2 个功能点，1 个输入加一个写，或者是一个输入加一个输出
	13	逻辑运算被认为已经附着在数据移动上，不单独计算功能点。比如在录入了密码后，密码进行了解密运算，并以*显示在屏幕上，此时就是 1 个输入的功能点
	14	如果一个数据移动移动了多个数据组，则要为每个数据组单独计算功能点。比如一个读，读了人员信息，以及与该人员相关的车的信息，则应该计算为 2 个功能点
	15	在一个功能处理内部，数据移动不能重复多次。比如在功能处理 A 中，读入所有人员的信息，这样一个数据移动不能重复多次计算为多个功能点
	16	在一个功能处理内部，对于一个数据移动，如果数据移动的类型（输入，输出，读，写）不同，或者兴趣对象不同，或者数据组不同，则都需要视同为不同的功能点，分别计算。如果数据移动的类型相同、兴趣对象与数据组也相同，则认为是相同的功能点，不用重复计算
	17	在用户的功能需求中的一个功能处理中，如果数据移动的类型相同，数据组相同，在需求中明确描述了不同的数据运算，则需要区别计算功能点
	18	在不同的功能处理中，比如在 A 和 B 两个功能处理中，可以具有相同的功能点，比如都是错误信息提示，比如都是读入所有的人员

续表

分类	序号	内容
识别为输入的规则	19	一个功能处理的第 1 个数据移动一定是一个输入。输入分为 2 种情况： 情况 1：通知功能处理发生了某个事件。比如查询所有的人员，此后下一个紧跟的数据移动为读或写或输出 情况 2：通知功能处理发生了某个事件，并输入了与此事件相关的数据。比如查询年龄大于 30 岁的人员，此后下一个紧跟的数据移动为输入、读、写或输出 注意，在情况 2 中不能识别 1 个触发输入（不带任何相关数据）和一个录入查询条件的输出，此时仅识别为一个输入
	20	一个输入数据移动应该包含任何"输入请求"功能，除非功能用户需要清楚地被告知哪些数据是必须的。这种情况下，需要输入/输出对以获得每一个数据组
	21	时钟节拍作为触发事件经常认为应该在被度量软件之外。因此，例如，每 3 秒发生一次的时钟事件应该与输入仅有一个数据属性的数据组相关。需要注意的是，无论是由硬件周期产生的触发事件还是由被度量软件边界之外的另外一个软件块产生的触发事件都是没有任何区别的
	22	如果一个特定事件的发生触发了数据组输入，这些数据组是"n"个数据属性构成的特定兴趣对象，并且用户功能需求允许相同的事件可以触发该兴趣对象包含其属性子集的其他数据组的发生，则只识别 1 个由"n"属性构成的输入
识别为输出的规则	23	如果一组数据以 2 种不同的格式在屏幕上展示，则识别为 2 个不同的输出
	24	当显示 1 个数据组时，该数据组的某个属性为一个外键（或指针），指向了另外一个数据组，而此时仅显示了该外键或指针，此时仅计算为 1 个输出。如果显示了该外键指示的兴趣对象的其他属性，此时就计算为 2 个输出。比如在显示人员信息时，仅显示了此人的车牌号，则仅识别为一个输出；如果既显示了此人的信息，还需要显示其车牌号、车的类型等，则识别为 2 个输出
	25	如果一个特定事件的发生触发了数据组输出，这些数据组是"n"个数据属性构成的特定兴趣对象，并且用户功能需求允许相同的事件可以触发该兴趣对象包含其属性子集的其他数据组的发生，则只识别 1 个由"n"属性构成的输出
识别为写的规则	26	从持久存储中删除数据组的需求，应该作为一个单独的写数据移动进行度量
	27	如果是开发人员为了实现的方便而设计了临时表，这些临时表不是用户关注的，则对这些临时表的写不计算功能点

分类	序号	内容
识别为读的规则	28	在功能处理的过程中，计算或移动常量或者功能处理内部的并且只能由程序员来更改的变量、或者是计算过程的中间结果、或由执行功能处理而产生并存储的、而非来自于用户功能需求的数据，这些都不应该被看作为读数据移动
	29	读数据移动经常包括一些"读请求"功能。这些"读请求"功能不能被识别为单独的数据移动
需求变更的度量规则	30	对于修改历史已有的功能处理，如果度量的目的是估算变更的规模，则仅度量修改的功能点。对于不修改的子处理不计算功能点
	31	对于修改历史已有的功能处理，变更规模=修改的子处理的规模+增加的子处理的规模+删除的子处理的规模。注意，在计算修改的子处理的规模时，如果数据移动的类型、数据组没有发生变化，仅仅是相关的处理逻辑发生了变化，也要作为一个修改功能点
删除功能的度量规则	32	在编辑功能中的删除按钮，不能作为单独的功能处理，也不能计算为功能点。比如在一个录入的功能中，在录入数据的过程中，可以删除某些数据，这些数据还没有被保存，此时的删除应该视同为录入动作的一部分，类似于在录入的过程中打退格键或 delete 键。如果是正式存储后再删除，而不是临时存储后再删除，则可以识别为一个写。如果是录入的功能保存退出后，再次进入调入历史的数据，再执行删除，则删除应该被识别为单独的功能处理，然后再计算此功能处理的功能点
控制命令的度量规则	33	在一个功能界面中的上翻页、下翻页、进入帮助界面的按钮、排序等控制命令不作为功能点，不计算规模
查询功能的度量规则	34	在进入一个查询功能时，如果有默认的查询条件，进入后系统自动先根据默认条件查询出数据，显示出缺省的查询结果，然后再让客户录入查询条件进行查询，此时至少识别为 2 个功能处理： 功能处理 1：默认条件查询。比如可能默认的是全部的数据，此功能包含了 1 个触发输入，1 个或多个读，1 个或多个输出，读和输出的个数根据数据组的个数来确定 功能处理 2：条件查询。此功能处理包含了 1 个输入（查询条件），1 个或多个读，1 个或多个输出，读和输出的个数根据数据组的个数来确定
	35	在进入一个条件查询功能时，如果查询条件的显示需要借助于下拉框让用户选择查询条件，则此时有 2 点注意： （1）功能处理的第 1 个数据移动一定是一个输入，参见关于触发输入的计算规则 （2）要对下拉框进行单独计算功能点，对下拉框的功能点计算方法参见关于下拉框的计算规则

续表

分类	序号	内容
修改功能的度量规则	36	对于查询后再进行修改的功能，一般要识别为多个功能处理： 功能处理 1：列出所有可能被修改的项 功能处理 2：列出某个被修改项的明细信息 功能处理 3：修改某个项
提示信息的度量规则	37	在同一个功能处理内部，所有的提示信息都计算为 1 个功能点，除非在提示信息中包含了用户的特定信息。比如某某号单据的人员姓名张三不符合规则，此时要单独计算功能点
	38	在一个功能处理中，与用户无关的系统信息不计算功能点。比如系统的时间，公司的 Logo，系统的名字等，这些信息出现在所有的界面中，但是并不计算功能点
	39	非被度量软件块所产生的提示信息不计算功能点。比如在度量应用层的规模时，操作系统可能有错误的提示，此时这些提示信息不计算功能点
数据合法性判断的度量方法	40	如果判断录入数据的合法性，仅仅是逻辑运算，而没有读取的动作，则不计算功能点。如录入某人的年龄后，判断是否大于 200 岁，此时就不计算功能点 如果需要读取历史数据，进行比较判断是否合法，而这些历史数据是用户感兴趣的，此时要计算读的功能点个数
下拉框的度量规则	41	对于下拉框，如果下拉框中的数据不是可以增加或修改的基础信息，是系统设置好的，无论是程序中写死的，还是在配置文件中读取的，只要不是用户可维护的，则不都不计算功能点。比如男女性别的下拉框等。如果对下拉框中的数据是用户可以维护的，则此时要识别一个读和一个输出
功能调用的度量规则	42	功能处理由外部的功能用户触发。比如有一个软件 S，在 S 中有 A、B、C 三个功能，A 和 B 由外部用户触发，A 调用了 C，B 也调用了 C，C 是一个公用的功能，但是 C 并没有由外部用户触发，是由 A 和 B 触发的，此时在度量规模时应该把 A+C 和 B+C 作为 2 个功能处理度量规模，而不是 A、B、C 作为三个功能处理度量规模，尽管 C 被度量了 2 次
	43	如果 A 调用了 B，A 和 B 都是功能处理，都在度量范围内，则 B 应被计算 1 次
	44	如果功能处理 A 调用了功能处理 B，B 提供了服务，B 功能处理中的功能点不要重复计入 A 中。
	45	如果功能处理 A 调用了其他软件块提供的服务，A 发出了一个查询请求，B 返回了特定的查询结果，则记为 1 个输出，1 个输入；如果 B 仅仅返回的是成功或失败，则计为 1 个输出
汇总的规则	46	a）对每一个功能处理：Size（功能处理 i）=size（输入 i）+size（输出 i）+size（读 i）+size（写 i）

分类	序号	内容
汇总的规则	47	b）对任何一个功能处理：Size（Change（功能处理 i））=size（增加的数据移动）+size（修改的数据移动）+size（删除的数据移动）
	48	c）度量范围内的软件块的规模可以根据规则 e 和规则 f 对其包含的功能处理的规模累计得到
	49	d）度量范围内的软件块的变更规模可以根据规则 e 和规则 f 对其包含的功能处理的变更规模累计得到
	50	e）如果 FUR 是在相同的功能处理颗粒度层次，同一层内的软件块的规模或软件块变更的规模可以累加在一起
	51	f）如果对于度量目的有意义，在任何一层或不同层的软件块的规模和/或软件块变更的规模可以累加在一起
	52	g）软件块的规模不能通过累加其构件的规模而得到（忽略软件是如何分解的），除非消除了内部构件之间交互而产生的数据移动
	53	h）如果 COSMIC 方法进行了本地扩展，则扩展后的方法得到的规模不能和标准 COSMIC 方法得到的规模进行累加

4.9.6　COSMIC-FFP 的实践综述

根据我在多家软件公司中培训、推广该方法的统计分析，在 1 个小时内可以让学员掌握 COSMIC-FFP 方法的原理，在 8 个小时内可以让学员掌握 FFP 方法的计算规则，通过培训后，学员按此方法对同一个需求进行规模估算，偏差不会超过 10%。对同样的需求，由同样的一批专家采用代码行估算方法，偏差最大超过 100%。

COSMIC-FFP 方法，易于理解与掌握，既适合于商业应用软件，也适合于实时系统以及二者混合的系统；既可以度量整个系统的规模也可以度量产品构件的规模。同时在采用该方法进行规模估算时，还可以发现需求不清晰、不详细等问题，对需求确认起到很好的帮助作用。

4.10　Pert Sizing 估算方法

PERT（计划评价与评审技术，Program Evaluation an Review Technique）主要用来估计软

件的工期，也称为三点估算法。Barry Boehm 将此技术推广至估计软件的规模、工作量或者成本，称为 Pert Sizing 估算方法。Pert Sizing 为：

在估计每一项任务时，首先按最佳的、可能的、悲观的三种情况给出估计值，分别记作 a、m、b，则估计结果按如下的公式计算：

$$E = \frac{a + 4 \times m + b}{6}，E \text{ 为期望值}$$

在该公式中，包含了如下的两个原理。

原理一：对公式进行变换，引入一个中间结果 c，a、m、b 的平均值 $c = \frac{a + m + b}{3}$，则可以看出 $E = \frac{m + c}{2}$，也就是说，E 是 a、m、b 三数的平均数与 m 又求了一次平均。这也就是为什么 $E \neq \frac{a + 2 \times m + b}{4}$、$E \neq \frac{a + 3 \times m + b}{5}$ 等等的原因。

原理二：从上面的公式也可以看出，在计算 E 的公式中，m 的权重是 4，而 a 和 b 的权重都是 1，也就是说，该方法强调了中间值的重要性，而最大值和最小值的重要性并不高。

对于该方法，在实际使用时需要注意如下问题。

（1）当只有一个人参与估算时，则需要估算人估算三个数值：悲观值、可能值、乐观值，然后套用公式就可以了。

（2）当有 2 个人参与估算时，则需要 2 个估算人分别估算三个数值：悲观值、可能值、乐观值，然后分别计算这 3 个数值的平均值，再将悲观值、可能值、乐观值的平均值代入公式就可以了。

（3）当有 3 个人参与估算时，有以下 2 种方法。

① 类似第（2）种情况处理，此时总共需要估计 9 个数。

② 每个人只估计一个数，取最大值和最小值作为悲观值与乐观值，取中间的数值作为可能值，代入公式即可。

（4）当有 N 个人（$N > 3$）参与估算时，也有以下 2 种方法。

① 类似第（2）种情况处理，此时总共需要估计 $3N$ 个数。

② 每个人只估计一个数，取最大值和最小值作为悲观值与乐观值，对中间的 $N-2$ 个数值

取平均值作为可能值，代入公式即可。

在这种情况下需要注意：当 $N=6$ 时，假设 6 个数按从大到小依次排列为：a, b, c, d, e, f，则 $E = \dfrac{a + 4 \times \dfrac{b+c+d+e}{4} + f}{6} = \dfrac{a+b+c+d+e+f}{6}$，此时，$E$ 就是此 6 个数的平均值。当 $N > 6$ 时，比如 $N=7$，假设 7 个数按从大到小依次排列为：a, b, c, d, e, f, g，则 $E = \dfrac{a + 4 \times \dfrac{b+c+d+e+f}{5} + g}{6} = \dfrac{5a + 4b + 4c + 4d + 4e + 4f + 5g}{30}$。此时可以发现 2 个最大值和最小值的权重大于子中间值的权重，这就违背了 PERT 方法的原理二。

如果取所有参与人员的估算值的平均值作为可能值，则会存在如下的情况：

假定有 3 个人参与估算，则：$E = \dfrac{a + 4 \times \dfrac{a+b+c}{3} + c}{6} = \dfrac{7a + 4b + 7c}{18}$

假定有 4 个人参与估算，则：$E = \dfrac{a + 4 \times \dfrac{a+b+c+d}{4} + d}{6} = \dfrac{2a + b + c + 2d}{6}$

假定有 5 个人参与估算，则：$E = \dfrac{a + 4 \times \dfrac{a+b+c+d+e}{5} + e}{6} = \dfrac{9a + 4b + 4c + 4d + 9e}{30}$

观察以上的值可以发现，最大值和最小值的权重高于中间值的权重，参与估算的人越多，最大值和最小值的权重相对越高，违背了 PERT 方法的原理二。

因此，综合以上的分析可以看出，在多个人参与估算时，最经济的方法是：每个人只估计一个数，取最大值和最小值作为悲观值与乐观值，取中间值（不包括最大值和最小值）的平均数作为可能值，代入公式即可。

（5）PERT 方法一般适合于少于 6 人参与估算的情况。

4.11 宽带 Delphi 估计方法指南

在进行决策时，如果仅有一位专家做出判断，可能会存在偏见，如果是多位专家一起协商，则可能摒弃蒙昧无知的观点，但是也有两点不足：一是一些组员可能会过分地受比较善辩和自信的成员的影响；二是一些组员可能会过分地受权威人士或政治因素的影响。因此，为了客观地解决问题，Rand 公司于 1948 年提出 Delphi 方法，它是一种预测未来的手段，故以古希腊神谕所在的地方（Delphi）来命名。该方法最初用于军事目的，很快就被推广到其他的领域，比如新产品开发、销售与市场研究、管理方法的改进、人口预测等。

20 世纪 70 年代初，Boehm 针对软件成本的估计提出了宽带 Delphi 方法（Wide-Band Delphi），之所以称为宽带，是因为增加了沟通的信息量，他认为在标准的 Delphi 方法中，反馈给各专家的信息量不够，不足以使其他参与人员调整自己的估计值。

我在实践中推广 Delphi 方法时发现，该过程在实际操作中，还有一些具体的问题需要解决。因此我对上述的步骤进行了扩充与细化，以确保该方法的成功实施。

该方法的实施过程如图 4-9 所示。

活动 1：准备估计的内容。

准备估计的内容时，有以下两个要点。

（1）完备地识别被估计的内容。

（2）尽管 Delphi 方法既可以对颗粒度比较大的任务进行估计，也可以对颗粒度比较小的任务进行估计，但是还是要细分任务，其目的是为了提高估计的准确度和加快估计值收敛的速度。如果让一个人去估计一幢大楼的使用面积和估计一个房间的使用面积，估计的准确率显然差别很大。由作者将被估计的内容细分为更小颗粒度的估计项，这样更容易把握，估计时更容易快速收敛。

活动 2：成立估计小组。

估计小组由主持人、作者和 3～6 名估计专家组成。主持人负责计划和协调软件估计活动。主持人在担任此角色时不能用自己的观点去引导专家，也不能因为自己的认识或偏见而对软件估计的结果进行歪曲。主持人不能是作者，也不必作为专家。专家的数量不宜太多，否则成本比较高。专家必须具备以下 2 个条件。

（1）有业务与技术经验，熟悉被估计的内容；

（2）要有估计的经验，接受了估计方法的培训，并曾经在实践中评价自己的估计准确率。

活动 3：召开启动会议。

主持人负责召开启动会议，在启动会议上主要进行以下工作。

（1）作者向专家介绍估计的内容、项目的各种假设和限制条件。

（2）专家对被估计的内容达成一致，并确认各种假设和限制条件。

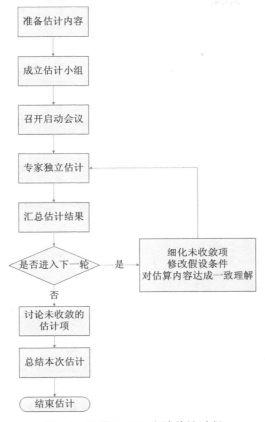

图 4-9 宽带 Delphi 方法估计过程

（3）专家与作者在本次会议上应对被估计的内容进行充分的讨论，以确保大家的理解是一致的，并通过这种讨论可能对被估计的内容进行完善。

（4）专家对估计结果的度量单位达成一致。

比如估计软件的规模时，用行还是用千行作为计量单位，代码行是否包括注释行、空行，开发平台自动生成的语句等要达成一致。

（5）对估计结束的准则达成一致。

结束的准则包括：

- 估计结果可接受的判断方法，即估计结果在多大的偏差范围内被认为是可接受的，此时称为估计结果收敛；

- 在连续几轮无法收敛后，估计应该结束。

- 对于不能收敛的估计内容，如何确定估计结果。

结束准则也可以由主持人和作者在活动 2 中确定。

活动 4：专家独立估计。

在专家进行独立估计时，需要注意以下几点。

（1）专家的估计活动不应受外界压力的影响，主持人或者作者不能给出估计结果的上下限或其他限定。

（2）各专家之间没有讨论和咨询。

（3）各专家采用的估计方法也不受限制。各专家既可以根据自己的经验估计，也可以采用类比的方法进行估计。

（4）如果专家认为被估计的内容中存在不明确的地方，应记录自己所做出的各种假设。

活动 5：汇总估计结果。

收集各专家的估计结果，制作本轮的估计结果记录表，参见表 4-4。

表 4-4   Delphi 方法估计结果记录表

轮次						
任务 ID	任务	最大值	最小值	平均值	差异率	是否接受

差异率的计算方法以及接受的准则应该在活动 2 或者活动 3 时确定，比如可以采用如下的差异率计算公式及接受准则：

（1）差异率=max（最大值−平均值，平均值−最小值）/平均值。

（2）当差异率<25%时，接受平均值为最终估计结果。

需要注意的是，对于颗粒度比较小的任务，可能对差异率比较敏感，比如一个程序的平均估计规模为 10 行，如果估计结果为 13 行、10 行、7 行，则差异率按上面的准则计算则为 30%，大于了 25%，估计结果不可以接受。而如果一个程序的平均估计规模为 100 行，如果估计结果为 103 行、100 行、97 行，同样是 3 行的绝对偏差，该估计结果就是可以接受的。所以对于颗粒度比较小的任务，可能需要区别定义接受准则。

活动 6：讨论不收敛项。

将本轮的估计结果匿名公布给各专家，讨论不收敛的估计项。在讨论时只对被估计内容的理解进行讨论，不讨论每个人具体的估计结果。为了达成一致的理解，此时可能需要重新细化估计内容或确定估计假设。

活动 7：新一轮的估计

对于估计结果未被接受的估计项，执行活动 4，不断反复，直至满足以下任何一项条件。

（1）完成多轮估计（如 4 轮），该条件已经在结束准则中确定了。

（2）所有的估计结果收敛于一个可以接受的范围内。

（3）所有专家拒绝对各自的估计结果进行修改。

活动 8：讨论未收敛的估计项

对于结束了多轮估计后，仍然有未收敛的估计项，可以采用如下的方法确定最终估计结果。

（1）按照少数服从多数的原则，忽略少数与其他估计结果差异很大的估计结果。

（2）采用"掐头去尾求平均值"的方法。即：排除最大值与最小值后，求剩余数值的平均值作为最终估计结果。

（3）由各专家进行讨论，形成一个一致的意见。

当然，也不限于采用其他方法确定最终的估计结果。

活动 9：总结本次估计

估计小组对最后汇总的估计结果进行审核，并对结果达成一致。

估计小组可以对宽带 Delphi 方法进行思考，提出改进措施，以使将来的估计活动更加有效。

宽带 Delphi 方法基于多名专家进行估计，既可以估计规模，也可以估计工作量，比单个人估计具有更少的偏向性，不需要历史数据，可以适用于软件开发的不同阶段，简单易行。在实际应用该方法时，需要认真体会上述 9 个活动中的注意事项，以获得切实可行的估计结果。

4.12　软件项目工作量估算指南

4.12.1　估算时机

在实践中，有三个典型的需要进行软件工作量估算的时机，不同的时机，输入不同，估算的方法不同。

（1）只有初步的概要需求，合同未签或项目未正式立项之前。

- 可以采用 Delphi 方法，根据初步的需求进行经验估计。
- 可以采用类比法，与历史项目的同类任务进行对比。
- 可以采用简单的估算模型，如一个 USE CASE 平均 8.5 个功能点，每个功能点平均 2 天。

（2）需求基本确定，项目计划未定。

- 对于开发活动，可以先估计规模再估计工作量。
- 对于管理活动，可以直接采用 Delphi 方法估计工作量。

（3）需求变更。

- 估计变更的规模，根据实际的生产率计算工作量。
- 直接采用 Delphi 方法估计工作量。

4.12.2　可能的估算输入

在进行工作量估算时，可能的输入包括：

（1）概要需求。

（2）详细需求。

（3）类似项目的生产率数据。

（4）类似项目的估算数据。

（5）类似项目的工作量分布。

阶段分布：每个阶段占总工作量的百分比。

工种分布：每个工种占总工作量的百分比。

阶段工种分布：每个阶段每个工种占本阶段工作量的百分比。

4.12.3 估算对象

被估算的活动可以分成如下的几类：

（1）有文档产出的活动

- 文档规模敏感的活动，即规模是影响其工作量的主要因素。先估计文档规模，再估计活动的工作量。软件开发活动一般是规模敏感的活动，但是也有的软件开发是复杂度敏感或其他特征敏感的，比如算法类的软件。

- 文档规模不敏感的活动，即工作量与规模关系不大。采用经验法直接估计工作量，如编写管理类文档的活动可能就和规模的关系不大。

（2）有代码产出的活动

先估计代码的规模，再根据生产率、复用率、难度系数等估计工作量。

（3）无工作产品产出的活动

采用经验法，直接估计工作量。

4.12.4 估算方法

（1）经验法

- 宽带 Delphi 方法。

- PERT 方法。

- 类比法。

- 策划扑克法。

（2）模型法

- 一元线性关系：

$$工作量=规模×生产率+C$$

生产率借鉴历史项目的数据，C 为一个常量，多数情况下为 0。这是最简单的估算模型。

- 多元线性关系：

工作量=规模×生产率×复用率×难度系数×人员能力系数×……+ C

生产率借鉴历史项目的数据，C 为一个常量，多数情况下为 0。在 CMMI 进行估算时，要估计工作产品和任务的属性，这些属性包括了规模、复杂度等。比较多的二级、三级的企业采用了该方法。

- 一元非线性关系：

$$工作量=a×规模^b+C$$

基于历史稳定的开发过程，可以对工作量和规模进行线性回归分析。一般情况在企业内部项目的规模不符合正态分布，因此分析的结果通常为非线性关系。对于 4 级的企业可以考虑采用该模型。

- 多元非线性关系：

$$工作量=a×规模^b×人员能力系数×…+C$$

案例：工作量与规模之间的量化关系

图 4-10 是南京某客户基于 2006 年、2007 年 8 个项目的历史数据建立的规模与工作量之间的量化关系，其中规模的计量单位是千行代码，工作量的计量单位是人月，方程为：

$$工作量 = 8.106×ln(规模)−14.8$$

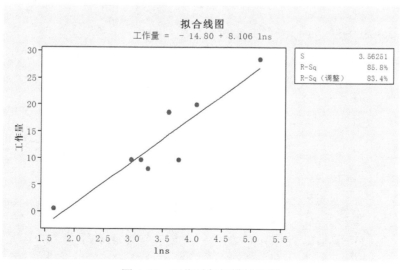

图 4-10　工作量与规模的关系

如果对于项目的工作量起关键作用的参数还包括人员能力、复用率、技术平台等，可以进行多元的线性回归分析，得出工作量与这些参数的关系。

在实际中经验法和模型法一般混合使用，以互相补充、互相印证。两类方法各有优缺点，一般不可以只采用一种方法进行估算，或只由一个人进行估算。

4.12.5 生产率的含义

在采用模型法估算工作量时通常会使用到生产率。生产率是指规模除以工作量，生产率的含义在采集实际数据与进行估算时要保持一致。

$$生产率 = \frac{规模}{工作量}$$

不同的类型的项目，生产率是不同的。

（1）对于规模的度量

① 软件的规模可以区分为两种。

- 物理规模：代码行。

对于代码行，要注意明确定义如下的规则。

> 是否包含注释行。

> 是否包含空行。

> 是否包含机器自动生成的代码。

> 是物理行还是逻辑行。

- 逻辑规模：功能点。

② 文档的规模：页数。

一般采用打印页来计算。

（2）工作量的度量。

2 种维度的度量如下。

① 按阶段

- 全生命周期的工作量。

- 编码阶段的工作量

② 按是否含管理

- 含管理活动的工作量。

- 不含管理活动的工作量。

4.12.6　多种场景下的估算步骤

我归纳了在软件项目中常见的几个场景，参见表 4-5。

表 4-5　　　　　　　　　　　　　软件项目中常见的估算场景

序号	场景名称	估算步骤概要
1	根据初步需求估算工作量	根据客户的概要需求，参考历史类似的项目采用经验法估计项目的总工作量
2	基于详细需求的经验估计	根据客户的详细需求进行 WBS 分解后采用经验法估计项目的工作量
3	基于详细需求与编码生产率的工作量估算	（1）根据客户的详细需求、类似项目的编码生产率数据采用模型法计算编码的工作量 （2）采用经验法估计其他活动的工作量 （3）汇总（1）和（2）的结果
4	基于详细需求、项目总体生产率的工作量估计	（1）估计规模，再估计项目的总体工作量 （2）WBS 分解，估计每个任务的工作量 （3）印证（1）和（2）结果
5	基于详细需求、项目的总体生产率、历史工作量分布的工作量估算	（1）先估计规模，再基于生产率计算得到项目的总体工作量。 （2）根据历史工作量的分布，利用（1）的结果估计每个阶段、每个工种的工作量 （3）基于详细需求进行 WBS 分解，估计每个任务的工作量 （4）根据（3）的结果累计每个阶段、每个工种的工作量 （5）印证（2）和（4）的结果
6	基于详细需求、项目的编码生产率、历史工作量分布的工作量估算	（1）先估计规模，再基于编码生产率估计项目的编码工作量 （2）根据历史工作量的分布，利用（1）的结果估计非编码活动的工作量

序号	场景名称	估算步骤概要
6	基于详细需求、项目的编码生产率、历史工作量分布的工作量估算	（3）WBS 分解，估计每个任务的工作量 （4）根据（3）的结果累计每个阶段、每个工种的工作量 （5）印证（2）和（4）的结果
7	需求变更的工作量估计	（1）变更的 WBS 分解 （2）模型法估计编码的工作量 （3）经验法估计其他活动的工作量 （4）汇总（2）和（3）的结果

场景一：根据初步需求估算工作量

场景描述：

（1）合同未签，需要估计整个项目的总工作量，以便于估算总成本，给客户报价。

（2）有客户的概要需求，有类似的项目数据可供参考。

估算步骤：

（1）寻找类似的历史项目，进行项目的类比分析，根据历史项目的工作量凭经验估计本项目的总工作量。

（2）进行 WBS 分解，力所能及地将整个项目的任务进行分解。

（3）参考类似项目的数据，采用经验法估计 WBS 中每类活动的工作量。

（4）汇总得到项目的总工作量。

（5）与第（1）步的结果进行印证分析，根据分析结果，确定估计结果。

案例：项目初期的类比估算

在我做项目经理的时候，曾经将历史的经验进行了固化，将 MIS 类软件的功能做了分类，复杂度做了分类，然后总结了下表的工作量经验数据，便于在项目的初期进行工作量的初步估算，如表 4-6 所示。

表 4-6	项目的初步估算		
功能分类	复杂	一般	简单
单据录入类	3	2	1
字典维护类	1	0.5	0.5
参数设置类	3	2	1
报表查询类	1	0.5	0.5
记账类	10	7	3

场景二：基于详细需求的经验估计

场景描述：

只有详细需求，没有历史数据。

估算步骤：

（1）WBS 分解，将任务分解到一个人或者一个小团队可以执行的颗粒度，WBS 分解时要识别出所有的交付物、项目管理活动、工程活动等；

（2）采用经验法，估计每个活动的工作量。

（3）汇总得到每个阶段的工作量、项目的总工作量。

其他说明：

在该场景下，只使用了经验法，无法对结果进行印证，难以判断结果的合理性。

场景三：由编码估算整体

场景描述：

（1）有类似项目的历史数据。

（2）有编码活动的生产率数据。

（3）有详细需求。

估算步骤：

（1）产品分解，将系统分为子系统，子系统分解为模块。

（2）WBS 分解，将任务分解到一个人或者一个小团队可以执行的颗粒度，WBS 分解时要识别出所有的交付物、项目管理活动、工程活动等；

（3）建立 WBS 分解中的活动与产品元素的映像关系，识别出 WBS 中哪些活动可以采用模型法估算。

（4）估计产品元素的规模，可以采用代码行法或功能点法，并估计每个产品元素的复杂度、复用率等。

（5）根据历史的编码阶段的生产率数据和产品元素的规模估计、复杂度、复用率，采用模型法计算每个产品元素的编码工作量。

（6）根据历史的类似项目的数据及估算人的经验估计其他活动的工作量，可以采用经验法；

（7）汇总得到每个阶段的工作量、项目的总工作量。

其他说明：

在该场景下，混合使用了经验法与模型法，这 2 种方法互相补充，而不是互相印证。

场景四：基于详细需求、项目总体生产率的工作量估计

场景描述：

（1）有类似项目的全生命周期的生产率数据（含管理工作量）。

（2）有详细需求。

估算步骤：

（1）产品分解，将系统分为子系统，子系统分解为模块。

（2）估计产品元素的规模，可以采用代码行法或功能点法。

（3）累计出整个产品的总规模，并估计产品总体的复杂度、复用率等。

（4）根据类似项目的全生命周期的生产率数据和产品的总规模、复杂度、复用率等，采用模型法计算总的开发工作量。

（5）WBS 分解，将任务分解到一个人或者一个小团队可以执行的颗粒度，WBS 分解时要识别出所有的交付物、项目管理活动、工程活动等；

（6）根据历史的类似项目的数据及估算人的经验估计所有活动的工作量，可以采用经验法；

（7）汇总得到每个阶段的工作量、项目的总工作量；

（8）与第（4）步得出的工作量进行比较印证。如果偏差不大，则以第（7）步的结果为准。如果偏差比较大，要仔细分析原因，可能的原因举例如下。

- 类似项目的生产率数据不适合本项目。

- WBS 分解的颗粒度不够详细。

- 估算专家的经验不适合本项目。

- 具体任务的估计不合理。

针对分析的原因，对估算的结果进行调整，使其趋向合理。

其他说明：

在该场景下，对于项目的总工作量有 2 个结果或者有多个结果，这些结果可以互相印证，以发现估算过程中的不合理之处，使估计更加合理。

场景五：基于详细需求、项目的总体生产率、历史工作量分布的工作量估算

场景描述：

（1）有类似项目的全生命周期的生产率数据（含管理工作量）。

（2）有详细需求。

（3）实施了 CMMI 3 级，有历史项目的工作量分布数据（阶段分布、工种分布）。

估算步骤：

（1）产品分解，将系统分为子系统，子系统分解为模块。

（2）估计产品元素的规模，可以采用代码行法或功能点法。

（3）累计出整个产品的总规模，并估计产品总体的复杂度、复用率等。

（4）根据类似项目的全生命周期的生产率数据和产品的总规模、复杂度、复用率等，采用模型法计算总的开发工作量。

（5）根据历史项目的工作量分布数据及第（4）步估算的项目总工作量，计算：每个阶段的工作量，每个工种的工作量。

（6）WBS 分解，将任务分解到一个人或者一个小团队可以执行的颗粒度，WBS 分解时要识别出所有的交付物、项目管理活动、工程活动等；

（7）根据历史的类似项目的数据及估算人的经验估计所有活动的工作量，可以采用经验法；

（8）汇总得到：每个阶段的工作量、每个工种的工作量、项目的总工作量；

（9）与第（4）、（5）步得出的工作量进行比较印证。如果偏差不大，则以第（7）步的结果为准。如果偏差比较大，要仔细分析原因。可能的原因举例如下。

- 类似项目的生产率数据不适合本项目。

- WBS 分解的颗粒度不够详细。

- 估算专家的经验不适合本项目。

- 具体任务的估计不合理。

针对原因，对估算的结果进行调整，使其趋向合理。

其他说明：

在该场景下，对于项目的总工作量有 2 个结果或者有多个结果，并且采用 2 种方法都得到了每个阶段、每个工种的工作量、项目的总工作量，可以从上述的 3 个维度对这些结果进行互相印证，以发现估算过程中的不合理之处，使估计更加合理。

场景六：基于详细需求、项目的编码生产率、历史工作量分布的工作量估算

场景描述：

（1）有类似项目的编码活动的生产率数据（不含管理工作量）。

（2）有详细需求。

（3）实施了 CMMI 3 级，有历史项目的工作量分布数据（阶段分布）。

估算步骤：

（1）产品分解，将系统分为子系统，子系统分解为模块；

（2）估计产品元素的规模，可以采用代码行法或功能点法；

（3）累计出整个产品的总规模，并估计产品总体的复杂度、复用率等；

（4）根据类似项目的编码阶段的生产率数据和产品的总规模、复杂度、复用率等，采用模型法计算编码工作量；

（5）根据历史项目的工作量分布数据及第（4）步估算的项目总工作量，计算：每个阶段的工作量；

（6）WBS 分解，将任务分解到一个人或者一个小团队可以执行的颗粒度，WBS 分解时要识别出所有的交付物、项目管理活动、工程活动等；

（7）根据历史的类似项目的数据及估算人的经验估计所有活动的工作量，可以采用经验法；

（8）汇总得到：每个阶段的工作量、项目的总工作量；

（9）与第（4）、（5）步得出的工作量进行比较印证，如果偏差不大，则以第（7）步的结果为准，如果偏差比较大，要仔细分析原因。

其他说明：

在该场景下，对于项目的总工作量有 2 个结果或者有多个结果，并且采用 2 种方法都得到了每个阶段的工作量、项目的总工作量，可以从上述的 2 个维度对这些结果进行互相印证，以发现估算过程中的不合理之处，使估计更加合理。

场景七：需求变更的工作量估计

场景描述：

（1）有变更的需求描述。

（2）项目进行到了编码阶段。

（3）收集了本项目的编码的生产率。

估算步骤：

（1）进行需求变更的波及范围分析；

（2）进行本次变更的 WBS 分解；

（3）对于变更引起的代码变化进行规模、复杂度等其他属性的估计；

（4）根据本项目的编码的生产率及估计的规模，采用模型法估计工作量；

（5）对于 WBS 分解中其他活动进行经验估计；

（6）汇总所有的工作量，得到本次变更的工作量估计。

4.13　风险策划

4.13.1　风险来源与风险分类

CMMI 模型 1.3 版本中 RSKM 过程域的 SP1.1 要求：定义风险的来源与分类（Determine Risk Sources and Categories），其目的是为了全面、系统地识别潜在风险，合并类似风险的规避措施。

风险来源标识了风险可能发生的常见领域，用于在项目或组织内确定风险产生的原因。对项目来讲有许多风险来源，包括内部和外部的。常见的内部和外部风险来源有以下几种。

- 不确定的需求；

- 乐观的工作量估算；

- 不可行的设计；

- 不成熟的技术；

- 不切实际的进度安排；

- 人手或技能不足；

- 成本与资金问题；

- 不可靠的分包商能力；

- 与客户的沟通不充分等。

风险类别是对风险的共同属性的概括。标识风险类别有助于在风险缓解计划中整合同类风险的缓解与应急活动。在确定风险类别时可以有多个角度。

- 按项目生命周期模型的阶段分类，如需求、设计、制造、测试和评价、交付、部署等；

- 按过程类型分类，如需求开发过程、配置管理过程等；

- 按产品类型分类，如软件、硬件等；

当然也可以基于风险的来源进行风险的分类。比如对于以上举例的风险按来源进行分类如表 4-7 所示。

表 4-7　　　　　　　　　　　　　　　风险来源的分类

大类	小类	风险来源
内部风险	需求类风险	不确定的需求
	技术类风险	不可行的设计
		不成熟的技术
	资源类风险	人手或技能不足
		成本与资金问题

续表

大类	小类	风险来源
	管理类风险	工作量估算
		不切实际的进度安排
		与客户沟通不充分
外部风险	分包风险	不可靠的或不充分的分包商能力
		不可靠的供应商能力
	客户风险	客户不配合项目的实施

一个风险可能属于多个风险类别。如：由于人员比较年轻，缺乏业务经验，可能会导致遗漏潜在需求，交付时验收不通过。对于该风险，其风险来源是开发人员缺乏业务经验，如果按照风险的来源这个角度来分类，可以归结为人员风险类；如果按照开发过程分类，可以归结为需求风险类。在考虑风险的规避措施时，可以基于风险的来源考虑，也可以基于风险的分类来考虑。从不同的角度考虑时，获得的风险规避措施可能相同，也可能不相同。对于以上举例风险，如果基于风险来源考虑规避措施则可以识别的措施有以下多种。

- 选择有业务经验的需求分析人员进行需求获取。
- 对需求分析人员进行业务知识培训。

如果基于风险的分类来考虑规避措施则可以识别的措施有：

- 借鉴历史的需求。
- 执行需求的正式评审。
- 需求要获得客户的正式确认。

4.13.2　如何识别风险

最常见的识别风险的方法包括检查单法、头脑风暴法、WBS 驱动法等。

检查单法：罗列出常见风险，逐个判断在本项目中是否存在该风险。

头脑风暴法：项目组的核心成员一起举行头脑风暴会议，根据各自的经验教训，结合项目组的实际，识别风险。

WBS 驱动法：针对 WBS 中的每个任务，识别是否存在与之对应的风险。

对识别的每个风险应该描述清楚风险的前因、后果以及发现发生的背景。

案例：常见风险与对策

表 4-8 是我总结得在软件项目中的常见风险与对策。

表 4-8   常见风险与对策

管理风险	项目周期太长，成员积极性、主动性下降	1 根据公司的有关制度，制定奖励和惩罚措施 2 划分项目为多个阶段或多个迭代，每个阶段或迭代结束后举行庆祝活动 3 尽量不安排开发人员加班 4 合理设置项目里程碑及其目标，通过里程碑的达成展现项目的阶段性成果

管理风险	计划不够充分	1 项目经理投入足够的精力来分析项目活动并安排计划
		2 管理层提供计划指导与支持，辅导项目经理调整计划，尽早建立基准，并定期比较差异，评估项目问题
		3 组织管理评审会，对项目计划书进行评审
		4 提供计划制定的模板和优秀案例
		5 QA 检查计划中任务细化的颗粒度
		6 制定计划时参考公司历史类似项目的经验数据
		7 标识出项目的关键路径
		8 项目进度计划必须得到任务责任人的评审和承诺
		9 多位专家参与工作量与工期的估算
		10 在每个阶段末进行经验教训总结，对计划进行调整
		11 明确计划制定的范围与角色映射关系，确保各类角色充分参与，例如：
		    产品经理：产品规划、需求计划
		    项目经理：项目整体计划
		    研发 leader：研发进度安排
		    测试 leader：测试计划
		12 强调计划的作用，管理层以计划为依据监管项目，提升计划的约束性与指导性
		13 正确理解项目计划，是一个系统的项目管理与平衡的活动，不仅仅是写文档

续表

管理风险	项目成员开发过程中被抽调，无法保证参与时间	1 与领导事先协商，确保人力资源的稳定性
		2 重新调整进度，改变关键路径，尽可能降低资源影响
		3 对关键路径上的任务加大监控力度，积极推动资源按时到位
		4 不给关键路径上的任务安排有可能变化的人员
		5 建立产品线、部门、研发部级别的资源统筹与协调机制
管理风险	项目组成员异地办公	1 制订沟通计划，规格化沟通内容和方式，利用技术手段减低沟通的影响
		2 建立远程工作共享平台
		3 预算时考虑沟通问题所带来的成本和影响
		4 建立项目组内部的 QQ 群，及时沟通
		5 建立项目组的 wiki
		6 分割异地团队时，考虑工作和阶段的独立性
管理风险	缺乏高层管理者的支持	1 主动与高管沟通并请求关注与支持
		2 形成定期汇报制度：
		-定期进行项目组内进度报告；
		-定期向上级直接主管汇报进度；
		-定期向客户汇报进度
		3 识别"合适的高管"
		4 充分了解高管的关注点
		5 寻求支持、汇报问题时要分析问题对高管关注点的影响，而不仅仅是问题本身
技术风险	采用未经验证的新技术、新工艺、新方法、新物料	1 组织人员提前进行技术预研
		2 仿真、模拟实验
		3 做好备用方案
		4 专家会审
		5 与客户沟通，明确存在的风险，争取更宽松的预算和合作机制
		6 组织培训与技术交流会，加强技术沟通
		7 增加代码评审的力度
		8 增加熟悉技术的开发人员到项目
		9 调整相关任务到非关键路径
		10 迭代开发，第 1 个迭代做 spike

续表

技术风险	非功能性需求设计不充分	1　在需求文档中明确定义非功能需求 2　对非功能需求采用 QFD 方法跟踪设计 3　在编码之前完成对非功能性需求的测试用例 4　收集整理产品线/产品非功能需求的具体指标，固化到需求文档模板中
技术风险	与其他系统的接口设计不充分	1　在项目初期安排人员对接口进行整理和梳理 2　项目估算和进度安排时充分考虑接口可能导致的工作量 3　对接口设计文档进行评审 4　对接口尽早安排测试 5　制定单独的接口设计文档和设计规则，独立维护管理
技术风险	设计方案内部沟通不充分	1　执行设计讲解与讨论 2　执行设计评审和代码评审 3　持续集成，及时发现实现问题 4　使用 Q&A 列表整理设计沟通中的问题与解答
人员风险	人员能力不符合要求，或经验不充分	1　对员工执行周期性业务与技术能力培训 2　能力与经验欠缺的员工安排非重点任务 3　每天下班之前安排经验教训的交流 4　对新员工的工作进行同行评审 5　协调外部专家加入项目，进行技术评审等支持 6　为新员工指定指导老师
外包风险	外包厂家开发进度延期	1　对外包方进行慎重选择，在合同中签订惩罚条款 2　安排备选的外包方 3　定期检查外包方的工作进度（周报，周例会等） 4　将外包项目开发过程划分成多个里程碑，采用分批提交验收的方式，在每个里程碑设立检验点 5　使用长期合作的外包商 6　派驻甲方的现场项目经理实时监督
外包风险	外包厂家开发的软件质量比较差	1　对外包方投入的开发人员进行面试 2　在合同中定义外包方的质量投入与产出要求，安排 QA 进行过程中的监督

续表

外包风险	外包厂家开发的软件质量比较差	3 在开发初期与外包方对设计的原则、代码风格等达成一致意见 4 尽早介入对外包软件的测试 5 进行阶段性验收，尽早对外包厂家的质量提出整改意见 6 使用长期合作的外包商 7 派驻甲方的现场项目经理实时监督
需求风险	需求变更频繁	1 项目采用增量开发或者迭代开发，先开发稳定的需求 2 关注设计方案的扩展性 3 项目计划和需求范围必须由客户确认 4 在项目初期就定义好需求变更的沟通机制和处理办法 5 每次需求变更都要遵循正式的变更流程 6 项目策划时考虑需求变更的工作量与工期影响 7 划分需求优先级 8 短周期迭代的进行已完成需求的演示和确认 9 设置需求经理：需求的细化、传递、管理、确认 10 根据需求变更来源的不同区分不同的变更管理机制 11 引入合适的需求管理系统
需求风险	需求内部传递中产生偏离	1 采用需求交底、需求讲解、逆向讲解、设计和编码思路说明等实践 2 加强设计评审，设计评审要需求人员参加 3 采用原型法描述需求 4 跟踪需求的一致性，客户代表参与到集成版本的测试活动，尽早发现需求偏差 5 短周期迭代的进行已完成需求的演示和确认 6 设置需求经理：需求的细化、传递、管理、确认 7 引入合适的需求管理系统
需求风险	需求模糊不清或有遗漏	1 需求文档化，与客户确认，以确认后的需求为验收依据 2 加强需求小组评审 3 项目采用增量开发或者迭代开发，先开发清晰的需求 4 采用快速原型法来挖掘需求，需求阶段安排原型开发人员配合需求调研 5 选择有经验的需求人员进行需求调研

续表

需求风险	需求模糊不清或有遗漏	6 需求评审邀请业务专家的参与
		7 与客户确认每个需求的验收标准
		8 短周期迭代的进行已完成需求的演示和确认
		9 设置需求经理：需求的细化、传递、管理、确认
		10 引入合适的需求管理系统
需求风险	客户不能按时对需求内容进行确认	1 估算工期，把等待客户确认的时间计算在内，给客户提前说明理由
		2 对人员安排其他工作，或者增加培训内容，对于关键点，客户未能确认时，可以安排技术预研
		3 了解客户不能配合与介入的原因，寻求客户的支持
		4 与客户关键人员沟通利弊，需要其理解与配合
		5 可根据客户的情况调整项目计划
		6 记录客户沟通延迟的情况，反应在周报中提醒客户注意
		7 请高层出面协调
		8 对客户每次的及时确认活动表示感谢
质量风险	测试周期太短	1 调配多人参与测试，加强并行测试
		2 利用自动化工具进行自动化测试
		3 将测试活动前移，在开发过程中就开始执行测试
		4 建立用例库提高用例复用率
		5 稳定测试的团队，测试人员搭配的测试项目固定化
质量风险	测试工程师对被测软件的业务不熟悉	1 安排测试人员参与需求的开发
		2 安排测试人员参与需求的评审
		3 评审测试人员对需求的理解
		4 安排需求人员给测试人员讲解需求
		5 结对测试
		6 测试和业务人员、售后人员轮岗
质量风险	重复性的测试工作降低了测试人员对缺陷的敏感性	1 进行交叉测试
		2 组织一些活动，提高每个人的工作热情
		3 加大自动化测试的比例，减少测试人员的重复劳动

续表

质量风险	需求、设计的变动，没有及时通知测试团队	1 在变更申请单中加入测试人员审核的环节 2 在每日例会与每周例会上通报本周的变更情况 3 在测试之前进行需求变更的讲解 4 建立系统和工具，将变更通知自动化、实时化
质量风险	提供给测试的需求文档太简单	1 测试人员参与需求的开发、需求的评审 2 安排需求人员给测试人员讲解需求 3 测试人员在开发过程中就进行功能测试 4 测试人员编写测试需求，熟悉业务、理解需求
质量风险	无法完备地模拟客户的测试环境	1 在需求文档中明确定义环境需求 2 通过自动化的工具模拟并发用户 3 协调客户，在客户现场执行确认测试 4 投入资金，建立组织级的"实验室"环境

4.13.3 风险计划与跟踪

识别了风险之后，要对风险从发生的可能性、后果的严重性、以及时间的紧迫性进行评价，综合这 3 个参数的评价，区分风险的优先级。对高级别的风险要制定缓解措施与应急措施，确定跟踪的频率，并定期或不定期地跟踪风险状态的变化。对每个风险进行识别、计划、跟踪与控制时，可以参考表 4-9 所示的表格记录所有的相关信息；

表 4-9   风险计划与跟踪表

风险编号		识别者		责任人		风险类别	
风险描述							
风险的背景							
缓解措施及其触发条件							
应急措施及其触发条件							

风险跟踪日期	可能性	严重性	紧迫性	综合评价	是否关闭	备注

4.14　项目计划评审的检查点

我在多次的运行检查中，发现很多项目的计划存在一些共性问题，根据这些问题，归纳了 36 个检查点，供大家参考。

（1）是否定义了项目的组织结构。

（2）是否定义了每种角色的职责。

（3）PPQA 是否有独立的渠道与高层沟通。

（4）如果有客户或客户代表的参与，是否定义了他们的职责。

（5）是否定义了沟通机制（与客户的，与其他外部合作伙伴的，与内部成员的，与上级的，与其他项目组的等）。

（6）是否定义了度量资料、各种报告的沟通机制。

（7）是否定义了问题解决机制。

（8）是否记录了选择生命周期模型的理由？

（9）是否划分了开发过程的里程碑。

（10）是否定义了每个里程碑的结束准则、结束时间。

（11）是否记录了选择某种估算方法的理由。

（12）是否记录了借鉴的历史资料。

（13）是否估计了系统的规模。

（14）是否估计了系统的工作量。

（15）是否估计了成本。

（16）是否识别了项目的风险。

（17）对于风险的描述是否详细而明确。

（18）是否分析了风险的可能性、后果、可能发生的时间区间与优先级。

（19）是否对每个风险定义了缓解措施或者应急措施。

（20）是否识别了项目的关键路径。

（21）每个人的工作量是否都饱满。

（22）是否有资源超负荷的情况。

（23）是否明确识别了管理缓冲时间。

（24）管理缓冲时间是否合理。

（25）是否针对每个人的特点分配了任务。

（26）每个任务的颗粒度比较均匀并控制在 10 人天以内。

（27）是否明确识别了管理类的任务。

（28）是否明确识别了集成类的任务。

（29）是否明确识别了培训任务。

（30）是否明确识别了评审活动。

（31）是否明确识别了计划修订的任务。

（32）是否明确识别了采购的任务。

（33）是否定义了工作量、进度、质量、规模、成本偏离的控制阈值。

（34）是否识别了本项目的交付物以及每个里程碑的交付物？

（35）是否识别了每种交付物的管理方法。

（36）是否定义了参考的数据、输入的数据、工作产品的管理办法。

4.15　项目计划书中的内容

项目计划书是最重要的一份项目管理文档。在此文档中可以包含如下的内容：

（1）项目概述

- 客户的情况。

- 需求的情况。

- 工期的要求。

（2）项目的目标

项目的目标一般描述得比较简洁，不超过 10 行。目标应符合 SMART 原则。

- Specific：是否文档化，是否明确。

- Measurable：可度量。

- Attainable：是否可实现。

- Relevant：和商务目标的相关性。

- Time-bound：是否在规定的时间内。

（3）项目管理的基本指导思想

在进度、质量、需求、投入四者之间如何平衡？在什么情况下，哪个要素的优先级比较高。

（4）项目的交付物

- 给客户的交付物什么。

- 给公司的主要交付物是什么。

（5）项目组对外的承诺

项目组给客户的承诺主要包括了阶段交付的日期和交付物，或者与其他系统接口的交付日期和交付物等。

（6）项目的组织结构与人员职责

- 角色的划分以及每个角色的职责一般采用表格描述。这些角色一般为固定角色，在某次活动中的临时角色一般不包含在计划中，在具体活动的策划时再确定。

- 角色之间的上下级管理关系、报告关系，一般采用树状结构图描述。

- 各角色在各活动（类别）中的作用，作用分为责任人、参与者、支持者等等。

- 角色与具体人员之间的映射关系。

（7）WBS 分解

一般分解到 3～4 层即可，大项目可以分解到第 5 层。

（8）项目的估计记录

- 规模估计。

- 工作量估计。

- 成本估计。

- 进度估计。

- 资源估计。

（9）项目的生命周期选择与过程裁剪

- 选择了什么生命周期模型？选择的理由是什么？

- 对公司定义的标准过程做了哪些裁剪。

- 为什么做此裁剪。

（10）项目的阶段进度计划

- 项目划分了几个阶段。

- 每个阶段的完工日期是什么。

（11）项目的质量管理计划

在开发过程中每个工作产品的质量控制活动的类型，一般采用表格的形式，穷举出所有的工作产品，列出应采取的质量控制活动的类型，如：测试、走查、审查、技术复查等等。

（12）风险管理计划

识别的需要管理的风险，每个风险的名称、起因、后果、背景、可能性、后果严重程度、发生的时间紧迫程度、综合评价、缓解措施、应急措施、措施的启动条件等等。

（13）项目管理的控制域值

当项目实际的进度、工作量、质量目标与计划的进度、工作量、质量目标偏离到一定程度时，要采取措施，需要对偏离度量化，并定义采取措施的警戒阈值、行动阈值。

（14）开发环境与工具

（15）人员技能培养计划

- 需要补充的人员，需要在什么时间到位。

- 对现有的人员需要提高哪些知识技能。

- 如何获得这些知识技能？是内部培训、外部培训、自学还是其他方式。

- 什么时间必须达到技能要求。

第5章
项目跟踪与控制

5.1　软件项目管理的实战原则

（1）平衡原则

在我们讨论软件项目为什么会失败时，列出了很多的原因，答案有很多，如管理问题、技术问题、人员问题等等。但是，有一个根本的问题是最容易被忽视的，也是软件系统的用户、软件开发商、销售代理商最不愿正视的，那就是：需求、资源、工期、质量四个要素之间的平衡关系问题。

需求定义了"做什么"，划定了系统的范围与规模。资源决定了项目的投入（人、财、物），工期定义了项目的交付日期。质量定义了交付的系统满足需求到什么程度。这四个要素之间是有制约平衡关系的。如果需求范围很大，却要求在较少的资源投入，很短的工期内，以很高的质量来完成某个项目，那是不现实的，要么增加投资，要么延长工期；如果需求范围界定清晰，资源充足，对系统的质量要求很高，则也可能需求延长工期。

在平衡上述四个要素之间的关系时，最容易犯的一个错误就是鼓吹"多快好省"。"多快好省"，多么理想的境界啊！需求越多越好，工期越短越好，品质越高越好，投入越少越好，对软件开发来说这是不现实的。

多：需求真的越多越好吗？

软件系统实施的基本原则是"全局规划，分步实施，步步见效"。需求可以多，但是需求一定要界定好范围，划分优先级，要分清企业内的主要矛盾与次要矛盾。根据 80-20 原则，企业中 80% 的问题可以用 20% 的投资来解决。如果你要大而全，对不起，你那 20% 的次要问题是需要花费 80% 投资的！而这一点恰恰是很多软件用户所不能接受的。

快：真能快起来吗？

"快"是用户、软件开发商都希望的。传统企业里强调资金的周转率，软件企业里强调的则是人员的周转率。开发人员应尽快做完一个项目再做另外一个项目，通过快速地启动项目、结束项目来承担更多的项目，以此来获利。但是"快"不是主观地拍脑袋定工期就可以完成的，工期的定义是基于资源的现状、需求的多少与质量的要求推算出来的。软件毕竟需要一行代码一行代码地写出来，其工作量是客观的，并非"人有多大胆，地有多大产"式的精神鼓动就可以短期完成的。

好：什么是好软件？

软件系统的"好"字是最难定义、最难度量的。"让用户满意"是最高目标，你可以做到，但是资金的投入与时间的投入用户能否承担得起呢？在硬件生产企业中，产品的需求是明确的、有形的，质量目标是明确的，可以分解到各个作业环节中去，而软件生产不具备这种特征。在硬件生产中，生产能力基本稳定，对人员的依赖性较小，质量的要求对进度的影响并不是很大。但在软件生产中，质量的一点提高或降低都可能会对工期或资源的投入产生巨大的影响，所以软件生产是质量敏感型的生产。

省：省到什么程度？

"一分钱一分货"，这是中国的俗话，这是符合价值规律的。甲方希望少投入，乙方希望降低自己的生产成本，当省到乙方仅能保本的时候，再要求省，乙方就亏损了。

正视这四个要素之间的平衡关系是软件用户、开发商、代理商成熟理智的表现，否则系统的成功就失去了一块最坚实的理念基础。

企业实施 IT 系统的首要目标是要成功。企业可能可以容忍小的成功，但不一定能容忍小的失败。所以需要真正理解上述四个要素的平衡关系，确保项目的成功。

（2）高效原则

在需求、资源、工期、质量四个要素中，很多的项目决策者是将进度放在首位。现在市场的竞争越来越激烈，"产品早上市一天，就早挣一天钱，挣的就比花的多，所以一定要多挣"。在这样一个理念的引导下，软件开发越来越追求开发效率，大家努力从技术、工具、管理上寻求更多更好的解决之道。

基于高效的原则，对项目的管理需要从几个方面来考虑。

- 要选择精英成员；

- 项目目标要明确，开发范围要清晰；

- 项目过程中沟通要及时、充分；

- 要在激励成员上多下工夫。

（3）分解原则

"化繁为简，各个击破"是自古以来解决复杂问题的不二法门。在软件项目管理中，可以将大的项目划分成几个小项目，将周期长的项目划分成几个明确的阶段。

项目越大，对项目组的管理人员、开发人员的要求越高；参与的人员越多，需要协调沟通的管道越多；周期越长，开发人员也越容易疲劳。将大项目拆分成几个小项目，将周期长的项目划分成几个阶段，可以降低对项目管理人员的要求，减少项目的管理风险，并且能够充分地将项目管理的权力下放，充分调动团队成员的积极性，这样不光项目目标会比较具体明确，易于取得阶段性的成果，开发人员也更容易有成就感。

案例：大规模的项目容易失败！

我曾主管过一个产品开发项目，项目前期投入了 5 人做需求，时间达 3 个多月，进入开发阶段后，投入了 15 人，时间达 10 个月之久，期间陆续进行了 3 次封闭开发，经历了需求的裁剪、开发人员的变更、技术路线的调整种种状况，项目组所有成员的压力极大，大家都疲惫不堪，产品上市时间也拖期达 4 个月之久。项目完工后，总结下来的一个很致命的教训就是：应该将该项目拆成 3 个小的项目来做，进行阶段性版本发布。这样不但可以缓解市场上的压力，还能减少项目组成员的挫折感，提高大家的士气。

（4）实时控制原则

在一家大型的软件公司中，有一位很有个性的项目经理，该项目经理很少谈起什么管理理论，也未见其有什么明显的管理措施，但是他连续做成多个规模很大的软件项目，而且应用效果很好。笔者一直很奇怪他为什么能做得如此成功，经过仔细观察，终于发现他的管理方法可以用"紧盯"两字来概括。每天他都要仔细检查项目组每个成员的工作，从软件演示到内部的处理逻辑、数据结构等，一丝不苟，如果有问题，改不完是不能去休息的。正是这种简单的措施支撑他完成了很多大的项目，当然他也相当辛苦，通常都到凌晨才去休息。我并非要推崇这种做法，这种措施也有它的问题，但是这种实践说明了一个很朴实的道理：如果你没有更好的办法，只有辛苦一点，实时监督项目，将项目的进展情况完全置于你的控制之下。

这种方法对项目经理的个人能力、牺牲精神要求是很高的，我们更需要有一种机制，依靠一套规范的过程来保证可以实时监控项目的进度。如在微软公司的管理策略中强调"每日构建"，这确实是一种不错的方法：即每天进行一次系统的编译链接，通过编译链接来检查进度，检查接口，发现进展中的问题，大家互相鼓励互相监督。

实时控制确保项目经理能够及时发现问题、解决问题，保证项目具有很高的可见度，保证项目的正常进展。

（5）分类管理原则

不同的软件项目，项目目标差别很大，项目规模不同，应用领域也不同，采用的技术路线不同。因而，针对每个项目的特点，其管理的方法和管理的侧重点是不同的。古人讲"因材施教"、"对症下药"。管理小项目肯定不能像管理大项目那样去做，管理产品开发类项目不能像管理系统集成类项目那样去做，项目经理需要根据项目的特点，制订不同的项目管理方针政策。

案例：项目管理的宏观策略

表 5-1 是我为一家应用软件公司制订的项目管理的策略：

表 5-1　　　　　　　　　　　项目管理的宏观策略

项目类别	项目规模	是否立项	有无计划	有无周报	实时跟踪	有无总结	核算成本	阶段评审
订单类	公司级	√	√	√	×	√	√	√
	部门级	√	√	√	×	√	√	√
	个人级	√	×	√	×	×	×	×
非订单类	A 级	√	√	×	√	√	√	√
	B 级	√	√	×	√	√	√	√
	C 级	登记	×	×	×	×	×	×

在该案例中，将项目分成了订单类项目与非订单类项目两种。非订单类项目是指由公司根据市场的需求开发一个标准产品的项目，而订单类是指针对某个具体的客户定制软件的项目。订单类的项目根据需要协调的资源范围又划分了公司级、部门级、个人级三类，非订单类根据估算工作量的大小也分成了 A、B、C 三类，估算的工作量超过 720 人天的为

A 类，超过 360 人天，不超过 720 人天的为 B 类，360 人天以下的为 C 类。不同类的项目，管理的侧重点是不同的，从立项手续的完备性、计划的严格程度、周报的完备程度、规范的严格程度、跟踪的实时性、是否进行阶段总结、是否核算项目成本、是否严格进行阶段评审等多个方面来考虑，以确保管理的可行性。

（6）简单有效原则

项目经理在进行项目管理的过程中，往往会得到开发人员的抱怨："太麻烦了，浪费时间，没有用处"，这是很普遍的一种现象。当然这样的抱怨要从两个方面来分析：一方面是开发人员本身可能存在不理解，或者逆反心理；另一方面是项目经理也要反思所采取的管理措施是否简单有效？搞管理不是搞学术研究，没有完美的管理，只有有效的管理。而项目经理往往试图堵住所有的漏洞，解决所有的问题，恰恰是这种思想，会使项目的管理陷入一个误区，作茧自缚，最后无法实施有效的管理，导致项目的失败。

案例：最简单的办法最有效

猴山有一群猴子，它们唯一的食物是饲养员每天送来的一桶粥。不知是饲养员粗心，还是这些猴子的食量太大，总之，每天的粥都不能填饱它们的肚子。长此以往，也不是办法。于是大家坐下来进行研讨。大家发挥聪明才智，试验了多种办法。

最初指定一个猴子负责分粥事宜。很快大家发现，这个猴子为自己分的粥最多。于是换一个猴子，结果总是主持分粥的猴子碗里的粥最多最好。权力导致腐败，绝对的权力导致绝对的腐败，在这碗稀粥里体现得一览无余。

然后又指定一个分粥猴子和一个监督猴子，起初比较公平，到后来分粥猴子和监督猴子从权力制约走向"权利合作"，于是分粥猴子和监督猴子分的粥最多，这种制度失败。

于是大家又想了一种办法：谁也信不过，干脆大家轮流主持分粥，每猴子一天。虽然看起来平等了，但每猴子每周只有一天吃得饱且有剩余，其他六天都饥饿难捱。

后来大家想啊想啊，终于又想了一个办法：民主选举一个分粥委员会和监督委员会，形成民主监督和制约机制。公平基本上做到了，可是由于监督委员会经常提出各种议案，分粥委员会又据理力争，等分粥完毕时，粥早就凉了。此制度效率太低。

最后有一个聪明的小猴子想了一个办法：每个猴子轮流值日分粥，但分粥的那个猴子要最后一个领粥。令人惊奇的是，在这一制度下，七只碗里的粥每次都是一样多，就像用科学仪器量过一样。每个主持分粥的猴子都意识到，如果七只碗里的粥不相同，他确定无疑将享用那份最少的。

　　最简单的办法往往最有效！

（7）规模控制原则

规模控制原则是和上面提到的六条原则互相配合使用的，即要控制项目组的规模，不要人数太多。人数多了，沟通的管道就多，管理的复杂度就高，对项目经理的要求也就高。在微软公司的 MSF 中，有一个很明确的原则就是要控制项目组的人数不超过 10 人，当然这不是绝对的，也和项目经理的管理水平有很大关系。但是人员"贵精而不贵多"，这是一个基本的原则，这和我们上面提到的高效原则、分解原则是相辅相成的。

5.2　为什么要记录日志

工作日志记录了项目中每个成员每天每个任务投入的实际工作量与完成情况（完成任务的百分比、完成任务的规模，如代码行等），基于这些数据可以实现以下目标。

（1）统计每个项目、每个任务的实际工作量，并与计划工作量对比，分析人力成本的投入情况。

（2）分析项目中各种类型的任务在整个项目中的工作量分布情况。任务类型如：需求、设计、编码、测试、配置管理、质量保证、度量分析、同行评审、管理评审、沟通交流等等。通过统计任务类型的工作量分布，可以分析项目在哪些方面投入不足，例如设计同行评审的工作量不足设计工作量的 1/2 等。

（3）分析项目各个阶段的工作量分布情况，如启动阶段、细化阶段、实现阶段、交付阶段的工作量分布。

（4）分析计划内与计划外任务的工作量的比例。

（5）分析平均的有效工作时间。

（6）分析平均的生产效率（如代码行/工作量、功能点/工作量、页数/工作量）。

其中第（1）项为项目经理实时控制所用，项目经理据此跟踪每个任务的进展情况。第（2）、

（3）、（4）、（5）、（6）项均为以后项目的软件估算做数据准备，提高后续项目的估计合理性。比如：根据需求估计出项目的总规模（功能点或者代码行的数量），然后根据生产率计算出项目的总工作量，再根据（3）的历史资料估算各阶段的工作量分布，根据（2）的历史数据估算各种任务类型的工作量和综合资源情况，根据（5）发现任务之间的依赖关系等其他因素估算项目的工期。

5.3　如何保证日志的准确性

（1）开发一套 WEB 版的日志系统，只要有网络就可以填写日志，无论是否出差在外。

（2）日志系统要操作简单，员工天天用，操作繁琐了，就没有员工愿意用了。

（3）日志系统能自动提醒没有按时提交日志的人员，如果靠 QA 人员或者项目经理天天去检查，容易遗漏，也太累了。

（4）日志系统能自动检查有错误倾向的日志，可定义几条启发规则，比如 1 天工作超过了 12 小时的、低于 4 小时的等。

（5）在日志系统中，需要填写的任务类型、项目阶段等内容最好是可选的，否则可能出现描述不一致，无法统计分析。

（6）项目经理要经常检查日志填写内容的准确性。

（7）奖励日志填写准确的员工。

（8）日志中的数据不作为员工业绩考核的依据，要作为公司的方针定义下来，规定只有有限的几个人（不能包括老板）可以查看他人的日志。

（9）要通过分析对比数据，发现日志中的异常，对比时可以和历史数据对比，和其他人对比。

（10）为日志填写者提供分析功能，让他们从自己的日志中可以得到知识。

（11）当天填写当天的日志。

案例：日志管理系统

2006 年长虹集团技术中心在实施 CMMI2 级时开发了日志管理系统，开发人员填写的日志内容如图 5-1 所示。

图 5-1　日志管理系统

5.4　如何开会

看到题目可能大家觉得不值一提，开会？谁不会。可是下面的问题，您可能会经常遇到。

- 会议开始的时间到了，会议室仍然被其他人员占用，没有会议场地。

- 会议开始的时间到了，投影仪无法正确连接。

- 需要打印出来的材料没有打印出来。

- 与会人员需要在白板上表达自己的思想时，却发现白板笔无法书写。

- 主要发言人讲得很差，如进行设计评审时，主讲人根本就没有将设计思想清楚地表达出来；

- 会议失去控制，跑题严重；

- 与会人员迟到，会议推迟；

- 开会过程中人进人出，会场秩序混乱；

- 会议开完了，大家各奔东西，没有人整理会议纪要，达成的意见没有记录；

- 会议开完了，发现没有开会的必要，可开可不开；

- 会议的时间太长，在会议过程中废话太多。

上述问题会造成时间的严重浪费。那么如何开好一个会议？流程！需要一个规范的流程作为指导。

（1）确定会议的时间、地点、参与人员、主题、目标、主持人、会议准备人员；

（2）通知与会人员，事先就会议的主题、目标进行沟通，对需要审查的数据事先审查；

（3）预定会议室、投影仪、白板、笔记本电脑；

（4）打印会议数据，发放下去；

（5）接待与会人员，为外地赶来的与会人员安排好接站、住宿、车船票、送站等事宜；

（6）事先联调设备，确保会议环境良好；

（7）如果需要，对会议的主持人进行开会技巧的培训；

（8）会议的变更及时通知相关人员（时间、地点等）；

（9）会议要签到；

（10）会议中的服务：添水、水果与点心、就餐等；

（11）会议中控制进度；

（12）指定会议记录员，记录会议中讨论的问题和最终决议；

（13）跟踪会议决议的执行；

（14）总结会议的得失，改进会议的流程；

以上是一个简要的流程，当然在实践中你可以自己来丰富、完善。

在上述流程中有一个关键环节就是会议的准备，这是成功的起点。为确保准备得充分，你可以设计一个检查单来提醒自己。

- 与会的人员是否都通知到了。

- 开会前需要准备的设备是否齐全。如：笔记本、投影仪、白板、白板笔、光笔、录音机、板檫等。

- 会议地点是否明确，会议室已事先预约了？

- 场地的容量是否足够。

- 场地的位置摆放是否合理。

- 会议主题是否明确。

- 主要发言人是否准备充分。

- 需要发放的资料是否准备齐全。

- 会议资料是否发放到每个人手里。

- 会议的变更是否已经通知到相关的所有参会人员。

好了，你自己试试看！

5.5　如何开项目组的周例会

项目周例会是一种重要的监督和控制项目进展的机制。通过项目周例会可以让项目管理者和项目组成员定期沟通项目的进展、存在的风险与问题，以便及时采取必要的纠正措施，并安排后续的任务。如果项目组实施了每日站立会议，则可以不召开项目组的周例会。

周例会的参与人员及其职责参见表 5-2。

表 5-2　　　　　　　　　　　　项目周例会的参与人员及其职责

角色	职责
项目经理	组织并主持项目例会
项目助理	编写会议纪要。项目助理的职责可以由专职人员担任，也可以由项目经理本人或者由项目经理指定人员兼任
项目组成员	反映问题，分享经验教训
其他人员	从配置管理等其他方面反映项目组中的问题
客户代表	通报客户方发现的问题
PPQA 人员	抽查会议过程与组织的标准的符合性

5.5.1　周例会准备活动

- 周例会规定在每周的固定日期、固定时间召开，如果有时间变更，应该提前 1 天通知与会人员。

- 周例会由项目经理或其指定的负责人组织，并提前 1 天通知相关人员参加，包括整个项目组成员及相关配合人员。如项目经理不到会，一定要指定一个替代者。

- 项目经理或其指定的负责人对照上周确定的计划、上次例会确定的决议检查每个项目组成员的任务完成情况，获取项目情况的第一手资料，记录发现的风险与问题。

- 项目经理搜集本周相关的度量数据。度量数据可以汇总自项目组成员的日志，也可以由度量分析人员或质量保证人员提供。

- 项目经理或项目助理准备会议室、投影仪、计算机等。

5.5.2 召开周例会活动

- 项目经理或其指定的负责人主持周例会，会议时间根据项目情况控制在 30 分钟内为宜。周例会和技术讨论会不要混淆，需要详细讨论解决的技术问题可以在周例会后单独安排会议进行，这类技术讨论会未必需要全组的所有成员参加。

- 项目经理对上周的任务完成情况进行总结说明，项目组其他成员进行补充说明。对上周的进展可以从以下几个方面进行说明。

上周任务完成情况。

项目总体进展情况。

上周存在的技术、质量、管理问题。

项目目前面临的风险。

问题与风险的应对措施。

本周发生的需求或设计变更说明。

目前已经采集的相关度量数据。

项目组成员进行经验教训的交流。

由项目经理归纳总结下周以及后期的任务安排，责任到人。

5.5.3 编写与发布会议纪要

由项目经理或指定的人员编写会议纪要。会议纪要可以在会议进行中实时编写。

会议纪要可以直接写在项目组的 wiki 中，也可以写在一个文件中，会后发布。

会议纪要不要长篇大论，不需要记录每个人的发言，只需要记录大家达成一致的决议与经验教训即可，会议纪要最好不超过 1 页。

会议纪要经过项目经理确认后可以发布给项目组所有的成员和相关者。

5.6　里程碑评审指南

里程碑是一个项目进展过程中的关键时间点，里程碑评审是确保高层管理者可以参与项目组活动的官方机制，客户有可能要求参与里程碑评审，项目的核心成员与相关人员也要参与里程碑评审。

在项目进展的过程中，项目经理、质量保证人员、配置管理人员、度量分析人员等已经从项目的不同侧面对项目的进展进行了跟踪。在里程碑评审中，项目组应全面、客观地对项目组外部与内部的人员展示项目组的当前状态，高层管理者综合各方面的分析数据进行判断，决策是否进入下一个阶段。

（1）项目工期情况

关键路径上的任务是否按计划完成了。

如果没有按计划完成：

- 提前或拖期的原因是什么。
- 对后续阶段的工期有什么影响。
- 在后续阶段如何采取改进措施。

（2）任务进展情况

按计划完成的任务有哪些。

提前完成的任务有哪些。提前完成的任务工作量有多少。

未完成的任务有哪些。未完成的任务工作量有多少。

（3）工作量投入

计划投入工作量，实际投入工作量，挣值，计划与实际工作量的偏差分析，后续须投入工作量的预测。

（4）质量

在本阶段通过测试与同行评审发现的缺陷个数，缺陷密度，缺陷的趋势分析，缺陷的分类，缺陷的关闭情况等。通过上述的质量分析，判断本阶段产品的质量情况，决定是否要采取相应的质量措施加强质量管理。

（5）需求变更

- 需求变更了几次。

- 需求变更带来的工期与工作量变化是多少。

- 需求变更的工作量、项目的估计总工作量。

（6）规范符合性

- 对哪些过程执行了审计。

- 对哪些工作产品执行了审计。

- 审计出了多少问题，这些问题是否都关闭了。

- 问题的统计分析及原因分析。

- 拟采取的改进措施有哪些。

（7）配置项的变化情况

- 建立了哪些基线。

- 基线中包含了哪些配置项。

- 基线变更过几次？

- 基线审计出的问题是否关闭了。

（8）风险评估

- 已识别并已发生的风险有哪些。

- 已识别但未发生的风险有哪些。

- 未识别但已发生的风险有哪些。

- 新识别的风险有哪些。

（9）后续阶段的计划

- 后续的开发过程是否需要调整。

- 后续的工作产品是否调整。

- 后续阶段的开发计划是否合理。

（10）高层经理的承诺与激励

综合上述的情况，高层经理要决定是否可以结束本阶段，开始下一阶段。高层经理要对下一阶段的投入做出承诺，并激励项目组成员高效工作。

以上是规范的里程碑评审方法。在敏捷方法 Scrum 中也提供了 2 条进行里程碑评审的实践：Sprint Reiview 与 Sprint Retrospective。Sprint Review 要求项目团队在每次迭代结束时给利益相关者演示已完成的功能以获得他们的反馈。Sprint Retrospective 要求团队成员反思本次迭代的经验教训，以使下个迭代做得更好。

5.7　如何做项目总结

通过项目总结可以帮助我们：

（1）获取项目的度量数据。

（2）分享经验与教训，识别改进点。

（3）修复人际关系。

（4）欣赏历史的成就，鼓舞士气。

一般在项目结束后 1～3 周内进行项目的总结，不要在项目结束后立即举行，否则项目组成员没有休整的时间；也不要在项目结束很久后或者另外一个项目已经开始后才进行项目总结。

可以采用规范或敏捷的方法进行项目总结。敏捷的总结方法很简单，召开一个不超过 3 个小时的会议，大家围绕以下 3 个问题进行总结。

（1）有哪些好的实践可以坚持的。

（2）有哪些做得不好的实践需要抛弃的。

（3）有哪些实践是可以优化的。

规范的项目总结流程可以划分为四个阶段。

阶段一：策划阶段。包括了确定主持人；获得老板的支持；定义总结的目标；识别参与的人员；适合的方法与工具；确定活动的地点；定义总结的日程表等活动。

　　阶段二：准备阶段。包括了收集项目的度量数据；介绍主持人，建立对主持人的信任感；鼓励大家踊跃参与；定义项目成功的标准；建立畅所欲言的环境等活动。

　　阶段三：回顾过去阶段。包括了识别项目的所有输出物；编制项目的大事记；挖掘大事记中有价值的内容；绘制项目组成员情绪波动曲线；召开无管理人员会议；通过游戏修复人际关系等活动。

　　阶段四：展望未来阶段。包括了建立交叉亲和小组；遗漏问题收集；标注典型文档；关闭总结活动等。

5.8　组织级的项目管理例会的汇报要点

　　很多公司有部门级或公司级的项目管理例会，一般会安排各个项目的项目经理给部门经理或公司高层进行汇报。我曾经旁观过多家企业的项目管理例会，总结了如下的项目经理汇报要点。

　　1．项目总体进展：

　　（1）到目前为止项目的工期已经进展到什么程度？例如日历工期是 100 天，当前进展到了第 30 天，则工期已经过去了 30%。

　　（2）到目前为止任务完成情况如何？例如有 100 个任务，当前完成了 50 个，则任务完成百分比是 50%；又如有 100 个需求，当前完成了 40 个需求，则需求完成百分比是 40%。

　　项目的总体进展也可以采用挣值管理的 SPI 与 CPI 进行表征，或者采用燃烬图进行刻画。

　　2．上期遗留问题的解决情况：

　　上次例会形成的关于本项目的决议是否落实？没有落实的原因是什么？补救措施是什么？

　　3．上期计划的执行情况：

　　对照上期计划，哪些任务完成了，哪些任务没有完成，没有完成的原因是什么，补救措施是什么。

　　4．问题汇报：

　　（1）现象：项目在进度、质量、需求、投入等各个方面存在的问题有哪些。

（2）原因：这些问题的原因是什么，根本原因是什么。

（3）措施：纠正措施是什么，预防措施是什么，哪些措施是本项目组可以完成的，哪些措施是需要领导、其他项目组或其他岗位帮助的。

5．风险汇报：

（1）项目组当前的风险有哪些。

（2）哪些风险是项目组自己能解决的。

（3）哪些风险是需要领导、其他项目组或其他岗位帮助解决的。

6．下期计划：

后续阶段的任务有哪些（任务、责任人、完成日期、完成标准）。

7．经验教训：

最近值得分享的经验教训有哪些。

在上述的汇报内容中包含了如下的管理思想：

（1）项目要有计划。

（2）要对照计划跟踪项目的风险。

（3）管理要形成闭环。

（4）要根据问题的原因识别预防措施，这样才能持续改进。

（5）项目管理要有风险管理意识。

（6）要通过度量数据客观刻画项目状态。

（7）领导要对项目组起到帮助、指导的作用。

（8）通过分享经验教训持续改进。

5.9　高层经理监控项目的 11 种思维模式

很多企业实施了规范的管理，过程改进人员在推动规范管理，但是公司的中高层人员的思维模式、工作方式与习惯并没有转换到新的管理模式上，中高层经理没有起到以身作则带队伍的作用，导致自底而上的过程改进没有得到中高层经理在具体工作上的实际支持，从而没有取得很好的、很扎实的效果，因此也需要改变中高层经理的管理方法。首先要改变中高层经理的思维模式，其次要结合公司具体的管理流程，确定中高层经理具体的管理方法。以下总结了中高层经理监控项目的十一种思维模式，供大家参考。

（1）全面思维模式

不要仅听项目经理反映项目的现状，要从业务线、产品线、技术经理、QA、CM，甚至客户等人员处，多角度了解项目情况，做出自己的判断。

有时候项目经理觉得自己已经很节约成本了，但是业务人员还是觉得报的成本太高，工期太长，导致利润率过低；有时候项目经理觉得自己已经尽可能实现和满足客户的需求了，完成的质量以及相关配合工作已经做得很好，但是产品人员觉得项目团队整体能力差，实现的结果与预期有很大偏差，他只能容忍。所以兼听则明，偏听则暗。

（2）关键少数模式

高层经理关注的项目有很多个，这些项目要划分优先级，要重点关注优先级高的项目，资源也要重点投向重点项目。

项目有多个阶段，每个阶段对项目整体目标的实现重要程度也不同，高层经理要关注重点项目的重点阶段。

项目组中的问题也有很多，要关注重点的问题。

项目组中的任务也有很多，要关注关键路径上的任务。

（3）宏观思维模式

要与项目经理讨论项目组总体的管理策略是什么。进度、质量、需求、成本哪个优先级更高？根据每个项目的特点确定如何平衡这四个因素。

要了解项目的总体进展是否可控，关键里程碑是否可控，关键任务是否可控，不须关注所有的具体任务的进展，否则容易偏离了项目的目标，捡了芝麻，丢了西瓜。

（4）客观思维模式。

以量化数据来说明项目的进展，不要仅仅是主观陈述。对于进度、质量、成本、需求等都要通过客观的数据来了解事实，而不是仅凭项目经理的陈述了解事实。通过客观的数据避免项目经理的主观判断，既可避免很多人的报喜不报忧，也能对项目有一个客观评价。

（5）闭环思维模式

有计划就要有执行，有执行就要有跟踪，跟踪发现问题就要解决关闭。做项目要有始有终，且善始善终。

项目计划是否与项目目标、范围、特点、可提供的资源等相符。是否可执行。

项目计划与实际执行有何偏差？引起偏差的根本原因是什么。

项目实施过程中有什么问题，问题是否关闭。

客户对项目的实施是否满意。

需求变更是否影响项目的目标和范围。

交办的事情处理结果如何。

（6）风险管理意识

不但要询问项目经理：你的项目中存在什么风险？有什么风险是需要高层经理帮助解决的？也要帮助项目经理尽可能的识别项目风险，指导项目制定相应的规避措施。

要尽早报告坏消息是风险管理的一个基本原则，这样可以尽早地处理风险。

（7）见微知著模式

看上去是个小的细节，项目经理忽略了，但是将来是否会造成坏的影响呢？需要提醒项目组注意。

（8）横向思维模式

中高层经理面对很多个项目，可以获取多个项目的信息，基于这些信息要判断：

- 是否多个项目组也存在类似的问题？

- 这些类似的问题是否可以统一解决？是否可以制度化？

对于共性的问题要统一纠正并制度化，对于共性的经验要统一推广执行，也要制度化。不断积累好的实践，不断摒弃坏的做法，并落地执行，持续提高。

（9）预防思维模式

解决发生的问题是暂时的、被动的，预防问题的再次发生才是长期的、主动的，这样项目的整体管理能力才能提高。与其亡羊补牢，不如未雨绸缪，防患于未然。

- 对于问题是否做了根因分析？

- 对于问题是否定义了预防措施？措施是否落实了？

（10）积极思维模式：

问题一定要暴露，暴露问题之后要有解决方案。不要养成下属总是抱怨的习惯，要培养下属积极的思维习惯，办法总比问题多，要积极地找出解决方案。

（11）持续提高模式

中高层经理的一个很重要的工作就是带领团队，确保团队的成员能够持续提高自己的水平，所以中高层经理要监督项目组的经验教训总结。

- 你最近总结了哪些经验教训？

- 你准备以后如何做得更好？

首先是改变思想，其次是改变具体的做事方法。领导以身作则，言传身教，则可以上行下效，在企业里建立管理的文化。

5.10 挣值管理

挣值管理是以统一的度量单位计算投入、产出，表示项目的进展情况、预测项目完工情况的管理方法。通常情况下是以金额为统一的度量单位，但在软件开发中，常常以工作量作为度量单位。

挣值管理中的 3 个基本度量元如下。

（1）PV（Planned Value）：计划价值，即计划产出，也是计划投入。

（2）EV（Earned Value）：挣值，即实际产出，当任务按计划完成后，挣值即为计划产出。

（3）AC（Actual Cost）：实际投入。

2 个进度偏差度量元如下。

（1）SV（Schedule Variance）进度偏差

SV=EV−PV=实际产出−计划产出。如果 SV 小于零，意味着进展滞后，没有完成计划内的任务。

（2）SPI（Schedule Performance Index）进度性能指标

SPI=EV/PV=实际产出/计划产出。如果 SPI 小于 1，意味着进展滞后，没有完成计划内的任务。

2 个成本偏差度量元如下。

（1）CV（Cost Variance）成本偏差

CV=EV−AC=实际产出-实际投入。如果 CV 小于零，意味着入不敷出，成本超支。

（2）CPI（Cost　Performance Index）成本性能指标

CPI=EV/AC=实际产出/实际投入。如果 CPI 小于 1，意味着入不敷出，成本超支。

2 个预测度量元如下。

（1）EAC（Estimate at Completion）完工估算

$$EAC=BAC/CPI（BAC=原始的项目估算）$$

（2）ETC（Estimate to Complete）完工尚需估算

$$ETC=EAC−AC$$

在做预测时不止上述方法，还可以采用如表 5-3 所示的方法。

表 5-3　　　　　　　　　　挣值管理中的预测方法

假设	预测公式
未来的费用绩效将会与过去的费用绩效保持一致	EAC=AC+[(BAC−EV)/CPI]=BAC/CPI BAC=原始的项目估算
未来的费用绩效将会与最近 3 个测试周期的总费用绩效保持一致	$EAC=AC+[(BAC−EV)/((EV_i+EV_j+EV_k)/(AC_i+AC_j+AC_k))]$
未来的费用绩效将会受到过去进度绩效的影响	EAC=AC+[(BAC−EV)/(CPI*SPI)]
未来的费用绩效将会受到过去进度绩效和费用绩效 2 个指标的影响，且这 2 个指标对未来绩效的影响程度成一定的比例	EAC=AC+[(BAC−EV)/(0.8CPI+0.2SPI)]

第 **6** 章
需求工程

6.1 需求获取方法

在需求工程中，需求获取阶段是与用户交互最多的一个阶段，但绝大部分用户不懂需求分析方法，他们不知道怎样全面而又准确无误地表达自己的需求，因而需求分析人员需要掌握很好的方法与技巧，通过恰当地启发、引导用户表达自己的需求，为项目的成功打下一个良好的基础。

6.1.1 需求获取原则

（1）深入浅出的原则

用户需求调研要尽可能地全面、细致，调研的需求是全集，系统真正实现的是其中的一个子集。调研得细致而全面可能一时看不到有什么作用，但是这样做可以对应用领域的业务了解得很透彻，灵活地应对需求调整。调研得细致并不等于在分析时面面俱到地将调研内容都纳入新系统中，实际可能实现的很少，但在架构设计时可以考虑对本次未实现的需求如何处理。对需求理解得越透彻，系统就会开发得越简单。

案例：财务总监与销售人员对需求的不同理解

1995 年，我所在的 Genersoft 公司开发了财务管理软件，销售人员拟将此产品销售给一家集团公司，该公司在山东有接近上百家分子公司。客户认为我们的产品不能满足他们的业务需求，提出了 20 多个需求变更，需要我们实现了这些需求后他们才购买此产品。销售人员将需求变更请求提交到开发部门后，开发部门认为我们做的是产品，不能为每个客户定制软件，否则就违背了产品的基本定位，就不是产品了。销售与开发僵持不下，此事

就提交到了经理办公会进行讨论，财务总监看了这些需求变更请求后，就主动请缨去和客户沟通。财务总监和客户仔细沟通了每个需求变更的请求，逐个提出了解决方案，客户的业务如何做更合理，按照这种合理的做法，在软件中已有的功能是什么，是如何满足对方的。经过沟通以后，软件没有做任何修改，而客户的需求却都满足了，顺利地销售了 100 多套软件。

为什么财务总监可以销售成功，而销售人员却要求开发必须修改软件才可以销售出去呢？

（2）以流程为主线的原则

在与用户交流的过程中，应该用流程将所有的内容串联起来，如单据、信息、组织结构、处理规则等，这样便于沟通交流，符合用户的业务思维习惯。流程的描述既要有整体，又要有局部；既要强调总体的、全生命周期的业务流程，又要有细化的、分支的业务流程。在分析业务流程并进行优化时，要把握以下几个方面。

- 流程中是否存在不必要的环节。

- 是否可以将决策的权力下放到作业部门。

- 流程是否可以简化。

- 流程中的每个处理环节是否起到了增值作用。

- 哪些流程可以并行处理。

6.1.2　需求调研的步骤

需求调研的方法有多种：

➢ 与用户个别交流

➢ 需求讨论会

➢ 查阅相关文档

➢ 分发调查问卷

➢ 现场访问客户

➢ 业务流程分析

➢ 同类产品分析

> 回顾以往项目

> 观察用户对原有系统的使用

不同的方法适用于不同的场景，需求访谈是最常用的一种方法。我总结了需求调研的五个步骤如图 6-1 所示。

第一步：收集资料，了解用户的概况，初步划定系统的范围。比如对于信息系统项目，需要调研用户的组织结构、岗位设置、职责定义，从覆盖客户的部门上划定系统覆盖的范围。

图 6-1 需求调研的步骤

第二步：识别所有的需求提供者。可以通过询问以下问题来识别所有可能的需求提供者：

> 谁使用该系统？

> 谁维护该系统？

> 谁需要从系统中获取数据？

> 系统的运行会影响到谁？

> 谁推广该系统？

> 谁测试该系统？

> 谁生产该系统？

> 谁购买该系统？

案例：需求提供者的识别准则

某软件公司针对自己公司的实际情况，确定了如下的需求提供者的识别准则：

表 6-1　　　　　　　　　　　需求提供者的识别准则

用户代表	成熟产品	新产品
系统测试部	√	
工程部门	√	√
售前人员		

续表

用户代表	成熟产品	新产品
售后服务人员	√	
销售人员	√	√
最终用户	少	√
对手		√
	至少访谈两类人	

第三步：**准备调研问题单**。对调研内容事先准备，列出问题清单，针对不同管理层次的用户询问不同的问题。在实际访谈时先按照准备的问题进行提问，然后再根据用户的讲解内容追加问题。以下的问题单是我使用的一个通用问题单，供大家参考。

➤　现有系统是如何运行的？

➤　现有系统存在什么问题？

➤　希望新系统解决什么问题？

➤　客户希望如何解决问题？

➤　希望交付哪些工作产品？

➤　最终用户的背景如何？

➤　对系统的速度、可靠性、安全性、数据容量的要求？

➤　系统的运行环境是什么？

➤　业务流程的启动条件、终止条件、正常事件流、异常事件流、输入数据、处理规则、输出数据

➤　数据的名称、来源、计算方法、类型、计量单位、精度、取值范围、去向、生成时间、产生的频度、高峰期的频度、存储方式、保密要求

➤　最重要的 3 项需求是什么？

➤　将来有何变化?

第四步：**需求访谈**。需求访谈前要事先和被访谈人沟通计划，可以事先把问题单发给对方，让对方提前准备。访谈时至少有两位需求分析人员参与，一般是三人为宜，一人负责询问，一人负责记录，另外一人负责补充问题。在询问时，应包括但不限于问题单中的内容，

可以根据被访谈人的答复，随时调整、新增问题。

第五步：总结归纳，多次迭代调研。在访谈结束后，及时整理沟通的内容，识别新的疑问点，再次和客户确认这些问题，直至没有新的疑问。整理沟通内容时需要对客户的需求进行穷举、分类、分层、归纳与抽象。

6.1.3　需求获取的重点

对具体业务进行调研时需要把握以下重点。

（1）平均频度

业务发生的频繁程度，即在单位时间（分钟、天、月、旬、年等）内发生的次数，这个数字可以是一个平均值或统计值。频度越高，数据量越大，对响应时间、易操作性等要求就越高，在数据存储时对大频度的业务或单据也要进行充分考虑。

（2）高峰期的频度

必须保证系统在高峰期的响应时间，对系统进行测试时要模拟高峰期的业务频度。

案例：北京奥运售票系统瘫痪

2007 年 10 月 30 日上午 9：00 北京奥运会门票面向境内公众销售第二阶段正式启动，启动以后不久，系统访问流量猛增，官方票务网站流量瞬时达到每小时 800 万次，超过了系统设计每小时 100 万次的承受量。启动后第一小时从各售票渠道瞬时提交到票务系统的门票达到 20 万张，也超过了系统设计每小时销售 15 万张的票务处理能力，从而出现网络拥堵，售票速度慢或暂时不能登陆系统的情况，直接造成公众通过中国银行的售票网点、票务呼叫中心和官方票务网站三个售票渠道都无法及时提交购票申请。

从技术记录结果来看，30 日上午 9：00 到 10：00，票务呼叫中心呼入量超过 380 万人次，由于成功接通电话的公众无法成功订票，迟迟不愿意挂线，造成后续用户无法接通电话，形成票务呼叫中心长时间占线的结果。在中国银行各售票网点由于同样的原因，购票人排起了长队。从上午 9：00 到 12：00，访问达到两千万次，三个渠道连接到官方票务网站时，网络带宽容量超出负荷。拥堵情况的主要原因是后台处理系统在承受了每小时 800 万次流量压力后显现出处理能力不足的问题。

为了顺利售票，从中午一点钟开始，会同票务服务商紧急对销售系统重新进行配置，以提高处理速度，在此期间各个销售渠道暂停售票，到下午五点左右，官方票务网站售票基本恢复正常，但仍然不稳定。鉴于这种情况，决定从下午 6：00 关闭系统，暂停售票。北京奥组委考虑到难以在很短的时间内全面解决系统拥堵的问题，为了确保向广大公众提供高质量的服务，决定从 31 日起暂时停止第二阶段门票销售。

（3）有哪些数据，每项数据的精度，计算生成方法，取值范围

业务数据是后续进行数据结构设计的最基本依据，数据的精度是定义数据库中字段长度的依据，计算生成方法是设计算法的依据，取值范围与计算生成方法是数据完整性检测的依据。

（4）数据的来源与用途

对数据的来源与用途的追踪可以调查出各个业务、各个单据、各个报表、各个部门之间的联系。

（5）有哪些特殊情况，在某个作业环节出错时通过何种途径进行弥补

对于特殊情况的处理，体现了系统的灵活性，但这其中也隐含着危机。用户领域中有很多"合理但不合法，不合理也不合法"的特殊情况，它们出现的机会比较少，用户往往遗漏这些问题，需要调研人员挖掘出来，这些特殊情况有时是系统必须处理的。

当用户在某个作业环节出现失误时，手工系统有的采用正规的手续进行纠错，有的则相当随便，这些情况出现的概率也很小。需求分析人员可采用穷举的方法，假定在每一个环节都出现失误，逐个环节询问用户的处理方法，防止遗漏。这些细节如果不调研清楚，往往会对系统产生深远的影响。

（6）将来有何变化

需求在未来有变化是必然的，如果只满足现在，不考虑将来需求的扩展，系统的寿命就不会长久，对用户的投资是一种浪费，同时也会给开发商增加升级工作量。因此为了"防患于未然"，要充分考虑系统的可扩展性，在系统设计时将以后可能的变化考虑在内。

6.1.4　需求获取的注意事项

- 在调研前和用户讲清楚调研的意义、过程以及需要注意的问题。

用户的配合是需求调研成功的基础。调研的过程往往反复多次，用户不一定理解这个过程，调查时要和用户讲清楚。

- 做好调查前的准备工作。

在调查前要准备好问题单，对问题合理分类，安排好问题的次序，并事先提供给用户便于其准备，以提高工作效率。

- 提问时以一人为主，其他人注意记录和查找问题。

- 在用户讲解时，不要打断用户，要使对方有充分的表达机会。

- 对询问的问题要及时、准确地记录，以便于整理需求文档。

- 调研时要以流程为主线，以输入、处理、输出的思想作为总体主线。

在我们进行需求调研时，和用户沟通业务最能激发他们的热情来讲解需求，即每天他们在干什么。收到其他环节或岗位传递来的哪些信息？如单据报表等，做了哪些加工处理？再传递给了哪个环节或岗位？

- 尽可能多地记住用户的姓名、职务、爱好等。

在调研开始、结束、中间休息时，可以多了解用户的爱好等各种信息，拉近和用户的距离，和用户成为朋友，让客户有参与感。

- 同样的需求要从不同的渠道进行验证。

在开发软件的需求时，需要从多个用户那里得到相同的需求，彼此进行验证才能确定是否采纳那个需求。在我曾经历过的一个项目中，共包含了 8 个业务模块，其中最复杂的也是最不确定的一个业务模块，系统分析人员完全听信了客户 IT 主管的描述，结果在系统开发完成后，却陷入了推倒重来的境地。关键原因就在于该需求没有得到实际操作人员的确认。

6.2　需求分析的思维方式

穷举、分类、分层、抽象是需求分析的八字要诀。

穷举就是罗列出所有可能的情况。当知道某一种可能的时候，要举一反三，列出所有的可能，针对问题全局考虑解决方案。假如你考虑开发一个库存管理系统，有入库单、出库单、损溢单 3 种类型的单据，有 2 种账本：库存流水账、库存成本账。当考虑记账的算法时就要考虑 3*2=6 种情况，即要考虑 6 种算法，这就是穷举。在做软件需求分析时，尤其需要通过穷举方法确保需求完备性。采用穷举方法往往能够发现容易遗漏的非正常的一些情况，而这些情况往往会对问题的解决方法产生重要影响。头脑风暴法是穷举的一种有效方法。当然，有些问题是无法穷举尽的，此时可以采用分类的方法。

分类是人们认识事物最自然的方法之一。通过分类的方法可以将事物进行结构化，将繁杂的问题条理化。分类也可以帮助我们实现穷举。穷举出来后，可以采用分类的方法将问题进行有效地组织，寻找事物之间的共性。对同一个问题集合，可以从多个方面进行分类，实际上是对问题属性进行深入地分析。在需求开发时，可以对需求从多个方面分类，如按需求的种类分为功能需求、性能需求、接口需求、其他需求；按需求的优先级分为必需的、期望的、装饰性的；按需求的影响范围分为全局性需求、局部需求等。

基于同一个刻面分类时，类别之间没有交叉，而且类别的集合构成了全集。

分层：网络的 7 层协议、软件 3 层体系结构、马斯洛的需求层次论，都是经典的分层思想。分层其实也是分类的一种，只不过分类时类别之间是没有关联关系，而分层时层与层之间有一种关联关系，如层 A 为层 B 提供服务，层 B 是建立在层 A 的基础上等。在一个单位内，组织结构常常表现为树状结构，上下级之间存在着领导与被领导的关系。CMMI 的 5 个等级也是分层思想的一种体现。在需求开发时，往往对需求划分为 3 个层次：目标层需求、业务层需求、操作层需求，其中每个下层的需求必须满足上层需求。不同层次需求的提出者、获取方法、文档量、表达方式、评审方式、稳定性、返工影响、优先级的确定往往是不同的，参见表 6-2。

表 6-2　　　　　　　　　　　　　　　　不同层次的需求

	提出者	获取方法	文档量	文档形式	评审方式	稳定性	返工影响	优先级的确定者
目标需求	高层经理	访谈	不超过半页	ppt,word	正规评审会	最稳定	最大	客户
业务需求	中层经理	访谈	几页或几十页	excel, word	正规评审会	较稳定	次之	客户
操作需求	操作员+开发人员	原型	几十页或上百页	word	非正式评审会,正规评审会,分多次评审	最易变化	局部影响	客户+开发人员

高层领导提出来的是目标性需求，中层管理人员提出来的是具体的业务需求，而作业人员提出来的更侧重于操作性的需求。目标性的需求可能采用简短的几句话就可以描述清楚，但这是项目的决策性需求，需要很稳定，不能轻易更改，在确定的时候需要慎之又慎。目标

性需求对于双方所有的人都是约束，它不仅仅含有软件需求，更重要的是对整个系统的要求。业务需求是基本稳定的，一般覆盖系统的局部，可以比较详细地用文字描述出来，需求之间的关系错综复杂，这类需求一般也变化比较多，需要分析人员和需求管理者花费较大的精力来描述和管理。操作性需求最适合采用原型的方法来描述，可以比较直观的刻画出来，尽管变化多，但是很少有结构性的变化。

抽象：抽象是从众多事物中抽取出共同的、本质的特征，而舍弃其非本质的特征。共同特征是指那些能把一类事物与其他类事物区分开来的特征，这些具有区分作用的特征又称本质特征。因此抽取事物的共同特征就是抽取事物的本质特征，舍弃不同特征。所以抽象的过程也是一个裁剪的过程，不同的、非本质性的特征全部裁剪掉了。所谓的共同特征，是相对的，是指从某一个刻面看是共同的。比如，对于汽车和大米，从买卖的角度看都是商品，都有价格，这是它们的共同的特征，而从其他方面来比较时，它们则是不同的。所以在抽象时，相同与不同，决定于从什么角度来抽象。抽象的角度取决于分析问题的目的。

在软件开发过程中，识别稳定的需求、识别核心的需求、识别概念性的需求、设计系统的架构、定义系统中构件之间的接口关系等都是抽象的过程，都是反应系统本质特征的过程。抽象的目的是提取出问题中最本质的方面，找出其最稳定的方面。抽象时，往往忽略了细节，而抓住其主要因素，忽略次要因素。例如苹果、香蕉、生梨、葡萄、桃子等，它们共同的特征都是水果。得出水果概念的过程，就是一个抽象的过程。要抽象，就必须进行比较，没有比较就无法找到共同的部分。也可以从不同的角度来抽象，抽象角度不同，结论也是不同的。软件开发的方法经历了结构化方法、面向数据流的方法、面向对象的方法等等的演变。结构化方法认为软件中功能处理是最稳定的，面向数据流方法认为数据是最稳定的，面向对象方法认为对象是最稳定的，其实也是在从不同的角度对软件开发过程进行抽象，在寻找软件开发中最本质的东西。

6.3 需求描述方法

6.3.1 需求必须文档化

如果是 2 个公司之间的供求关系，请将需求文档化。

如果是 2 个部门之间的供求关系，请将需求文档化。

如果是 2 个小组之间的供求关系，请将需求文档化。

如果是 2 个人之间的供求关系，请将需求文档化。

这是真理。

人类信息的沟通主要通过 2 种方式：文档与口头交流。

文档可以流传很久，不容易产生歧义，在传递中不会增加或减少内容。比如《史记》之类的书流传了上千年。

口头交流在传递过程中，很容易因个人观点而对信息进行增删改。比如一些神话故事，各有各的版本。

如果需求没有文档，沟通时我们会这样讲："传说，需求是这样的……"。

基于传说的需求，你相信客户会顺利验收你的系统吗？

道德是感性的，证据是理性的。道德是合作的基础，但并非有了良好的道德就一定能合作成功，因为分歧并非仅由道德的差异造成，因此理性的证据是必需的。再好的合作关系，当发生分歧时，也会互相追究责任，而在追究责任时，就必须拿出证据：文档。按规范做事情，减少犯错误的概率，减少责任，否则你可能成为打破常规的英雄，但更可能成为失败的替罪羊。

当然，文档化的需求也会存在二义性，不能期望文档化的需求能解决所有需求变更的问题，但毕竟已经减少了需求的二义性。

需求的初稿要文档化，需求的变化也要文档化，因为需求的变化是永恒的，需求是渐变的。

6.3.2 信息管理系统的需求描述方法

需求是整个软件项目最关键的一个输入。据统计，不成功的项目中有 37%的问题是由需求造成的。与传统的硬件生产相比较，软件的需求具有模糊性、不确定性、变化性和主观性的特点。在硬件生产企业中，产品的需求是明确的、有形的、客观的、可描述的、可检测的，而软件需求不具备此特征。需求文档作为客户和开发人员、开发人员之间进行交互的文档，它将系统的需求进行了"固化"，是需求的载体，其作用至关重要。结合我多年开发信息管理系统的经验，总结了如下的需求描述方法与经验。

1．构成信息管理系统的 7 个基本要素

对需求可以从 2 个方面来描述，一个方面是对客户现行系统的描述，另一个方面是对系统未来的设想。总之，无论是从哪个方面描述，构成信息管理系统主要包括 7 个基本要素：组织结构、流程、数据、商务规则、功能、界面原型、其他约束。如图 6-2 所示，其中从用户的角度主要关注流程，通过流程将其他几个要素贯穿起来，需求分析人员也应该从这个角度与用户沟通；从开发者的角度主要关注数据、商务规则与功能，以便于系统的实现；从实施者的角度主要关注组织结构与功能，以便于系统的发布与实施。

图 6-2

（1）用户角色

即组织结构关系，包括部门设置、岗位设置、岗位职责等。树型组织结构图是描述组织结构的一种常用方法，例如图 6-3 所示，它可用来厘清各部门之间的领导关系、每个部门内部的人员配备情况以及职责分工等。它是划分系统范围、进行系统网络规划的基础。在组织结构图中，应将用户的组织结构逐层详细描述，每个部门的职责也应进行简单描述。组织结构是用户业务流程与信息的载体，对分析人员理解业务、确定系统范围具有很好的指导作用。取得用户的组织结构图，是需求获取步骤中的基础工作之一。

用户环境中的岗位或角色，和组织结构一样，是分析人员理解业务的基础，也是分析人员提取对象的基础。每个岗位的职责可以进行详细描述，建议采用表格的形式，参见表 6-3。

表 6-3　　　　　　　　　　　　　　　　　岗位的职责描述

岗位	所在部门	职责	相关的业务
采购员	业务部	负责商品采购、进货合同的签定、供应商的选择	进货、合同管理

对用户角色的识别常常遗漏的是计算机系统的系统管理人员。角色识别不全面，对以后的功能识别会造成盲区。

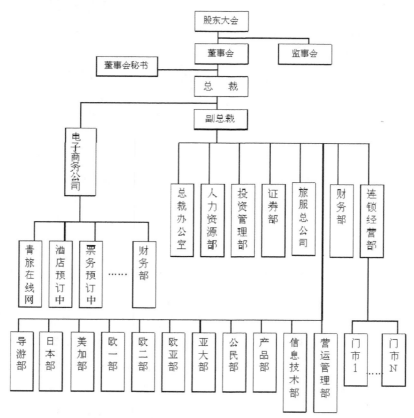

图 6-3　某旅行社的组织结构图

（2）业务流程

即包含哪些流程、流程之间的关系，每个流程中包括哪些活动、每个活动涉及的岗位。首先要有一个总的业务流程图，将各种业务之间的关系描述出来，然后对每种业务进行详细的描述，使业务流程与部门职责结合起来。详细业务流程图可以采用直式业务流程图形式，如图 6-4 所示。需要定义关于业务流程图的描述标准，便于管理。

- 绘制业务流程图的过程，实际上是作业流程条理化的过程。

- 业务流程图形象直观，易于和用户交流，易于项目组内部交流，可以作为培训实施人员与技术服务人员的文档。

- 业务流程图中还可以附加一些文字说明，如关于业务发生的频率、意外事故的处理、高峰期的业务频率等，不能在流程图中描述出的内容，需要用文字进行详细描述。

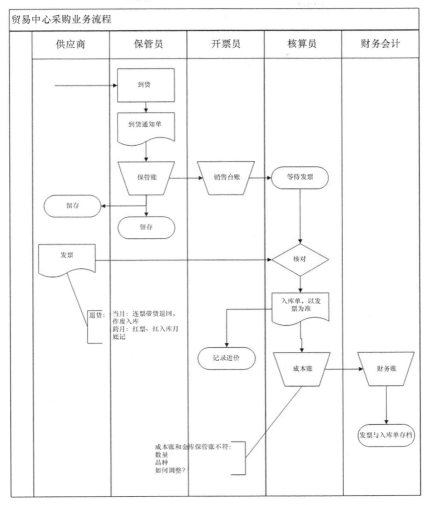

图 6-4　直式业务流程图

（3）功能需求

功能需求是用户最主要的需求，对用户功能需求的描述可以采用文字方式，也可以采用语言加图形的方式，只要能够将用户需求描述完整、准确、易于理解即可。对功能需求比较复杂的系统（如超过 10 个功能项），可以先描述一个概要，对简单的系统可以直接进行详细描述。对于用户的功能需求要进行分类，分类方法应便于用户理解，如按照用户部门设置情况描述每个部门的需求，这样也便于组织用户进行评审。以下是分类方法举例。

- 按部门分类：如采购科、销售科、计划科、生产车间、财务科、统计科、总经理等。

● 按功能类型分类：如单据录入、单据审核、单据查询、记账、账本查询、统计报表、系统维护等。

对功能需求的分类在不同层次可以采用不同的方法。

对每一项功能应有一个功能编号，以便与功能规格说明书中的编号对应。对每一项功能的描述应指明输入（Input）、处理方法（Process）、输出（Output）及对此项功能的其他要求，还应注明使用此功能的岗位。对系统管理员要求的特殊功能可以在此注明，非特殊要求可以在需求规格说明书中详细论述。如用户权限可分级，要有操作日志等。

对具体功能需求采用 Use Case 的描述方式也是一种常用的方法，参见表 6-4。

表 6-4　　　　　　　　　　采用 USE CASE 描述具体的功能需求

执行者行为	系统响应
发出查询命令	
	提供设置查询条件的界面
录入需要的条件：团号、日期、线路、状态	
	列出符合条件的团队列表，提供两个选择：（1）查看最新团队计划；（2）查看团队更改记录
可选过程（一）：查看最新团队计划	
	显示选择的团队计划
可选过程（二）：查看团队更改记录	
	显示所选团队的更改记录

功能需求与性能需求是密不可分的，笼统的性能需求没有任何意义，必须具体到某项功能需求上来，这是分析人员在分析系统时容易忽略的一项。

（4）界面原型

原型法是捕获需求的一种有效方法，可以帮助用户深入细致的思考需求。用开发工具将用户操作界面快速画出来，使用户心中有数。若时间允许，可将界面原型与数据库表、字段连接起来，真正做出系统雏形，即快速原型法。

案例：麦哲思科技网站的开发

2008 年 1 月份当我创建麦哲思科技的网站时，我编写了详细的网站的需求说明书，当我发给网站的开发人员时，他们要我对需求做出承诺，我便发了邮件，告诉对方可以在那个版本的需求之上开发网站了。开发人员很快给我发来了网站首页的原型，当我看到原型时，马上就有了需求变更，要求对方把"专业、职业、敬业的技术与管理咨询！"几个字修改为动态的画面，而不是静态的！我当时之所以有这样的想法，是想当我的客户登陆到此网站时，能够有几个显著的字眼抓住客户的眼球。

尽管我做了多年的软件开发，做了多年的需求分析，当我自己作为甲方提需求时，我仍然无法将我所有的需求都能提完备，当我看到原型时，便激发了我的想法，对我如此，对于那些没有需求经验的一般用户，更是如此！

图 6-5 麦哲思科技网站首页

（5）数据

即信息载体有哪些，以及对这些信息载体的详细刻画，包括各种单据、账本、报表的描述。在需求描述中应该将单据的描述规范化，需要描述的内容包括：

- 单据用途：即单据用在什么地方？

- 单据格式：需要明确的画出来，并有实际的数据样例，能够具体直观地说明问题；

- 单据中数据项的具体描述：长度、类型、计算生成方法、约束条件等；

- 数据项是由哪些不同类型的角色来填写，包括用计算机可以填哪些数据项。

- 单据中哪些数据是必填的。

- 单据流量：平均每天产生多少条记录，高峰期数量。

- 单据分类：可以从多个角度进行分类，如：按业务类型分类（采购/销售/生产），按生成的方式分类（手工录入型/自动生成型），按格式变化的频繁程度分类（易变型/稳定型），按表现形式分类（列表型/卡片型）等。

- 单据之间的引用关系等。

同样，对于报表与账本也可以参照上面的条目进行详细地刻画。

（6）处理规则

即商务规则有哪些，这些规则用在哪些地方，商务规则可以从影响的范围划分为两类：一类是局部规则，如不允许出现负库存；一类是整体规则，如对所有物料管理到批次。商务规则一般隐藏在功能模型或者流程模型中，不需要单独描述，但是有些复杂的商务规则需要单独抽取出来描述，如表 6-5 所示各种单据记账的商务逻辑：

表 6-5　　　　　　　　　　　各种单据记账的商务逻辑案例

	库存保管账	库存成本账	往来账
采购入库单			
采购发票			
销售发票		详细的记账方法	
销售提货单			
采购付款单			
销售回款单			
……			

（7）其他非功能需求

系统的性能需求、接口需求，以及其他的限制条件往往对系统的架构产生重大的影响，因此也不能忽略，需要重点关注。非功能需求中包括了安全性、可靠性、效率、容量等需求，对于这些需求要能量化的则量化，不能量化的尽可能用原型描述。客户在提出需求的时候往往会忽略约束条件，需要分析人员提醒客户。但有时即使提醒了，客户对这些非功能需求也没有想法，此时需要分析人员根据客户的实际场景来确定这些非功能需求，也有的软件公司为各种非功能需求定义了缺省值。

对以上七个基本元素之间关系的刻画可以采用矩阵的方式，参见表 6-6。

表 6-6　　　　　　　　　　采用矩阵方式刻面 7 个基本元素之间的关系

岗位（角色）	业 务 流 程	功　　能	界面原型	数　　据	商 务 规 则	非功能需求

表 6-6 中所列的排序可以根据面向的读者的不同而改变。

2．需求文档的四类读者

需求文档是给人来阅读的，所以一定要考虑需求文档的读者。有 4 类角色可能阅读系统的需求文档。

- 客户与用户业务高层。
- 用户的中层管理人员与具体业务人员。
- 用户 IT 主管与开发人员，包括设计人员、编码人员、测试人员、同行的专家。
- 项目管理人员，包括项目经理、质量保证人员、需求管理员、配置管理员等。

不同读者对文档的阅读需求是不同的，关注的信息也是不同的。针对上述的 4 种分类，我们具体地来分析每类读者的特点。

（1）客户与用户业务高层。

他们关心系统的目标性需求，关心系统总体的功能框架，关心系统解决了哪些管理问题。他们对具体需求不太关心，所以给他们阅读的文档应该是从总体上来描述，要高度抽象。由于他们工作很忙，很难有比较长的时间阅读这些材料，所以要简短明了。能够用 1 页纸说明问题的，就不要用 2 页纸，而且一般都需要给高层进行需求汇报，讲解需求。因此采用 PowerPoint 也就成了一种常用的方法，讲解需求与讨论一般不要超过 1 小时。需求人员常犯的毛病是过多地关注了细节性需求，而忽略了系统的目标性需求。所以在需求获取时和需求文档编写时，往往没有抓住高层最关心的根本性问题，给高层汇报时就很难通过评审。

（2）用户的中层管理人员与具体业务人员。

中层管理人员关注局部需求，他们要求对自己负责的局部系统能够有总体了解，能够和其他的子系统衔接得很好，业务流程很流畅，覆盖自己需要的所有业务流程，能够通过系统起到控制作用。具体的操作人员更关心自己的具体工作是否在系统中都能处理，软件是否可以很容易地操作，他们关注的焦点更具体，要求更直观。所以对这类的读者可以通过比较详细的文档来描述需求，当然应该以他们习惯的思维方式来描述，不能从开发人员的角度来描述。我看过很多几百页的需求文档给用户去阅读和评审，结果要么用户不置可否，要么直接表示看不懂。为什么？一是开发人员在文档中分子系统、分模块、分功能点层层深入下去描述，不符合用户的思维习惯，他们希望能够从业务流程、业务活动的角度来考虑问题，而不是功能；二是文档内容太多，用户没有时间静下心来去消化吸收如此多的文档。需求文档毕竟不像小说那样那么吸引读者。

（3）用户 IT 主管与开发人员，包括设计人员、编码人员、同行的专家。

大多数分析人员可能最擅长的就是写这类文档了，往往也是拿这类文档给所有的读者看，其缺点我们上边讨论过了，这里就不赘述。

需要注意，在描述需求时，传统的做法是以功能为主线展开描述。实际上，如果以数据为主线来描述需求也是一种很好的办法。从数据的角度来分析系统可以更容易实现向 OOA、OOD 的切换。

（4）项目管理人员：包括项目经理、质量保证人员、需求管理员、配置管理员、计划人员等等。

把拿给开发人员看的需求文档给管理人员看，这也是分析人员常犯的毛病。管理人员实际上最关心的是需求列表，参见表 6-7。

表 6-7   **需求列表的内容**

序 号	需求项（功能、特性）	功 能 描 述	优 先 级

在此基础上，项目经理和质量保证人员可以进行项目策划，需求管理员和配置管理员可

以识别配置项制定相关的活动计划。没有这张表管理人员就很难高效地开展他们的管理活动。在表 6-7 中，需求的优先级是很重要的一项，对项目经理进行项目管理的平衡决策是很重要的。

根据上面描述，我们可以看出，需求文档不是一个文档，而是多个文档，参见表 6-8。

表 6-8　　　　　　　　　　　　需求文档的格式与目标读者

序号	文　　档	建议的格式	目　标　读　者
1	目标与范围描述文档	PPT 文件	用户高层与客户
2	用户需求报告	WORD、VISO 文件	最终用户
3	需求规格定义	WORD、VISIO 文件	IT 主管、开发人员、领域专家
4	需求列表	EXCEL	管理人员

3．需求描述技巧

需求文档是人与人之间交互的文档，是不同类型的人之间交互的文档，因此需求文档的可读性很重要的。为了提高文档的可读性，可以借鉴下面的一些做法。

- 在文档的描述中，适当运用链接，增强文档的可读性。

- 多用图表，如表 6-9 所示，某企业的业务与票据之间的关联关系可以用矩阵的方式进行描述。

表 6-9　　　　　　　　　　　　业务与票据之间的关联矩阵

进货方式	发票联	随货同行联	进货报单	外采单	代销验收单	已销代销通知单
正常经销	√	√		√	√	
代销进货	√		√		√	√
延期付款	√	√		√	√	

- 多用穷举的方式，以便于发现遗漏的需求。

- 通过适当的换行来提高可读性。

- 采用黑体、斜体、下划线、颜色等多种方式来突出重要内容。

- 定义标准的术语，以减少二义性，缩减文档的页数。

在功能需求的描述中，对于类似的、统一的功能可以单独地进行详细描述，其他地方进行引用，或作为术语进行定义，以简化文档，减少重复。如：

- 录入功能。

- 打印功能。

- 条件查询功能。

- 排序功能等。

尽管按照上述的方法去做，也不要期望能够编写出一份能体现需求应具备的所有特性的文档，无论如何去细化、分析、评论和优化需求，都不可能达到完美，但是能够做到"可接受"，写一份客户、用户、开发人员、管理人员都认可的需求，而不是完美的需求。

6.3.3　需求与设计的界线

需求与设计的区别究竟是什么？教科书中的经典答案是：需求关注系统"做什么"，设计关注"如何做"，其实这是一个很模糊的说法。

无论是在结构化方法中还是在面向对象的方法中，需求分析的结果既包括了"做什么"也部分包括了"如何做"，只不过描述"如何做"时抽象的层次比较高或者描述了某个局部需求的"如何做"。客户在提出需求时，可能对"如何做"提出一些约束条件，比如客户要求必须采用三层结构，必须采用某个中间件等等。在需求描述文档中，一般称为"设计约束"。开发人员进行需求分析后的结果包括了系统构成元素的分解（无论是称为模块还是称为包），包括了数据流程图或类图等，这实际上也是在定义系统"如何做"，只不过这里描述的"如何做"应是从客户的角度比较容易理解的。

在需求文档中包括了以下要素。

- 系统的目标、范围以及与外部的接口。

- 系统的功能、操作流程、处理规则。

- 系统处理的数据、数据的属性、数据之间的关系，这些数据可以解释为实体或者类。

- 对于系统可以划分为子系统，子系统中再分为模块，子系统和模块只是对系统功能进行分类的一种方法。

- 系统的设计约束。

- 系统的运行环境等。

　　另外在需求文档中还包括了子系统或模块之间的接口关系。这一部分往往与设计有交叉，系统分解为子系统、模块，以及它们之间的接口关系，在概要设计中往往也是涉及到的。在需求中对系统的分解是从功能的角度，从逻辑分类的角度进行系统的拆分，而在设计时对系统的拆分是从实现的角度，比如在设计时将系统分为界面层、中间层、数据层等。

　　在需求中尽量不描述"如何做"，实际上是避免对设计进行太多的约束与假设，这样会限制设计方案的选择。设计可以认为是一种决策行为，是一种选择行为。需求确定以后，解决的方案可能有多种，如果在需求里描述了"如何做"，实际上就限制了设计只能选择某一种方案，而这种解决方案很可能不是最优的。所谓的解决方案可能针对整个系统，也可能针对某个具体的功能。

　　原则上"做什么"是由客户提出来，由系统分析人员进行文档化。"如何做"是由开发人员确定并进行文档化。

　　"做什么"与"如何做"在现实中是迭代进行、交织在一起的。在项目立项之前进行的可行性分析，包括系统目标与范围的确定、技术路线的论证、成本、风险、进度的估算等等，在上述的行为中，包括了简单的需求与设计。在项目立项之后，采集了客户需求，进行需求分析，然后考虑系统的解决方案，此时还可能需要修改或增加需求。二者交叉或并行执行。

　　在需求和设计之间画一条明确的界线其实很难，理解了二者的根本区别，每个软件组织可以自己硬性地规定一条界线，即哪些内容在需求中描述，哪些内容在设计中描述。

6.3.4　需求文档与设计文档的区别

　　根据我的实践，对于需求文档与设计文档的4个文档做了如下的区分。

表 6-10　　　　　　　　　　　　　　　需求与设计的区别

客户需求	产品需求	概要设计	详细设计
综述	传统的认知是需求描述系统"做什么"，设计描述"如何做"，其实这是和现实不相符合的。无论是在结构化方法中还是在 OO 的方法中，需求分析的结果既包括了"做什么"，也包括部分"如何做"，只不过"如何做"部分抽象的层次比较高而已。"做什么"是一个笼统的概念，在刻画"做什么"时，会刻画已有的系统是如何做的，如系统作业流程、处理规则等，这实际上也是在定义系统"如何做"，但是这里描述的"如何做"是从最终用户可见的角度来描述的。当然客户也可能对"如何做"提出一些约束条件，在需求描述文档中，一般称为"设计约束"。无论是数据流程、还是类图其实都包含了设计的成分。			

续表

	客 户 需 求	产 品 需 求	概 要 设 计	详 细 设 计
综述	从客户的角度用客户的术语描述的需求。客户需求的描述不必拘泥于形式	从开发者的角度，用开发人员的术语描述的需求。是对系统具体功能与性能的描述	主要是描述系统由什么产品构件（包、类、子系统、模块等）构成，这些构件之间是什么关系	描述每个构件的实现方法
编写者	由客户编写或者由客户叙述、需求分析人员编写的。也可由客户的代理编写。客户方内部要对该需求达成一致	需求分析人员编写	需求分析人员或者设计人员	设计人员或者实现人员
来源	客户提供的各种资料访谈记录	客户需求 设计方案 开发方附加的需求	产品需求	产品需求与概要设计
约束力	是客户验收的依据。是验收测试用例的主要依据	是开发方验收系统的依据。也可以作为客户验收的依据。是系统测试用例的主要依据	是集成测试用例设计的主要依据	是单元测试用例的依据之一
可裁剪性	如果是产品开发，客户需求对应为市场需求。客户需求也可以合并到产品需求文档中	该文档是必须的	该文档是必须的	该文档可以合并到概要设计文档中。 在敏捷的软件开发方法中，该文档可以合并到代码中，通过代码的注释及代码替代详细设计文档
结构化方法	系统的目标； 系统的范围； 系统的运行环境； 系统的用户； 系统的使用场景（组织	产品的功能性需求、非功能性需求； 产品的分解结构（模块结构图，分解的层次应是客户可理解）；	系统的体系结构 系统的技术路线：核心设计思想 系统的模块划分 系统模块之间的接口关系	实现的功能 输入数据 输出数据 实现算法 数据结构

	客 户 需 求	产 品 需 求	概 要 设 计	详 细 设 计
结构化方法	结构图、业务流程图）； 功能性需求； 非功能性需求； 其他约束	每个产品构件的需求； 产品的外部接口需求； 产品构件之间的接口定义； 需求的优先级与分类； 系统的数据视图（E-R 图）； 系统的处理流程（数据流图）； 系统的设计约束	系统的内外部接口关系系统的数据结构：数据库的设计、共享的数据结构的设计； 核心技术问题的解决方案； 系统复用构件的设计：可以复用的模块的设计； 界面风格设计：整体的界面设计； 设计约定：进行详细设计的风格与内容一致性要求	交互界面
面向对象方法	系统的目标 系统的范围 系统的使用场景（组织结构图、业务流程图） 系统的用户 业务用例 系统用例 非功能性需求 其他约束	系统的目标与范围概述 业务用例图（可选） 业务用例描述（可选） 系统用例图 系统用例描述 对用例的补充性说明 领域模型：实体类的类图 系统的设计约束	系统结构划分：分层结构图、包图。 静态模型：描述了有哪些类？类与类之间有哪些静态关系？类的类型？主要通过类图的形式来表达。 动态模型：描述了类与类之间是如何交互的？主要通过顺序图来表达，也可以采用协作图、活动图等。 设计约定：进行详细设计的风格与内容一致性要求。 复用设计：系统可复用元素的设计。 界面风格设计：整体的界面设计。 持久对象设计：需要持久存放的对象与数据库的映射关系	类的具体责任 类的外部接口 类的属性与方法定义 方法的逻辑设计

续表

	客 户 需 求	产 品 需 求	概 要 设 计	详 细 设 计
描述的详细程度	目标与范围必须描述清楚	可测试、可验收	在 OO 方法中，要将产品拆分到包及类，类并不一定能覆盖所有的类，但是包对外的接口类一定要覆盖，包内部的核心类要覆盖。在结构化方法中，要详细到模块，即函数的上级系统元素	方法或函数的逻辑设计要完成

6.4　需求评审

6.4.1　软件需求评审之道

软件需求是软件开发最重要的输入，需求风险也常常是软件开发过程中最大的一个风险。降低需求风险的重要手段就是需求评审，但是需求评审是所有的评审活动中最难的，也是最容易被忽视的一个评审。我曾经历过以下几种失败的需求评审。

案例：不同的主持人评审效果不同

某领域专家对某企业的成本管理系统做用户需求报告的评审工作，在评审会开始时间不长，就被在场的企业的一位副总打断，他认为领域专家提出的方案不适合本企业，在企业中无法实施。该副总提完意见后，与会的用户方人员纷纷跟随他提出了反对意见，致使评审会无法继续进行下去，最终报告被用户否决。一个月后，该企业重新召开了评审会议，用户需求报告没有做修改，而是换了一个会议主持人，结果报告顺利评审通过。

案例：在某个具体问题上花费太多时间的评审会

某软件公司内部举行产品的需求评审会，主要是公司内部的领域专家参加。在评审会开始后不久，某领域专家就对需求报告中的某个具体问题提出了自己的不同意见。于是，

与会人员纷纷就该问题发表自己的意见，大家争执不下。结果，致使会议出现了混乱状况，主持人无法控制局面，会议大大超出了计划时间。

案例：枯燥的评审会

某软件公司为某公司 A 做业务流程管理系统的需求评审会。当项目组人员在会议上宣读多达上百页的需求报告时，用户明确提出听不懂，致使会议不得不改日进行。

案例：没有实际效果的评审会

某软件公司召集了公司所有的中高层经理花费一个上午的时间，评审了一份 200 页的需求文档，找到了 20 多个小缺陷，然后中午大家聚餐，庆祝需求评审顺利完成！

以上的现象在很多项目中都可以看到。概括起来，在需求评审中常见的问题有以下几种。

- 需求报告很长，短时间内评审者根本就不能把需求报告读懂，想清楚。
- 没有做好前期准备工作，需求评审的效率很低。
- 需求评审的节奏无法控制。
- 找不到合格的评审员，与会的评审员无法提出深入的问题。

那么究竟如何做好需求评审呢？

建议一：分层次评审

我们知道用户的需求是可以分层次的，一般而言可以分成以下三种层次。

目标层需求：定义了整个系统需要达到的目标。

功能层需求：定义了整个系统必须完成的任务。

操作层需求：定义了完成每个任务的具体的人机交互。

目标层需求是高层管理人员所关注的，业务层需求是中层管理人员所关注的，操作层需求是具体操作人员所关注的。不同层次的需求，其描述形式是有区别的，参与评审的人员也是不同的。如果让具体的操作人员去评审目标性需求，很容易导致"捡了芝麻，丢了西瓜"。如果让高层管理人员去评审操作性需求，无疑是一种资源的浪费或者出现高层管理者拒绝参与的情形。

建议二：正式评审与非正式评审结合

正式评审是指通过召开评审会的形式，组织多个专家，将需求涉及的人员集合在一起，并定义好参与评审人员的角色和职责，对需求进行正规的会议评审。非正式评审不需要这种严格的组织形式，一般也不需要将人员集合在一起评审，而是通过电子邮件、文件汇签甚至是网络聊天等多种形式对需求进行评审。两种形式各有利弊，但往往非正式评审比正式评审的效率更高，更容易发现问题。因此在评审时，应该灵活地利用这两种方式。

建议三：分阶段评审

应该在需求形成的过程中进行分阶段的评审，而不是在需求最终形成后再进行评审。分阶段评审可以将原本需要进行的大规模评审拆分成各个小规模的评审，降低了需求返工的风险，提高了评审的质量。比如可以在形成目标性需求后进行一次评审，在形成系统的初次概要需求后再进行一次评审，当在概要需求细分形成几个部分后，对每个部分进行评审，最终对整体的需求进行评审。

建议四：精心挑选评审员

需求评审可能涉及的人员包括：需求方的高层管理人员、中层管理人员、具体操作人员、IT 主管；供应方的市场人员、需求分析人员、设计人员、测试人员、质量保证人员、实施人员、项目经理以及第三方的领域专家等。这些人员由于所处的立场不同，对同一个问题的看法也是不相同的。有些观点是和系统的目标有关系，有些则关系不大，不同的观点可能形成互补的关系。为了保证评审的质量和效率，需要精心挑选评审员。首先要保证不同类型的人员都要参与进来，否则很可能会漏掉很重要的需求。其次要在不同类型的人员中选择那些真正和系统相关的、对系统有足够了解的人员参与进来，否则很可能使评审的效率降低或者最终不切实际地修改了系统的范围。

建议五：对评审员进行培训

很多情况下，评审员是领域专家而不是评审活动的专家，他们没有掌握评审的方法、技巧、过程等，因此需要对评审员进行培训。同样，对评审主持人也需要进行培训，以便参与评审的人员能够紧紧围绕评审的目标进行讨论，能够控制评审活动的节奏，提高评审效率。对评审员的培训也可以区分为简单培训和详细培训两种。简单培训可能需要十几分钟或者几十分钟，需要对评审过程中需要把握的基本原则，需要注意的常见问题说清楚。详细培训则可能要对评审的方法、技巧、过程进行正式的培训，需要花费较长的时间，是一个独立的活动。需要注意的是，被评审人员也要被培训。

建议六：充分利用需求评审检查单

需求检查单是很好的评审工具。需求检查单可以分成两类：需求形式的检查单和需求内容的检查单。需求形式的检查可以由 QA 人员负责，主要检查需求文档的格式是否符合质量标准。需求内容的检查由评审专家用来检查需求内容是否达到了系统目标、是否有遗漏、是否有错误等等，这是需求评审的重点。检查单可以帮助评审员系统全面地发现需求中的问题，检查单也要是随着过程财富的积累逐渐丰富和优化。

建议七：建立标准的评审流程

对正规的需求评审会需要建立正规的需求评审流程，按照流程中定义的活动进行规范的评审过程。比如在评审流程定义中可能规定了评审的进入条件、评审需要提交的资料、每次评审会议的人员职责分配、评审的具体步骤、评审通过的条件等。

建议八：做好评审后的跟踪工作

在需求评审后，需要根据评审人员提出的问题进行评价，以确定哪些问题是必须纠正的，哪些可以不纠正，并给出充分客观的理由与证据。当确定需要纠正的问题后，要修改需求文档并进行复审。切忌评审完毕后，没有对问题进行跟踪，而无法保证评审结果的落实，使前期的评审努力付之东流。

建议九：充分准备评审

评审质量的好坏在很大程度上取决于评审前的准备活动。常见的问题是，需求文档在评审前没有提前发给参与评审的人员，没有留出充分的时间让参与评审的人员阅读需求文档。更有甚者，没有执行需求评审的准入条件，在评审文档中存在大量的低级错误，或者没有在评审前进行沟通，文档中存在方向性的错误，从而导致评审的效率很低，质量很差。对评审的准备工作也应当定义一个检查单，在评审之前对照检查单落实每项准备工作。

在实践中细心体会、实施上述的九条建议，相信读者定会受益非浅。

案例：需求走查会议

2007 年 7 月我曾经参加了一次需求评审，整理了整个过程如下：

评审组构成：

由 EPG 组长担任评审会议主持人，评审组成员有 12 个人，6 个开发人员，包括项目

经理，其他都是项目组内部的人员，1 个测试人员，4 个 EPG 成员，1 个外部咨询顾问。

准备工作：

（1）提前 1 天发布了会议通知，没有为评审组成员准备检查单。

（2）有 2 个人提前进行了准备，阅读了被审查文档，但是只找出了 5 个问题。

（3）QA 提前进行了文档与标准符合性的检查。

启动阶段：

（1）原计划 9 点开始，9 点 15 分才正式开始，有 3 人迟到。

（2）主持人首先宣布了会议规则：

- 手机震动：在过程中有人不符合规定
- 同时只能 1 个人发言
- 评审组成员可以随时中断阅读者阅读文档

（3）主持人宣布会议议程

（4）指定了记录员

评审阶段：

（1）PM 逐字读文档

（2）过程中有参与人员手机振铃，没有打到震动

（3）专家提问，和作者、PM 进行讨论

（4）阅读者在阅读时发现描述有问题

（5）专家对文档中的术语不理解，沟通术语的含义

（6）项目组内部的成员对同一个需求有不理解的地方

（7）记录员有时候参与讨论，没有记录问题

（8）会议中有人长时间外出打电话

收尾阶段：

（1）记录员宣读记录的问题，评审组成员发现有 2 个问题记录的不准确，遗漏一个问题，有一个问题是理解问题不是缺陷，有 1 个问题是待定项，需要继续研究。

（2）咨询顾问公布度量数据、点评本次过程的优缺点

（3）主持人宣布会议结束

度量数据：

（1）评审规模：需求规格说明书 12 页

（2）评审时间：75 分钟

（3）参与人数：12 人

（4）评审工作量：15 小时

（5）发现的问题个数：15

（6）评审效率：平均每小时发现 1 个问题

（7）其他：有 2 个项目组成员没有发现问题，测试人员没有发现问题

咨询顾问的点评：

（1）事先没有给专家准备检查单，可能是造成本次评审效率低的原因之一。

（2）评审组成员没有提前进行个人评审，可能是造成本次评审效率低的原因之一。

（3）评审组成员没有按时参与会议，耽误了 3 个人时的工作量，该时间没有统计在评审工作量中，否则评审效率更低。组织应该建立守时的文化，应有奖惩措施。

（4）没有给专家分配明确的角色，可能是造成本次评审效率低的原因之一。

（5）会议中有电话响，未打到震动。

（6）在会议中专家可能提出不切实际的需求，项目组的成员需要进行判断。评审需要安排专家参与，如果参与者不是专家，决定权应掌握在项目组手中。

（7）记录员要详细记录缺陷的位置，并清楚的描述问题。对记录员应进行事先的培训。

（8）阅读者逐字逐句读文档，速度太慢，PM 没有很好的控制会议效率。看的速度高于读的速度，阅读者应讲要点，而不是通读。需要在评审开始时对参与的人员与阅读者进行培训，并在会议中及时控制节奏。

（9）参与人员比较多，有的人没有对评审结果有贡献，以后可以考虑减少参与人员，提高评审效率。

本次评审属于走查，不是正式的审查。

6.4.2　同行评审培训练习点评

2008 年 3 月 3 日笔者做同行评审的培训，讲解同行评审方法花费了 3 小时，练习时间 1 小时，点评时间 45 分钟。参加培训的人员 20 人，19 人参与了练习，划分成了 3 个小组练习。3 个小组对同一个需求进行了同行评审，该需求为一个实际项目需求的一部分，仅有 1 页纸，但是质量比较差。

这 3 个小组的练习结果参见表 6-11。

表 6-11　　　　　　　　　　　3 个小组的练习结果

	第 1 组	第 2 组	第 3 组
被评审文档的规模（页）	1	1	1
累计确认的 BUG 数	13	17	4
工作量（分钟）	225	480	95
效率（BUG 数/小时）	3.47	2.13	2.53
个人评审的平均速率（页/小时）	4	2	6
缺陷密度（BUG 数/页）	13	17	4
个人评审阶段发现的 BUG 数	10	12	2
会议中发现的 BUG 数	3	5	2
个人评审阶段发现的 BUG 数/会议中发现的 BUG 数	3.33	2.40	1.00
参与评审的人数（包括作者、记录员与主持人）	6	8	5
需求评审检查中的检查项个数	12	8	10

对上述的度量数据分析，点评如下。

（1）第 3 组发现的 BUG 数及投入的工作量明显少于其他 2 个组，个人评审的速率最快，准备阶段发现的缺陷数与会议中发现的缺陷数比例比较小，说明该组对评审的投入不足，评审的质量不高。

（2）第 2 组投入工作量最大，参与人数最多，评审效率最低，没有很好地控制评审人员的数量。一般而言，应该控制在 3～7 人为宜。

（3）第 1 组的效率最高，准备阶段发现的缺陷数与会议中发现的缺陷数比较大，说明该组的个人评审做得比较充分，效果比较好。

（4）尽管第 2 组发现的缺陷最多，但是第 2 组比第 1 组多发现 4 个缺陷，工作量却多花费了 255 分钟，相比而言，投入产出很不合适。

（5）第 1 组和第 2 组的工作量的度量数据可能存在统计口径不一致的现象，否则同样是花费了 1 小时的时间做练习，投入的工作量不会差别那么大，应对度量元的准确定义进行约束。

（6）个人评审的平均速率越快，发现的缺陷越少，个人评审的速率越慢，发现的缺陷越多。

（7）与会议中发现的 BUG 数相比，个人评审阶段发现的 BUG 越多，评审效率越高。

针对上述练习，各小组总结的经验教训归纳如下。

（1）主持人与作者要首先对检查中的检查项达成一致的理解。

（2）评审完毕后，要分析检查单中每个检查项的命中率，针对没有发现问题的检查项要进行分析，确定是真没有问题还是在评审时遗漏了问题。

（3）评审中专家对某两个问题是否是同一个问题存在争议，进行了激烈讨论，主持人应控制会议节奏，避免在一个问题上花费太多，降低效率。

（4）记录员对问题的记录与评审员的想法不一致，花费了较长的时间进行沟通。

（5）有的小组没有对评审员细分角色，导致评审的效率偏低。

（6）有的小组在评审时，采用了模拟用户使用场景的方法，效果很好。

（7）需要实时采集度量数据，保证度量数据的准确性。

6.5 需求管理

6.5.1 需求管理的基本原则

（1）必须与需求工程的其他活动紧密整合。

需求工程包括需求获取、需求分析、需求描述、需求验证和需求管理。狭义的需求管理是指已经建立了软件需求后需求变更的管理，而广义的需求管理自需求获取阶段已经开始了。在需求获取阶段，需要给客户灌输进度、质量、成本和需求四要素平衡的原则，避免客户在不考虑时间与成本的前提下提出超出系统目标的需求，并要与客户对需求的理解达成一致。形成需求文档后，需要对需求文档进行评审，需要与项目组的开发人员对需求达成一致，获得项目组成员对需求可实现的承诺。

（2）需求必须是文档化的、正确的、最新的、可管理的、可理解的。

有需求必须有文档来记录，需求文档必须是正确的，是经过验证的，是在受控的状态下变更的。而很多开发人员会提这样一个问题：简单的系统就不用写需求了吧？"这么简单，说说就行了！"这是很多开发人员不写需求的借口。其实简单的系统未必简单，想清楚、写清楚、说清楚，才说明真正把需求整理清楚了。

案例：需求不明之痛

有一次，我安排 2 名开发人员编写一个单据录入的模块，仅给出了数据库的设计，简单说了一下模块的需求。这两名开发人员以前均做过类似的系统，在大家看来这是一个很简单的系统，不需要太多的沟通。然而，当系统交付时，才发现想象中的系统与现实的系统差距是如此之大，在需求提出者看来是想当然的问题，开发人员却全都忽略了！

（3）只要需求变化了，就必须评估需求变更的影响。

需求的变化是积少成多、逐步渐变的。无论需求变化的多少，只要需求变化了，就必须评估其影响，这是基本的原则。控制需求渐变需要注意以下几点。

• 需求一定要与投入有显性的联系，否则如果需求变更的成本由开发方来承担，则项目需求的变更就成为必然了。人们常说，世上没有免费的午餐，同样也不应该有免费的需求变更。但是，接受需求变更目前却是软件开发商不得不咽下的苦果。所以，在项目的开始，无论是开发方还是出资方都要明确这一条：需求变，软件开发的投入也要变。

• 需求的变更要经过出资者的认可。需求的变更引起投入的变化，所以要通过出资者的认可，这样才会对需求的变更有成本的概念，能够慎重地对待需求的变更。

• 小的需求变更也要经过正规的需求管理流程，否则积少成多。在实践中，人们往往不愿意为小的需求变更去执行正规的需求管理过程，认为降低了开发效率，浪费了时间。正是由于这种观念才使需求的渐变不可控，最终导致项目的失败。

案例：小的需求变化也要执行变更流程

2001 年我曾经经历过一个项目，为了避免项目的风险，我们请了用户代表全程参与了开发过程，结果用户代表在开发过程中提出了大量的"小"的需求变更。当开发人员按此

需求变更修改了软件后，在项目进入现场实施阶段时，却有大量工作是要将这些变更的需求再改回去。问题就出在我们的项目组成员视用户代表的需求为圣旨，却忽略了需求是否经过了客户方真正有决策权人员的认可。

在一个项目组中必须明确定义需求管理员，由其负责整个项目的需求管理工作，确保在发生需求变更时，受影响的工作产品必须修改，并与需求的变更保持一致，受影响的其他组和客户必须协商一致。

（4）需求必须划分优先级。

有调查机构对市场上的软件产品做了调查，发现在商品化的软件系统中，我们天天在使用的功能大概占总功能数量的7%左右，经常使用的功能13%左右，而从来没有用到的功能达45%左右，如图6-6所示。基于上述调查，我们可以判定，需求是一定可以划分优先级的。在我经历过的每一次产品开发过程中都遇到这个问题：负责产品需求的领域专家罗列了长长的功能列表，每个功能都是不可或缺的，可当排出进度表后，发现工期是公司不能接受的，为了满足尽早上市的需求，就必须裁剪需求。一个好的项目需求，必须有需求的优先级，便于进行项目的整体平衡。

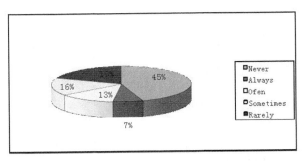

图 6-6　功能的使用频繁程度

6.5.2　需求控制组的构成

在软件项目中常见如下的现象。

- 用户提出了需求变更，市场人员答应了，开发人员认为工作量太大，不好实现。

- 软件项目签订了合同，规定了价格，在后期的开发过程中，需求变更很多，变更的成本都是乙方承担，项目结束后发现项目做亏了。

- 用户提出了需求变更，开发人员直接修改软件，没有通知相关人员。

- 用户张三提出了需求变更，开发人员修改了软件后，张三又认为不妥，需要修改回去。

- 用户张三提出了需求变更，开发人员修改了软件，用户李四看到了，认为需求不妥，需要修改回去，张三与李四的意见没有统一。

- 用户提出了需求变更，软件开发人员只是做了局部的修改，有的功能漏改了。

诸如此类，上述的现象可以罗列出很多。

这些现象的原因都是由于缺少一个决策机构对需求进行管理。在敏捷方法中是通过现场客户或 Product Owner 来实现需求的控制作用，但是这样的角色需要满足如下的要求。

- Collaborative：易于协作。

- Representative：具有代表性。

- Authorized：得到了充分的授权。

- Committed：尽职尽责。

- Knowledgeable：熟悉需求。

这种 CRACK 型客户是可遇不可求的，通常情况下，需要一个团队来实现上述的要求，这个团队一般称为需求控制组。需求控制组是需求决策的机构，他们负责对需求进行拍板，确定需求做还是不做，做到什么程度，开发的顺序等。

需求控制组可以有哪些角色构成呢，如图 6-7 所示。

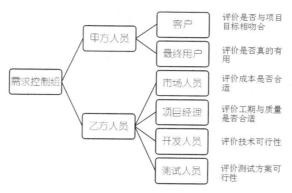

图 6-7　需求控制组人员的构成

成立了需求控制组，再定义需求变更的管理流程，则可以实现对需求变更管理的制度化建设。需求变更管理的目的不是不允许需求变更，而是希望需求能够有序地、一致地变更。

6.5.3　需求变更的深入分析

需求变更是每个项目都面临的问题，我试图从原因、人员、时机、变动内容等四个方面进行分析，以求得到管理需求变更的方法。

（1）Why，需求为什么变化？

甲方的原因：

- 客户不知道如何说清楚需求。客户不是经过专业训练的人员，不知道如何表达他们的需求。

- 没有明确的需求。客户自己就没有想清楚系统的需求是什么。

- 没有确认乙方描述的需求。开发方描述了需求，客户没有时间确认需求，或者没有意识到确认需求的重要性。

乙方的原因：

- 没有正确地理解需求。客户讲解了需求，需求分析人员以为理解了，其实没有真正的明白客户的需求是什么。

- 没有很好地引导客户的需求。需求分析人员需要掌握需求获取的方法，引导客户将他们的真正需求完备的讲解出来。

双方共有的原因：

- 客户的实际业务随着时间的推移产生了变化，这是不以人的意志为转移的。

- 人与人之间的沟通本来就存在障碍，双方都可能误解对方的意思。

上述的有些原因是可以消除的，有些原因是难以消除的。

（2）Who：谁会提出需求变化？

客户：系统的出资者提出的需求变化往往影响范围比较广。

最终用户：真正使用系统的人提出的需求变化往往是细节的变化，这部分的需求变更是积少成多的。

开发方：由于技术上难以实现也会由开发方提出需求变化。

（3）When：何时可能发生需求变化？

在软件生命周期的任何阶段都可能发生需求变化。需求变更的时机越晚，处理需求变更的成本越高。因此我们要想办法尽早挖掘出变更的需求。

（4）What：变更什么？

可以从两个维度进行分析：

不同层次的变更：

目标层的需求、业务层的需求、操作层的需求。

不同类型的变更：

功能性的需求变更、非功能性的需求变更、约束条件的变更、接口需求的变更、全局性需求的变更、局部需求的变更。

变更的需求对象不同，应对的成本有显著差异。全局性的需求变更影响比较大，局部需求的变更影响比较小。

（5）How：如何应对需求的变更？

需求变更的应对是一个系统工程。可以从多个维度对需求变更的应对措施进行归纳。

商务手段：

- 需求规格说明书作为合同附件；
- 系统验收标准作为合同附件。系统验收标准应该是针对每个需求的，如果有某个需求无法明确其验收标准，则此需求可以缓做或不做；
- 在合同中约定需求变更的决策机构与流程，我们不是不让需求变更，而是不希望随意变更需求，要有理由、有评估、慎重地变更需求；
- 在合同中约定需求变更的成本如何分担，甲乙双方都要承担一部分变更成本；
- 两阶段合同法。第一阶段的合同为需求开发的合同，第二阶段的合同为系统实现的合同。如果是内部项目则可以采用两阶段立项法，将需求开发与系统实现分别作为两个项目进行立项。

技术手段：

- 需求获取的手段；
- 需求分析的手段；
- 需求描述的手段；
- 需求评审的手段；

- 技术复用手段。

沟通手段：

- 灌输理念，引导客户。客户不是专职的项目管理人员，他们可能没有做软件项目的经验，不知道如何和乙方配合完成一个成功的项目，因此需要乙方在和客户合作的过程中，不断地给客户灌输一些成功理念，比如项目的成功是需求、进度、质量与成本的平衡，要基于项目的目标裁剪需求，项目的目标要切合实际等。

- 与客户技术人员的沟通。为了保证沟通的质量我们需要采用多种方法进行沟通，比如原型法等；

- 测试人员参与需求开发。这样可以让测试人员充分理解需求的背景，简化需求文档，保证测试的完备性；

- 现场客户。这是敏捷方法中的一条实践，让客户的代表全程参与开发过程，随时讲解需求、确认需求；

管理手段：

- 建立需求控制组，谨慎地变更需求；

- 选择迭代的生命周期模型，明确的需求可以先开发，不明确的需求在后续的迭代中完成，通过短周期迭代应对需求的变化；

- 建立变更的流程，无论大小变更都要纳入规范的流程管理；

- 建立需求跟踪矩阵，在需求变更时可以通过需求跟踪矩阵识别变更对设计、实现和测试的影响，确保变更的完备性、正确性。

6.5.4　需求跟踪矩阵的常见疑问

1. 需求跟踪矩阵（RTM）有什么作用

需求跟踪矩阵的作用有以下两个。

（1）在需求变更、设计变更、代码变更、测试用例变更时，需求跟踪矩阵是目前经过实践检验的进行变更波及范围影响分析的最有效的工具。如果不借助 RTM，则发生上述变更时，往往会遗漏某些连锁变化。

（2）RTM 也是验证需求是否得到实现的有效工具。借助 RTM，可以跟踪每个需求的状态：是否设计了，是否实现了，是否测试了。

案例：需求跟踪矩阵的作用

2011 年 9 月 21 日，我作为外部专家参加了一个客户的测试用例评审会议。测试用例文档在开评审会议之前曾经在测试组内进行了内部评审。与会的评审专家包括了：2 名需求与开发人员，3 名测试人员，2 名 QA 人员，1 名外部的咨询顾问。

会议开始，由作者对照测试用例文档讲解每个测试用例，评审专家对这些用例进行评判。每当作者解释完一个用例后，我就会问一个问题，该用例对应的是哪个需求？然后作者会再投影出对应的需求给我看。于是我建议作者以需求文档的顺序来讲解测试用例，即对照每个需求，然后讲解对应这个需求设计了哪些用例。按照这种方式评审测试用例时，作者本人很快就发现，有的需求没有对应的测试用例，漏设计了测试用例，而需求开发人员很快发现有的需求是不需要测试的，是其他的系统实现的，虽然在需求文档中描述了，但是不是本系统的范围内。对每个需求评审完成以后，作者还提出有些用例还没有被评审。为什么呢？因为有些需求在需求文档中并没有明确描述，但是根据经验，这些功能是必须的，所以测试人员在测试时也设计了一些测试用例。这些需求是需要需求分析人员在需求文档中补充完善的。

评审会议进行了 2.5 小时，累计发现了 45 个问题。

如果建立了需求跟踪矩阵，我们对照需求跟踪矩阵进行测试用例的评审，则会更加方便。如果建立了需求跟踪矩阵，作者本人很容易在评审之前就会发现未被测试用例覆盖的需求。

基于上例，以此类推，在我们进行设计评审时，也要对照需求跟踪矩阵，检查每个需求是否都设计了，以及设计的正确性、合理性等。

2．需求跟踪矩阵分为哪几类

（1）纵向跟踪矩阵，包括如下的 3 种。

需求之间的派生关系：客户需求到产品需求；

实现与验证关系：需求到设计、需求到测试用例等；

需求的责任分配关系：需求由谁来实现。

（2）横向跟踪矩阵：需求之间的接口关系。

3．应建立哪些需求跟踪矩阵

多年以前曾经有主任评估师发起过一个调查，请各位主任评估师就应该建立哪些需求跟踪矩阵发表自己的观点。大部分主任评估师认为：纵向跟踪是必须的，否则 REQM SP1.4 这条实践就没有满足，如果没有建立横向跟踪关系，则 REQM SP1.4 是会被评价为大部分实施（LI）。我认为通常情况下，应该建立的纵向跟踪矩阵包括：

客户需求与产品需求之间的跟踪关系、产品需求与测试用例的跟踪关系、产品需求与设计之间的跟踪关系。不同企业的选择不同，要根据自己的实际情况在图 6-8 中的跟踪关系中选择。

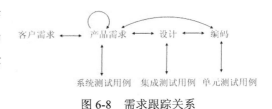

图 6-8　需求跟踪关系

4. 需求跟踪矩阵由谁来建立

有多个角色参与建立 RTM。需求开发人员负责建立客户需求到产品需求的 RTM，测试用例的编写人员负责建立需求到测试用例的 RTM，设计人员负责建立需求到设计的 RTM。总之，由下游的工作者建立与上游的跟踪关系。QA 人员负责检查是否建立了 RTM，是否所有的需求都被覆盖了。

5. 需求跟踪矩阵是否纳入基线管理

RTM 要纳入基线管理。纳入基线后，每次变更都要申请。RTM 的变更一般是和其他配置项的变更一起申请，很少单独申请变更 RTM，除非 RTM 有错误。

6. 如何简化维护需求跟踪矩阵的工作

由于在 RTM 中需求可能有很多项，设计、测试用例、代码等都有多项，所以建立和维护 RTM 的工作量还是比较大、比较繁琐，对于变化频繁的项目，更是如此。在实践中，为了简化 RTM 的建立与维护工作，有的企业仅仅通过需求与设计、代码、测试用例的编号来实现跟踪，如需求为：r_1，r_2，……等编号，而设计的编号为：r_1-d_1，r_1-d_2，……，测试用例的编号为：r_1-t_1，r_1-t_2 等等。需要注意，如果需求与它们之间是多对多的关系，仅通过编号是无法实现这种关系的。如果不借助 DOORS 之类的需求管理工具，一般只能通过 EXCEL 来维护 RTM，工作量就比较大。

当然也可以考虑增大需求、设计、代码、测试用例的颗粒度大小，但是 RTM 的作用就打了折扣，还是一个平衡问题。

6.5.5　需求管理过程域的要点

2011 年 10 月 11 日我在客户处，看到客户拿了一份从网上下载的对 CMMI 2 级和 3 级实践的注释，随手翻了一翻，刚读了对需求管理过程域的 5 条特定实践的解释，就发现基本上每条实践都有大大小小的误解，我认为该材料很容易对 CMMI 的实施造成负面的影响。因此特地根据我的咨询经验与体会，对该过程域的理解与实施要点进行了整理。

表 6-12 中，注意以下几点：

（1）没有翻译模型的原文。

（2）包含了模型的要点。

（3）扩展了模型的要求。

（4）列出了客户的某些好的实践。

因此，通过表 6-12 应更容易理解模型的要求，更容易与实践结合起来，但是列出的理解与实践要点并非都要做到。

表 6-12　　　　　　　　　　对 REQM 过程域的理解与实施要点

实　　　践	理解与实施要点
SP1.1 理解需求：与需求提供者对需求的理解达成一致	（1）先判断需求提供者是否合适，即哪些人是合适的需求提供者，建立确认合适的需求提供者的准则 （2）再判断提出的需求是否可接受，建立需求可接受的准则 （3）最后和需求提供者对需求达成一致的理解 （4）上述的两个准则可以定义在需求开发计划书中，也可以体现为单独的检查单 （5）该过程域的 SP1.1、SP1.2、SP1.4 在过程定义时可以放在需求开发过程中，SP1.3 可以单独写一个过程，或者和配置管理的变更流程合并，SP1.5 可以定义在评审的过程中
SP1.2 取得对需求的承诺：取得项目成员对需求的承诺	（1）此处的需求承诺是需求实现者对需求可实现的承诺，并不是客户对需求不变的承诺 （2）需求的承诺有 2 类时间点：一是需求刚建立时，二是需求变更时 （3）在需求承诺前，需要和客户达成一致，并且开发人员理解了需求，SP1.1 是本实践的基础 （4）承诺可以是书面的签字，也可以是电子的 （5）并非每个人都要对需求做出承诺，可以是项目组的核心成员作为代表 （6）开发组需要对客户有正式的承诺，该承诺一般体现在合同或项目任务书中 （7）开发人员的承诺可以和对计划的承诺合在一起，也可以单独承诺，承诺的时机可能不同

实　　践	理解与实施要点
SP1.3 管理需求变更	（1）需求的变化是永恒的 （2）需求是渐变的，是积少成多的 （3）需求的小的变化也要管理 （4）不同规模的需求变更，控制的严格程度不同 （5）在组织内应该区分不同规模的需求变更，并定义不同的流程 （6）需求变更的重点是变更的波及范围分析，在做变更的影响分析时，要考虑：对其他需求、设计、编码、测试、进度、工作量、人员、风险的影响 （7）需求变更时，要参考需求跟踪矩阵 （8）需求变更的控制组应该有客户参与 （9）客户方的需求变更流程也应该规范 （10）在商务合同中，要对需求变更的流程进行定义，规范双方的接口
SP1.4 维护需求的双向可跟踪性	（1）需求跟踪矩阵的主要作用：验证需求的可实现性、可测试性；进行需求变更的影响分析 （2）何时使用需求跟踪矩阵：需求、设计、测试用例评审时；需求、设计、测试用例等变更时；功能审计时 （3）需求跟踪矩阵分为： 纵向跟踪关系：客户需求到产品需求；需求到设计、测试用例、代码、需求责任分配。 横向跟踪关系：需求与需求之间的关系，该跟踪关系对产品集成过程有影响 （4）在需求、设计、测试用例评审时跟踪矩阵要一起评审
SP1.5 确认项目工作和需求之间的差异	（1）在需求评审时、计划评审时、设计评审时、测试用例评审时，要识别是否和需求一致 （2）在需求变更、设计变更、测试用例变更时，要判断是否和需求一致 （3）在日常工作中也可能发现和需求的不一致 （4）识别出的不一致问题要有记录，并跟踪问题的关闭

案例：和需求的提供者达成一致

2008 年 12 月 30 日在客户处访谈，发现在一个项目组的周报中，项目组计划外的的任务比较多，于是叫来了项目助理，让她统计一下项目组到现在为止，计划外的工作量占计划内的工作量的比例。为了将任务布置的很清楚，我将他们的周报投影了出来，在白板上写下了：

（1）周期性的任务不统计进来；

（2）统计任务的实际工作量；

（3）统计属于本项目组的任务；

（4）统计表有三列：周次，计划内任务的工作量，计划外任务的工作量

并找了一周的项目周报，现场演示了一周的资料如何统计出需要的资料。

一小时后，项目助理送来了资料，看了一下，和我在白板上统计的前几周的资料不一致，于是，就查原因，结果发现，她统计的不是任务的实际工作量而是计划工作量！

我和内部评估员都认为任务说的很清楚了，结果仍然需要返工。为什么呢？我只是给助理讲了我们的要求，而没有确认一遍她是否真正理解了我们的要求！也就是说她违背了 REQM SP1.1 的要求 "没有和需求的提供者达成对需求的一致理解"！在现实中这种情况应该很常见吧！

所以，在布置任务时，应该让任务的承担者陈述一遍要求，看他是否真正理解了你的要求！

6.6　需求工程的 12 条最佳实践

我在咨询实践中总结了软件需求工程的 12 条最佳实践。所谓最佳并非严密的逻辑证明，而是经过大量的实践与观察依据经验确定的。仁者见仁，智者见智，有争议在所难免，仅供参考，能够对大家有所启发，足矣。

（1）成立甲乙双方参与的需求控制组。

项目的成功不单是乙方的成功，更是甲方的成功，甲乙双方紧密配合、互相理解、互相合作才能成功。为了避免一方具有绝对控制权的现象，成立甲乙双方参与的需求控制组是避免需求蔓延的有效手段。该组织具有对需求的决策权，对于每项需求的增删改都是平衡了进度、质量、投入后才能确定。该组织不能是一个流于形式的组织，应切实地参与需求的获取、描述、分析、确认、变更等活动。

（2）识别合适的需求提供者，尤其不要遗漏了最终用户。

在获取需求时应该首先识别谁可能有需求，识别出合适的需求提供者。需求的提供者包括了客户、最终用户、间接用户。客户是掏钱买软件的人；最终用户是使用软件的人；间接用户是对软件有影响力，但可能不使用软件，也不掏钱买软件的人。三种类型的角色可能有重合，三者都决定了软件的需求，不同的角色可能对需求的作用不同，不要忽略了任何一种类型的需求提供者。在很多项目中往往忽略了最终用户的需求，而导致操作层的需求捕获不全，系统在上线后返工很大。

案例：没有获取最终用户的需求导致项目失败

2005 年我曾经去一家公司培训，在课间休息时，一个项目经理和我抱怨需求变更的问题。他正在给一个银行做项目，预计 1 年的项目周期，结果 1 年半了，项目仍然没有验收。当项目上线时，操作人员提了很多需求的变更，项目组去找银行的 IT 部门，申辩说自己就是按需求实现的软件，不应该还有这么多需求变更，而 IT 部门的人则讲，这不是需求变更，而是项目组没有理解他们最初的需求，没有真正实现他们的要求。在客户面前项目组是弱势群体，不得不去修改软件。这个项目经理给我复述了他们需求开发的过程，我发现，他们在需求获取时，没有接触过最终用户，而是一直和 IT 部门的客户打交道，这就是他们失败的根源！

（3）定义需求调研问题单。

在需求调研的准备阶段，要准备好需要关注的问题，事先的准备可以保证需求调研活动的完备性、高效性。在调研问题单中尤其不要遗忘如下的问题。

异常是如何处理的？

峰值是如何处理的？

非功能性的需求有哪些？

未来可能的变化有哪些？

最重要的需求是什么？

（4）在项目初期引导客户如何实施一个软件项目。

客户引导是一个大问题，尤其是对一个没有 IT 经验的客户。如果客户缺乏正确的实施 IT

项目的观点，那么他就不知道如何去提出需求，如何控制需求的范围，如何管理 IT 项目。客户的需求是项目的输入，如果需求不明确、需求有遗漏、需求总是变化、需求不切实际、需求没有划分优先级，则对整个项目的成败影响重大。因此需要在项目的初期对客户实施引导，告诉客户项目成败的关键因素是什么，在整个项目进展过程中客户需要注意什么。

（5）引导用户划分需求优先级。

用户往往不关注需求优先级，认为所有的需求都重要。需求工程师需要引导用户划分需求的优先级，而不是单刀直入地让用户划分需求的优先级。可以通过以下的启发式问题引导客户划分需求优先级。

在谈到的需求中，最重要的 3 项需求是什么？

这个需求比另外一个需求更重要吗？

这个需求是否可以考虑采用其他的解决方案，而不通过系统来实现？或简单实现？

如果推迟或不实现这个需求，是否对项目的目标有影响？

如果推迟或不实现这个需求，会对哪些业务、哪些人员有影响？

（6）采用用户故事+验收准则描述用户需求。

用户故事是敏捷开发方法中描述用户需求的方法，该方法采用三段论的方式描述需求：

如：

作为一个家庭主妇，我需要一个 30 平米的餐厅，以便于招待 10 个朋友进餐。

作为一个系统管理员，我希望系统能够自动备份重要的数据，以便于在发生灾难时可以自动恢复。

通过这个描述方式可以帮助我们确定每个需求的重要性，同时也提供了一个伸缩的弹性，即这个需求的细节特征可能有比较大的协商空间，可以方便我们进行需求、质量、进度、投入的平衡。

仅仅描述了用户故事还不足以让开发人员准确了解需求，还需要描述每个故事的验收标准。通过验收标准来细化需求，在开发者与用户之间达成对需求的一致理解。比如：

餐厅要灯光明亮；

餐厅要靠近厨房；

餐厅的面积要 5 米×6 米；

等等。

不仅仅是在敏捷方法中需要描述每个需求的验收准则，在传统的需求描述中也需要明确描述需求的验收标准，但是很多需求工程师恰恰忽略了这一点，很多项目的验收准则描述为参考需求规格说明书进行验收。客户在验收时检查的特性实际上比需求规格说明书中描述的特性要少得多。验收标准代表了客户的最低要求，通过编写验收标准可以发现需求中不明确的地方，凡是不能写出验收标准的需求，通常都是模糊的需求，通过编写验收标准可以起到对需求补充完善的作用。

（7）需求描述中至少包括：业务流程图、用例、界面原型、非功能性需求与需求的优先级。

业务流程图描述客户的业务处理流程，对于理解需求提供了一个很好的背景信息，可以从业务流程图中提取出功能需求与非功能性需求。

用例描述了人机交互的流程，划分了人与系统的职责，清晰刻画了正常与异常的事件流，无论是与客户还是与技术人员都很容易沟通，是描述功能需求的一种有效方式。

界面原型将软件的功能直观地展示出来，一图胜千言，便于引导客户提出更细致、更准确的需求，也便于与技术人员的沟通。在需求获取与分析时，应该尽早构造出界面原型。并非需要针对所有的需求构造原型，只是核心的、难以理解的需求需要构造原型。

非功能性需求是用户容易忽略的需求，需求分析人员需要引导客户提出非功能性需求，如果客户不能提出来，需求分析人员需要根据历史的经验定义出非功能性需求并和客户确认。非功能性需求一定要描述出来，不能想当然地认为应该如何如何，而没有文档化。非功能性需求能量化则量化，不能量化可采用原型描述。

需求的优先级一般最多划分为 3 级，优先级最高的最先实现。需求的优先级为采用迭代方法提供了一个基础，也为平衡进度、质量、需求、投入提供了决策依据。

在描述系统需求时，不仅仅限于上述的 5 个方面，还有项目的目标、涉及的用户角色、系统的运行环境、处理的数据等等，但是上面的 5 个方面往往是最容易出问题的地方。

（8）测试人员参与需求评审，确保需求的可测试性。

需求的描述要详细到可测试的程度。所谓可测试，即测试人员阅读了需求以后可以编写出测试用例，能够识别出输入、操作流程、处理逻辑，以及预期的输出。测试人员参与需求的评审，关注的就是需求的可测试性，如果一个需求不可测试，则说明该需求描述得不够明确。

（9）采用功能点方法度量软件规模，确保需求描述的明确性。

功能点方法不仅仅是一种规模度量的方法，还是一种需求验证的方法，如果存在两位功能点分析师对同一需求计算出的功能点不一致，往往是由于需求的描述不够明确而导致的。在需求阶段，通过度量软件的规模可以促进对需求的沟通和理解，从而发现需求中模糊、有争议的地方。

（10）通过给客户讲解需求及演示界面原型的方式让客户确认需求。

需求每经过一次传递，就会发生一次误传，要么信息有遗漏，要么信息有错误。通过需求的确认，可以及时发现这些错误，及时纠正这些错误。开发人员给客户讲解对需求的理解，给客户演示界面原型，以及在开发过程中阶段性演示半成品，都是需求确认的方式。人们只有看到实际的软件才能提出更多的需求，这是客观的现实，因此应该多采用原型法来确认需求，这也是敏捷方法中频繁交付这条实践的来源。

对客户的需求可以确认多次。比如，首先是初步的需求访谈记录确认，然后是界面原型的确认，再进行高保真的界面原型确认。在项目开发过程中，可以不断地对半成品的软件进行确认，直至最后的验收确认。

（11）无论大小需求的变更都应纳入变更控制的流程。

需求总是渐变的，对于大变更、小变更都应纳入需求变更的流程。很多项目往往忽略了对小变更的控制，积少成多，最终导致需求、设计、代码的不一致。需求的变更可以分级控制，明确划分不同级别的需求变更，级别不同，审批的流程与权限可以不同。

（12）针对非功能性需求执行 QFD（质量功能部署）。

针对非功能性需求执行 QFD，即建立非功能性需求与设计方案之间的映射关系、非功能性需求与测试用例之间的映射关系。在实际中，项目组往往只会关注功能性需求的实现与测试，而忽略了非功能性需求的实现与测试，通过该实践可以规避对非功能性需求的实现风险。

第7章

软件设计与实现

7.1　白话软件架构与架构师

架构一词是舶来品，是 Architecture 的中文翻译，其英文本意是来源于建筑行业的建筑艺术、建筑（风格）和结构，引入到软件领域以后，并没有一个统一的定义。有的人将架构定义为：功能+设计+构造手段。我们可以通俗地理解为：总体设计和总体结构。

买过房子的人都知道 5 层以下的楼房一般是砖混结构，而高层和小高层的楼房都是框架结构，楼层越高对结构要求越高。软件也是一样，系统越庞大，生命周期越长，结构的重要性就越明显。因此，随着人们对软件工程的深刻理解，强调架构的重要性是很自然的，正如人们越来越强调系统的需求分析，从而有了领域工程师和领域专家的概念一样。其实强调软件架构最主要目的有三个。

重用：人们希望系统能够重用以前的代码和设计，从而提高开发效率和软件质量。

扩展：人们希望系统在保持结构稳定的前提下很容易地扩充功能和性能，希望能够"以静制动"。

简洁：常言道，简洁就是美，好的架构一定易于理解、易于学习、易于维护，人们希望能够通过一个简洁的架构来把握系统。

正如我们可以很简单地用砖混结构和框架结构来概括一幢大楼的结构，专家们也定义了一些术语来定义软件的架构风格，如层次结构、B/S 结构等。软件架构设计是软件设计的一部分，是其中的总体设计。软件架构设计具有一定的创造性，但它毕竟是一个工程活动，架构设计是有章可循的，有一定的规律，是可以重复的，有其稳定的模式。当然，在系统一开始，很难建立一个完善的稳定架构，需要在开发过程中迭代地完善系统架构。

案例：都江堰——架构设计的典范

2012 年 11 月份我去参观都江堰，对中国古人的智慧结晶大为叹服，都江堰堪称中国古代架构设计的经典！

都江堰水利工程由鱼嘴、飞沙堰、宝瓶口三大工程组成。它科学地解决了江水的自动分流、自动排沙、控制进水流量等问题，三者首尾相接、互相照应、浑然天成、巧夺天工。两千多年来一直发挥着防洪灌溉的作用，使成都平原成为水旱从人、沃野千里的"天府之国"，泽披百代，功在千秋！

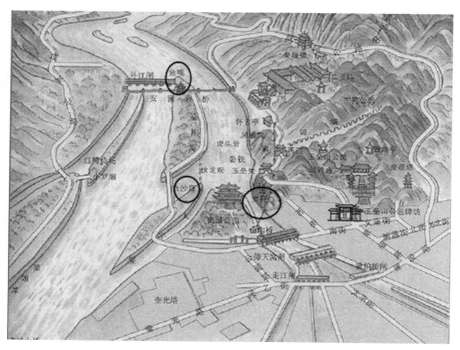

图 7-1　都江堰工程原理图

以下为我在百度百科上检索关于都江堰工程的原理介绍，略做编辑：

鱼嘴分水堤坐落在岷江中游的顶端，它将奔腾而来的岷江一分为二，外江为原始河床，内江用于引流灌溉，巧妙之处体现于两点。其一是它利用内江河床低而枯水季节六成引水，外江河床宽，则洪水季节六成泄洪。其二是鱼嘴处于岷江中游第一弯的末端，它巧妙的利用了弯道流体力学的自然法则，即表层水流入凹岸，低层水流入凸岸。于是沙石含量较少的表层水自然涌入内江，而底层水则顺着江弯的凸岸挤向外江，绝大部分沙石也就在外江河道上滚动、留沉。所谓"四六分洪，二八排沙"说的便是这个道理。

图 7-2 都江堰实景

飞沙堰是都江堰三大要件之一，看上去十分平凡，其实它的功用却是任何工程都无法取代的，可以说是确保成都平原不受水灾的关键要害。飞沙堰的高度刚好超过内江河床 2.15 米，它的作用主要是当内江的水量超过宝瓶口流量上限时，多余的水便从飞沙堰自行溢出。如果遇到特大洪水的紧急情况，它还会自行溃堤，让大量江水回归岷江主流。飞沙堰的另一作用是巧妙地利用离心力和虎头岩的顶拖作用，将上游带来的泥沙和卵石，甚至重达数百公斤的巨石，从这里抛入外江，确保内江通畅，确有鬼斧神功之妙。

宝瓶口是由人工开凿的一通山峡。玉垒山被一分为二，其间只留出 20 米的入水口。内江水从百米之宽的河道涌向宝瓶口，平水季节奔流而过，高峰时节则节节升高，不加节制的水流不断爬升，一涌而入，成都平原就会遭受洪涝灾害。此间飞沙堰的设计与宝瓶口相互结合，它的高度刚好超过内江河床 2.15 米。这就意味着当内江水位升高 2.15 米后，汹涌的波涛将从飞沙堰溢出。宝瓶口入水便始终在一个几乎平衡的常量上。成都平原从此以后既获灌溉又安然无恙，此间的苦心可谓巧也。

当我实地站在鱼嘴处，默念着："四六分洪"、"二八排沙"、"深淘滩，低作堰"、"遇湾截角，逢正抽心"时，看着奔腾而来的江水分流而去，深为李冰父子因地制宜、巧夺天工的设计而震撼。如此浩大的一个工程，历时八年，简单、实用的架构确保了该工程 2260 年以后还能继续发挥作用。这不正是伟大的架构设计吗！

软件架构师就是软件的总设计师。打个通俗的比方：邓小平是中国改革开放的总设计师，我们也可以讲，邓小平是中国改革开放的首席架构师。架构师的形成一定是在实践中积累起来的，而并非上了几次培训班，读了几本书就可以成为架构师。**架构师是在工程实践中培养出来的！**

架构师是客户需求和开发者之间的桥梁。在软件行业中，一般提到的架构师是技术架构师，而忽略了领域架构师或者领域工程师的概念。一个领域专家一定是业务领域的架构师，他能够给出某业务领域的架构，我们可以称之为业务架构。**只有技术架构和业务架构紧密结合才能真正创造出一个好系统！**

7.2　设计模式

7.2.1　如何学习设计模式

（1）理解基本概念，再学习设计原则

先理解面向对象的基本概念，比如：封装、继承、多态、组合/聚合、依赖等，理解各概念的内涵，弄清这些概念的具体实现方式，以及各实现方式的优缺点，基于这些基本概念再去学习设计原则。

（2）先学习设计原则，再学习设计模式

设计原则是蕴含在设计模式中最根本的思想。掌握了基本的设计原则可以做到不拘泥于某个具体的设计模式，可以更容易地理解设计模式，知道在什么情况下应该应用哪种模式，可以自己创造合理的设计模式。学习设计原则可以参考两本书：《敏捷软件开发》与《UML 与模式应用》。

（3）从责任分配角度学习设计模式

责任驱动的思想是学习设计模式很好的思想。通过给各个类合理地分配实现某个需求的责任来理解设计模式。

（4）类图与交互图并重

不要只关注类图，类图仅仅表达了类与类之间的静态关系，而交互图表达了对象之间的动态关系，可以看到对象之间是如何协作完成一项事务。

（5）从重构到模式

设计模式是一种固定的设计套路，是基于实践总结出来的可复用的解决方案，是一种经验的总结。如果仅看最终结果往往无法体会其用意，要通过不断对某个需求的实现方案进行重构，得到最终的设计模式，才可以对设计模式内在的思想理解得更加深刻。

（6）记住典型案例

通过类比、隐喻，记住某个典型案例，可以获得对设计模式的感性认识。

（7）从客户角度考虑如何使用

在理解设计模式时，一定要从使用这些类的客户角度考虑是如何使用的，这样可以更容易理解该模式是如何对客户来封装的，实现了哪些封装，为了实现这些封装，采用了哪些手法。

7.2.2　3种工厂模式的比较

（1）简单工厂

➢ 一个具体工厂通过条件语句创建多个产品，产品的创建逻辑集中于一个工厂类。

➢ 客户端通过传递不同参数给工厂，实现创建不同产品的目的。

➢ 增加新产品时，需要修改工厂类、增加产品类，不符合开闭原则。

（2）工厂方法

➢ 一个工厂创建一个产品，所有的具体工厂继承自一个抽象工厂。

➢ 客户端先创建不同产品的工厂，再由工厂创建具体产品，产品的创建逻辑分散在每个具体工厂类中。

➢ 客户端只依赖于抽象工厂与抽象产品，不依赖任何具体工厂与具体产品。

➢ 增加新产品时，需要增加工厂类和产品类，符合开闭原则。

（3）抽象工厂

➢ 一个具体工厂创建一个产品族，一个产品族是不同系列产品的组合，产品的创建逻辑分在每个具体工厂类中。所有具体工厂继承自同一个抽象工厂。

➢ 客户端创建不同产品族的工厂，产品族的工厂创建具体产品，其对客户端是不可见的。

➢ 增加新产品族时，需要增加具体工厂类，符合开闭原则。

➢ 增加新产品时，需要修改具体工厂类和增加产品类，不符合开闭原则。

➢ 如果没有应对"多系列对象创建"的需求变化，则没有必要使用抽象工厂模式，使用简单的静态工厂模式完全可以。

上述 3 种模式都使客户端脱离了与具体产品的耦合，而客户端不关注具体产品的生产方法。

7.2.3　设计模式复杂度排名

在 GOF 的《设计模式》一书中总结了 23 种设计模式。如何度量这些设计模式的复杂度呢？我设计了如下一套度量体系：

（1）判断这些设计模式是否具备如下特征：

是否包含了抽象类？

是否包含了 2 个或以上的抽象类？

是否包含了多个继承树？

是否使用了组合？

是否包含了递归结构？

是否使用了关联？

如果具备了上述某个特征，则复杂度计数就加一。其中，如果包含了递归结构则加二。

（2）计算在设计模式中包含的类角色的个数（不包含客户端），每增加一个角色，则复杂度加一。

（3）汇总（1）和汇总（2）的结果进行加权合计，（1）的权重为 2，（2）的权重为 1，则得到该设计模式的总复杂度。

比如对于桥接模式，其类图如图 7-3 所示。

图中包含了 2 个抽象类，2 个继承树，使用了组合，没有包含递归，使用了关联，所以以上特征计数为 5，权重为 2，包含了 4 个角色类，计数为 4，权重为 1，因此总的复杂度为 5*2+4*1=14。

对 GOF23 个设计模式的复杂度计算排名排名参见表 7-1。

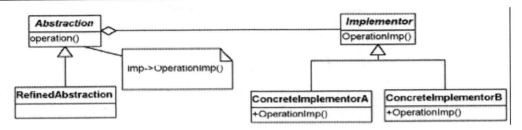

图 7-3 桥接模式

表 7-1 模式复杂化的排名

序号	模式名称	目的分类	范围分类	是否用到抽象类	是否2个抽象类	是否存在多个继承树	是否使用了组合	是否使用了递归	是否使用了关联	参与角色的个数（不包括客户端）	复杂度合计	复杂度综合排名
1	Singleton	创建型模式	对象	否	否	否	否	否	否	1	1	1
2	Prototype	创建型模式	对象	是	否	否	否	否	否	2	4	2
3	Facade	结构型模式	对象	否	否	否	否	否	是	2	4	2
4	Template Method	行为型模式	类模式	是	否	否	否	否	否	2	4	2
5	Adapter_Class	结构型模式	类模式	是	否	否	否	否	是	3	7	3
6	Proxy	结构型模式	对象	是	否	否	否	否	是	3	7	3
7	Memento	行为型模式	对象	否	否	否	是	否	是	3	7	3
8	State	行为型模式	对象	是	否	否	是	否	否	3	7	3
9	Strategy	行为型模式	对象	是	否	否	是	否	否	3	7	3

续表

序号	模式名称	目的分类	范围分类	是否用到抽象类	是否2个抽象类	是否存在多个继承树	是否使用了组合	是否使用了递归	是否使用了关联	参与角色的个数（不包括客户端）	复杂度合计	复杂度综合排名
10	Flyweight	结构型模式	对象	是	否	否	是	否	否	4	8	4
11	Adapter_Object	结构型模式	对象	是	否	否	是	否	是	3	9	5
12	Mediator	行为型模式	对象	是	否	是	否	否	是	3	9	5
13	Builder	创建型模式	对象	是	否	否	是	否	是	4	10	6
14	Command	行为型模式	对象	是	否	否	是	否	是	4	10	6
15	Chain of Responsibility	行为型模式	对象	是	否	否	是	是	否	2	10	6
16	Composite	结构型模式	对象	是	否	否	是	是	否	3	11	7
17	Interpreter	行为型模式	类模式	是	否	否	是	是	否	4	12	8
18	Factory Method	创建型模式	类模式	是	是	是	否	否	是	4	12	8
19	Abstract Factory	创建型模式	对象	是	是	是	否	否	是	4	12	8
20	Bridge	结构型模式	对象	是	是	是	是	否	否	4	12	8
21	Iterator	行为型模式	对象	是	是	是	否	否	是	4	12	8

续表

序号	模式名称	目的分类	范围分类	是否用到抽象类	是否2个抽象类	是否存在多个继承树	是否使用了组合	是否使用了递归	是否使用了关联	参与角色的个数（不包括客户端）	复杂度合计	复杂度综合排名
22	Visitor	行为型模式	对象	是	是	是	否	否	是	5	13	9
23	Observer	行为型模式	对象	是	是	是	是	否	是	4	14	10
24	Decorator	结构型模式	对象	是	是	否	是	是	否	4	14	10

7.3　设计评审检查单

在执行设计评审时，为了能快速发现设计缺陷，利用检查单帮助专家做评审是很好的实践。设计评审检查单是专家对于设计经验的总结，既可以在评审时为评审专家参考，也可以给设计师作为设计准则来使用。针对面向对象的开发方法，我设计了如表 7-2 所示的设计评审检查单供参考。

表 7-2　　　　　　　　　　　　设计评审检查单

序　　号	检　查　项
1	所有的功能需求与非功能需求是否都体现在了设计中？
2	在设计中是否增加了不必要的功能？是否为未来的变更进行了过度设计？
3	类的属性是否超过了公共方法的个数的 2 倍？
4	类提供的公共方法是否超过了 7 个？
5	某个类的方法是否既执行了修改又执行了查询？
6	方法的参数是否超过了 3 个？
7	每个方法可能的规模是否超过了 200 行代码？
8	类依赖的对象是否超过了 5 个？
9	类继承层次是否超过了 6 层？

续表

序　号	检　查　项
10	是否有的继承关系违背了 Coad 法则？
11	是否存在某个基类不是抽象类？
12	继承自非抽象类的关系是否合适？
13	是否存在某个接口，它的某些方法并不为实现它的子类所使用，需要在子类中退化实现？
14	是否需要在运行时刻判断对象的类型？
15	类的访问权限是否合适？

7.4　程序设计风格

程序设计语言首先是人与计算机之间进行交流的表达方式。由于人们定义了汇编语言、编译程序等保证程序对计算机的可理解性，因而计算机可以机械、被动地理解并执行程序。单纯地作为人机交流的工具，只要程序能够正确、忠实地表达设计者的思想，也就发挥了其作用。但是人与人之间的交流没有一种固定、统一的模式，因此作为人与人之间的交流工具，还要表达清晰易懂，能够为其他程序员所理解。这也是要求程序员讲究程序设计风格的主要原因。

有人讲程序设计是一门个人艺术，它包含了程序员个人的创造性。正是这样，才使得很多程序构思精巧，耐人寻味。但是同时它却使得程序的可读性较差，尤其是在多人合作开发软件时，风格迥异的程序使得软件的可靠性与可维护性大大降低。

为了确保程序的易读性，保证软件质量，降低开发成本，每家软件公司应该根据自己公司的实际情况，基于采用的开发工具，定义自己的程序设计风格规范。以下列出的是一种通用的程序设计风格规范，可以在此基础上进行变通。

（1）命名风格

程序、变量、函数、过程、类、方法等的名字就像人的名字一样，是一个记号，用来标志这个对象。一个好的命名应该简单、易记、易于理解。

让我们来看一个极端的命名方法。

求 100 以内的素数之和。

```
a=0;
for (aa=2;aa<100;aa+1)
 {
   aaa=true;
  for (aaaa=2;aaaa<aa,aaaa+1)
   {
    if mod(aa/aaaa)!=0 then{
       aaa=false;
       break;}
    }
    if  aaa  a=a+aaaa;
}
```

这是一个未受过编程训练的新手写的程序。在此程序中出现了 4 个变量，他分别用 a、aa、aaa、aaaa 为 4 个变量命名。程序的可读性很差，读完之后很疲惫。如果在一段程序里有 20 个变量，按这种方法去设计程序，那可就糟透了。

例如：给判定两个数中最大数的函数命名为 MAX，给表示光标位置的变量命名为 CURSOR_ROW，CURSOR_COL 等。

- 要尽量避免各名字视觉上相似，各名字要有两个或两个以上的字符不同，以造成适当的心理上的距离。

- 避免使用拼法相近的字母区分符号名，例如：

b 与 6 M 与 N U 与 V

g 与 8 O 与 0 Z 与 2

J 与 I、T q 与 g I 与 1

T 与 7 s 与 5 Q 与 2

- 不要使用语言中的关键字，以免产生歧义。

- 尽量以英文意义命名而不以汉语拼音命名。

例如：试比较下面两个命名，哪个更容易猜出其含义：CURSOR_ROW, GBHZB。

- 在程序中尽量少出现常数值，最好以能代表其含义的变量或宏代替。

（2）注释风格

程序的注释可分为以下三种。

- 序言性注释

程序名称、作者、创建日期、最近一次修改日期、功能概述、输入数据或入口参数、输出数据或出口参数、主要处理流程或主要算法描述、主要的数据结构、利用的子程序、相关的全程变量与局部变量的含义、调用时注意的问题。

- 程序块注释

数据结构、算法或处理流程、注意问题。

- 指令级注释

语句功能、实现技巧、变量含义。

上述三种注释的重要性依次递降，侧重于序言性注释和程序块注释。有的公司对注释行多少做了量化规定，比如每 10 行代码平均包含 1 行注释等。

- 注释要和内容相匹配。

当对源码修改时，千万不要忘记更新注释，一个与内容不相符的注释，只能对阅读者起到误导的作用。

- 注释不要仅仅重复语句。

- 不要对糟糕的程序进行注释，重新编写。

注释对软件的可理解性只能起辅助作用，如果一段程序写得难以理解、算法混乱，试图通过增加注释来改善这种局面，正如给一只乌鸦披红挂绿，它仍是一只乌鸦。

- 对全局变量的作用进行注释。

- 对循环结构或选择结构进行注释。

（3）书写格式的风格

- 采用缩进格式体现程序的控制结构。

- 采用空行、空格来增加程序的清晰性。

- 不要将多条语句写在一行内。

- 尽量使一行语句的长度小于屏幕的宽度或小于打印机一行的宽度。

- 使用大小写或下划线等增加程序的可读性。

（4）控制结构的风格

- 采用 N-S 图或 PAD 图来表达算法。它可以强制你利用结构化的方法来设计数据流程，否则无法画出 N-S 图或 PAD 图。

- 尽管采用 GOTO 语句并不一定是非结构化的，但最好不要采用 GOTO 语句。

- 不要在循环体内跳出，也不要由循环体外跳入。

在循环体内跳出或在循环体外跳入都破坏了结构化构件的仅有一个入口和一个出口的原则。

- 减少循环的嵌套次数，最好不要超过 5 层。

根据心理学的结论，人们同时可以把握的对象在 7 个左右，即 7 加减 2 定律，超过 9 层的循环或嵌套难以理解。

- 避免死循环。

死循环现象往往是在循环体内非规律性地改变循环终止的条件时发生。

例如：在循环体内改变 FOR NEXT 结构的循环变量，在一些语言中是允许的，此时千万要小心。

虽然有时可采用假死循环的结构来进行程序设计，但一定要注意退出条件，千万不要弄假成真。

例如：

采用计算机模拟某人一生的健康状况，产生随机数 0，1，…，20 来模拟其在某一岁时的身体状况，0 代表死亡。

```
I=1
DO WHILE .T.
    GOOD_NUM=RANDOM(20)
    IF GOOD_NUM=0
        EXIT
    ELSE
        ? I,GOOD_NUM
    ENDIF
    I=I+1
ENDDO
```

如果产生的随机数大于 0，则此程序不可能终止，显然人不可能长生不老。

- 减少循环体内的语句，降低循环结构的复杂性。

循环结构复杂性≥选择结构复杂性>顺序结构复杂性

- 尽可能在判断语句之后紧接着写上相应的操作。

例如：求三数中的最大数。

方法一：

```
IF A>B
    IF B>C
        MAX=A
    ELSE
        IF A>C
            MAX=A
        ELSE
            MAX=C
        ENDIF
    ENDIF
ELSE
    IF B>C
        MAX=B
    ELSE
        MAX=C
    ENDIF
ENDIF
```

方法二：

```
IF A>B .AND. A>C
        MAX=A
ELSE
    IF B>C .AND. B>A
        MAX=B
    ELSE
        MAX=C
    ENDIF
ENDIF
```

例如：判断某 1 年是否是闰年。

计算某一年是否是闰年的正确方法如下。

（1）可以被 4 整除的年是闰年。

（2）但是，可以被 100 整除的年不是闰年。

（3）但是，可以被 400 整除的年是闰年。

方法一：

```
if (mod(a/400)==0)
    is_run=true;
else
```

```
       if (mod(a/100)==0
         is_run=false;
       else
           if (mod(a/4)==0)
             is_run=true;
           else
             is_run=false
```

方法二：

```
if (mod(a/4)==0)
    if (mod(a/100)==0)
        {if (mod(a/400)==0)
 is_run=true;
              else
                is_run=false;
              }
          else
           is_run=true;
      else
        is_run=false;
```

请比较上述两例中程序的易读性。

● 减少选择结构嵌套次数。

就像减少循环嵌套的层数一样，选择结构的嵌套次数也一定要减少。可采用采用多重分支结构（DO CASE 语句或 SWITCH 语句等）代替多重判断，利用数组避免重复的控制流等。

● 冗余检查。

在程序中加入冗余检查或冗余语句，是增强程序可靠性、消除隐藏错误的一种有效手段，尤其在程序中变量较多的情况下。当确信在某时程序的状态应为某状态时，可通过强行赋值将程序状态置位，此时要在注释中说明。

● 不要在条件外转入，也不要在条件内转出。

（5）控制程序复杂度风格

● 尽量使用标准库函数和方法。

试比较下面两种方法哪种更好。

问题：求三数中的最大数。

方法一：

```
IF A>B .AND. A>C
        MAX=A
ELSE
    IF B>C .AND. B>A
        MAX=B
    ELSE
        MAX=C
    ENDIF
ENDIF
```

方法二：

```
MAX_NUM=MAX(MAX(A,B),C)
```

- 用函数代替重复的表达式或程序段。

对于在程序中多次重复的表达式或程序段，最好采用函数或宏定义来替代，以增加程序的可读性。阅读有意义的函数名或宏名称可以快速把握到程序的作用。

- 用参数传递数据，而不是通过全程变量来传递数据；用传值方式，而少用传地址方式进行参数传递。

有些程序员习惯定义很多全局程变量，在各个子模块之间通过全程局变量进行数据共享，这种风格是程序员疏于思考的表现。全程变量越多，程序越复杂，隐患也越多。在对全局变量命名时要在标识符上有所区分。

用传值方式传递参数比较直观、简单、易于理解，而传地址方式使子模块的影响扩散到父模块，增加了阅读、调试程序的难度。

- 减少过程参数的数量，可以减少调用的复杂性，使接口易于控制。
- 慎用递归技术。

递归技术是表达算法的一种有效方法，它使算法看上去相当简炼，且符合人们的思维习惯。但是由于递归方法无法准确预测出其对堆栈空间的需求，增加了系统开发成本，使运行速度减慢。对于复杂问题采用递归方法，往往使聪明的程序员也容易陷入困境。

（6）保证可靠性风格

- 检查输入数据的合理性与合法性，防止垃圾进垃圾出。

例如：

读入 3 个数，分别表示一个三角形的三条边，计算其面积。如果录入的三个数值不能组成三角形，则应该有错误提示。

读入一个年轻人的年龄。如果录入的年龄大于五十岁显然是不合理的。

读入一个值作为某数组的下标，如果录入的数为负数或过大都是不合理的。

- 非关键性算法要首先要追求算法的清晰性。

例如：在 C 语言中，对一个整数矩阵赋值，其对角元为 1，其他值为 0。

方法一：

```
for(i=1;i<=n;i++)
    for(j=1;j<=n;j++)
      a[i,j]=(i/j)*(j/i);
```

方法二：

```
for(i=1;i<=n;i++)
    for(j=1;j<=n;j++)
    if (i==j)
        a[i,j]=1;
    else
        a[i,j]=0;
```

方法三：

```
for(i=1;i<=n;i++)
    for(j=1;j<=n;j++)
      a[i,j]=(i==j) ? 1 : 0;
```

在方法一中利用了 C 语言的自动强制类型转换：

当 $i>j$ 时，j/i 为 0，$a[i,j]$=0。

当 $i<j$ 时，i/j 为 0，$a[i,j]$=0。

当 $i=j$ 时，j/i 为 1，j/i 也为 1，$a[i,j]$=0。

方法一的构思相当巧妙，俨然出自一名熟练的程序员之手。但与方法二、方法三相比，未免有故弄玄虚之嫌。

- 尽量避免使用临时变量。

如果一个临时变量在赋值后，仅被使用了一次，那么最好去掉它。

例如：计算表达式：$(X-X^2)^2+(1.0-X^2)^2$ 的值。

```
f1=x-x*x
```

```
f2=1.0-x*x
fx=f1*f2+f2*f2
```

去掉临时变量：

```
fx=(x-x*x)^2+(1.0-x*x)^2
```

如果一个临时变量能够增加程序的可读性，或不设该变量无法完成任务，则保留它。

例如：交换 A、B 两个数值型变量的值。

```
temp=a
a=b
b=temp
```

如果采用下面的小技巧，虽然减少了变量个数，但往往在读到该处时，要停顿一下。

```
a=a+b
b=a-b
a=a-b
```

两种方法相比较，优劣显然。

上面的例子还说明：不要热衷于小技巧！小心弄巧成拙。

- 避免有二义性的表达式，可通过加括号等方法改进之。

例如：

```
A+B/2*C
IF A .AND.B .OR. B .AND. C THEN ...
```

改为：

```
(A+B/2)*C
IF (A .AND. B.) .OR. (B .AND. C) THEN ...
```

- 控制函数或方法的长度，最好不要超过 50 行。

（7）其他风格

- 克服急于编程的陋习，要采用详细设计工具将思想表达清楚后再去编程。

似乎每个程序员都有急于编程的陋习。在接受一个新任务后，往往刚刚有了一个设计思想就去写程序，欲速则不达，越写越乱，最后重新翻工。"磨刀不误砍柴工"这句老话用在此处很贴切。

- 对糟糕的程序重新编写。

在程序第一遍写完之后，程序员的思路是清晰的，他知道自己想怎样完成这项工作。在调试时，随着对程序的改动，最初的潜在错误越来越多地暴露出来，这时他的注意力大部分集中在程序的正确性上，而忽略了程序的其他要求，程序往往越改越乱。

因此，对糟糕的程序不要进行修补，要重新写！

- 对程序的改动要保持清晰。

在开始设计的时候，程序是比较清晰的，往往在修改的过程中使程序越来越背离初衷，难于理解，虽然功能达到了要求，但程序质量很差。因此在修改过程中，要从整体上考虑，千万不要只为达到功能需求而盲动。

- 对程序要逐次求精，反复修改。

对程序的逐次求精是朝着更加清晰、更加正确的方向完善程序。

例如：求 100 以内的素数。

以下结论都是正确的。

A. 如果一个数 $N>2$ 不能被 $2, ..., N-1$ 整除，则其为素数。

B. 如果一个数 $N>2$ 不能被 $2, ..., SQR(N)$ 整除，则其为素数。

C. 如果一个数 $N>2$ 不能被 $2, ..., SQR(N)$ 之间的素数整除，则其为素数。

D. 任何大于 2 的素数均是奇数。

根据上述结论，下面的三种算法都是正确的。

算法 A：

```
N=100
I=3
DO WHILE I<=N
    J=3
    DO WHILE INT(I/J)*J<>I  .AND.  J<I
        J=J+1
    ENDDO
    IF J=I
        ? I
    ENDIF
    I=I+2
ENDDO
```

算法 B：

```
N=100
I=3
DO WHILE I<=N
    J=3
    DO WHILE INT(I/J)*J<>I .AND. J<SQR(I)
        J=J+1
    ENDDO
    IF J=I
        ? I
    ENDIF
    I=I+2
ENDDO
```

算法 C：

```
N=100
CURSOR=1
P(1)=3
I=5
DO WHILE I<=N
    J=1
    DO WHILE INT(I/P(J))*P(J)<>I .AND. P(J)<SQR(I) .AND. J<=POINTER
        J=J+1
    ENDDO
    IF P(J)>=SQR(I)
        CURSOR=CURSOR+1
        P(CURSOR)=I
        ? I
    ENDIF
    I=I+2
ENDDO
```

如果要选择一种速度最快的算法，建议选用算法 C。如果追求简洁性，则选择算法 A 比较合适。

● 在没有经过详细测试之前，不要将你的程序提交给用户。

将测试不充分的程序提交到用户手中是很严重的错误，一方面会增加用户的不信任感，另一方面发现问题后，往往会陷入为改问题而改问题的境地，使程序不能在冷静的状态下进行有计划的修改。

按照程序设计风格编程增加的开发工作量是可以忽略不计的，但是开发人员并不乐意按照编码规范编程，主要是习惯问题！

案例：变量没有初始化的后果

2009 年，在我咨询的一个客户处发生了一个典型的质量事故。该公司开发的一个产品上市后不久，客户发现在某个特定的场景下系统会死机。接到用户投诉后，该公司组织测试人员重复测试该功能项 300 次后，仍然没有找到出错的规律，于是就组织了 4 名专家，对该模块的代码进行评审。经过了 1 天的代码走查，发现在某个函数中未对一个结构体的成员变量进行初始化就直接引用了，而在某个特定的场景下，该成员变量会被另外一个函数赋值，此时再引用此变量，程序就出错了。公司规定了对于结构体的每个成员变量都必须初始化，而程序员却忽略了。预防此错误的发生大概只需要几秒钟的时间，但是定位错误、修复错误的成本却达到 10 人天以上！这还不包含对公司的无形损失！

7.5 代码评审

7.5.1 代码评审的意义

代码评审是软件开发中保证代码质量的常用手段，相比其他质量手段，它有如下特点：

1. 发现缺陷的时机早。只要编写了代码就可以进行代码评审。

2. 发现缺陷的效率高。统计数据表明，代码评审的效率（每单位工作量内发现的缺陷个数）是系统测试效率的 3～5 倍。

3. 发现缺陷的能力强。统计数据表明，充分的代码评审，可找到产品中 60%以上的缺陷。

4. 代码评审是一种白盒检查，可以发现内部实现逻辑的深层次缺陷。

此外，代码评审也可以用于代码规范的保证、代码可维护性的检查、新人编码技能的培训和提升。

综上所述，代码评审在代码检查中有着多重的意义和作用，值得大力推广。

7.5.2 代码评审常见问题与最佳实践

我总结了代码评审中的常见问题如下：

➢ 代码可读性差，导致评审效率低下。

> ➢ 找到的缺陷大都是轻微缺陷。

> ➢ 快速评审很多代码，没有发现很多问题。

> ➢ 专家没有时间做代码评审。

> ➢ 专家发现的问题作者不认可。

为了应对上述问题，可以借鉴如下的最佳实践：

最佳实践 1：先做个人评审，再进行专家评审。

最佳实践 2：坚持使用代码评审检查单，不断细化补充检查单。

最佳实践 3：即使不能对所有代码做检查，也要对部分代码检查。

最佳实践 4：轻量级代码走查更高效，频繁的日常走查，选择核心代码审查。

最佳实践 5：每次检查少于 200～400 行代码，每次代码检查不超过 90 分钟。

最佳实践 6：建立量化目标，并获得相关指标数据，从而不断改进流程。

最佳实践 7：优先使用静态检查工具。

最佳实践 8：建立代码评审的文化，例如，结对走查机制、固定时间段评审的机制。

7.5.3　代码评审的检查要点

代码评审的检查由浅入深、由表及里可以划分为如下三类：

1．代码风格检查

代码风格检查重点是检查代码规范性。在越来越多的开发工具中已经集成了这种静态检查，也可以通过一些编码规范性的检查工具实现此类检查。越成熟的开发团队和人员，代码风格的检查所占的比例就应该越低。

2．实现逻辑检查

以代码能否正确实现软件需求和设计要求为检查重点，也会包含一些技术上常见问题点和风险点的检查。此类检查需要评审专家有一定的技术经验，并熟悉软件需求，一般无法通过工具替代。

3．代码"坏味道"检查

以代码易扩展性、易维护性为主的检查，是对代码"内在质量"的关注。目前业界一种常见现象是，产品第 1、2 个版本的开发速度很快，随着版本增多和产品代码维护时间的增长，后继版本往往演变为"乱而脏"的开发。版本发布得很慢，修改代码导致的新问题很多，这些问题在很大程度上就是代码"坏味道"所造成的。

有些简单的坏味道也可以通过工具进行检查，也有一些坏味道，对评审专家要求较高。有些"坏味道"是在设计阶段注入的，因此设计评审，也需要同步加强。

有关常见的 22 种代码"坏味道"的详细解释，请自行参考《重构-改善既有代码的设计》这本经典书籍。

案例：代码走查

某公司拟在公司推广代码走查技术，请外部咨询顾问进行实战指导，于是请项目组挑选了一个类，执行代码走查的演练。2012 年 7 月 11 日下午 14:05 分至 15:15 分，对 110 行有效代码（不含空行、注释、调试语句）进行了走查，该代码是 Andriod 平台下的 JAVA 代码。参与的评审专家包括：

作者：工作经验 1 年。

项目经理：工作经验 6 年，熟悉 C 语言开发。

项目组成员：工作经验 3 年，熟悉 JAVA 语言开发。

外部咨询顾问：工作经验 19 年，曾经熟悉 C、C++、PB、DELPHI、C#、JAVA 等多种开发语言，但是最近几年缺少实际编码经验。

还有 4 名 QA 人员参与了整个过程的观摩。

在评审之前，项目经理与外部咨询顾问均未阅读过此代码，项目组成员曾经阅读过代码。评审开始，作者先介绍本段代码功能，然后以处理功能时序为顺序介绍了在该类中的每个方法，边讲解代码，与会专家边查找代码中的缺陷。

本次代码评审累计发现 13 处改进项，包括程序错误 3 处。13 处改进项汇总如下：

1. 无用变量 2 个。定义了 2 个变量，赋了值，但是后续没有引用。

2. 有两处在 if 语句中，只编写了一种 yes 或 no 的处理逻辑，遗漏了另外一个分支的处理逻辑，比如应该有提示信息等。

3. 有两处执行了 new 语句后，没有异常处理，如果 new 失败，没有判断和处理。

4. 有一处有无用的语句。

5. 有两处注释与代码不一致，注释有错误。

6. 在程序中多处出现常数值，没有使用宏替换或变量替换之。

7. 在计算图标在屏幕上的坐标值有多处数值错误。

8. 有一处程序逻辑不够灵活，不能适应未来的变化，而且很容易出错。

9. 有一处方法的命名不合理，不能准确表达方法的功能。

本次代码评审的度量数据分析如下：

评审速度：94.3 行代码/小时

评审效率：2.8 个缺陷/人时

缺陷密度：118.2 个缺陷/KLOC

评审结束后，请作者本人保留评审前的版本，根据评审意见进行重构代码后，整理为典型案例，在公司内进行宣讲。

7.5.4　代码评审检查单

表 7-3 所列的检查单为一个通用的检查单，并不针对某种具体语言，可以参考此检查单进行个性化定制。

表 7-3　　　　　　　　　　　　　　　代码走查检查单

序　号	检查项
1	代码的注释与代码是否一致，注释是否是多余的
2	是否存在超过 3 层嵌套的循环与/或判断
3	变量的命名是否代表了其作用
4	所有的循环边界是否正确
5	所有的判断条件边界是否正确
6	输入参数的异常是否处理了
7	程序中所有的异常是否处理了
8	是否存在重复的代码

序　号	检查项
9	是否存在超过 20 行的方法
10	是否存在超过 7 个方法的类
11	方法的参数是否超过 3 个
12	在一个方法中是否超过了 10 个判断或/与循环
13	是否有多种原因导致修改某个类
14	当发生某个功能变化时，是否需要修改多个类
15	代码中的常量是否合适
16	一个方法是否访问了其他类的多个属性
17	某几项数据是否总是同时出现，而又不是一个类的属性
18	Switch 语句是否可以用类的多态来替代
19	是否有一类的职责很少
20	是否有一个类的某些属性或者方法没有被其他类所使用
21	在类的方法中是否存在过长的链式调用形式如 account.getHolder().getBirthday().getYear()
22	是否某个类的方法总是调用另外一个类的同名方法
23	是否某个类总是访问另外一个类的属性与方法
24	是否两个类完成了类似的工作，使用了不同的方法名，却没有拥有同一个父类
25	是否某个类仅有字段和简单的赋值方法与取值方法构成
26	是否某个子类仅使用了父类的部分属性或方法

7.5.5　代码走查改进案例

案例：每日结对代码走查

　　某公司是产品开发类项目，产品开发周期比较短，销量比较大，质量要求比较高。2009年 11 月初开始启动过程改进，导入了每日代码走查这条实践：每天下午 5 点到 6 点为固定的代码走查时间，对当天完成的代码进行走查。2 人结对，一个作者，一个专家。该公司当时共有 200 个开发人员，70 个系统测试人员。

　　为了确保这条措施在企业内能够推广下去，公司制定了多方位、多手段、彼此支撑的一系列措施，参见表 7-4。

表 7-4　　　　　　　　　　　　　　　　走查措施

类型	措施
制度	建立每日走查一小时的制度
	建立每日走查的流程
	定义每日走查的检查单
	代码走读检查单学习考试
	SQA 对代码走查的质量进行抽检，识别必须复检的走读
	定义代码走查发现的缺陷类型
度量	度量代码走查的效率、速率、工作量
宣传	制定代码走查的宣传标语
	代码走查的度量数据定期大幅度公布，代码走查的典型人物公开宣传
	根据每个人的度量数据识别出代码走查的榜样
人员培养	代码走查的典型案例采集
	典型代码的走查教育
	代码走查的内部培训讲师的识别
工具	分析 Pclint 的报警数与系统测试的 bugs、客户反馈的 Bugs 之间的相关性
	建立 Pclint 的告警数在转系统测试时的阈值
	函数复杂度分析工具的使用 SourceMonitor
	代码行数的统计工具
	程序流程自动分析工具的收集与研究
	定义 Pclint 查出的哪些告警必须修改
	开发了代码走读的 IT 系统

　　在推行了 1 个月后，采集了如表 7-5 的度量数据。其中代码走查列是 200 个开发人员每天下午结对代码走查的度量数据，系统测试列是 70 个系统测试人员在 1 个月内进行系统测试的度量数据。通过 2009 年 12 月份一个月的度量数据的分析，得到这样的结论：代码

走查发现缺陷的效率是系统测试的 4.25 倍。

表 7-5	代码走查度量数据		
	代码走查	系统测试	比值
发现的 BUGS	3687	4556	0.81
发现的严重与致命 BUGS	464	1511	0.31
工作量	3086.1	16062.4	0.19
检出效率（BUGS/人时）	1.19	0.28	4.25
严重与致命 BUGS 的检出效率（BUGS/人时）	0.15	0.09	1.67

7.6 持续集成环境的构建

持续集成（Continuous integration）是敏捷开发方法中的一条实践，提倡开发团队成员频繁提交可执行的代码，从而进行不断集成，每次集成后都会通过自动化构建、部署以及一系列自动化测试来尽快发现程序中的错误，并把集成结果及时反馈给团队。利用持续集成技术，能够提高项目自动化程度，减少重复性过程，从而可以有效提高软件开发效率和质量，该实践目前已经在业界广泛应用。

在不同的软件开发环境下，有不同的持续集成平台。

7.6.1 Java 环境下的持续集成平台

Java 环境下可以搭建的持续平台如图 7-4 所示。

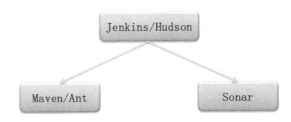

图 7-4 Java 环境下的持续集成平台

Jenkins/Hudson 是目前比较流行的持续集成引擎，简单易用、扩展性强、插件种类繁多、社区活跃。其中 Hudson 是由 Oracle 提供的开源软件，而 Jenkins 是 Hudson 的一个衍生版本。

　　Java 平台下主流的构建工具是 Ant 与 Maven。从目前的趋势看，越来越多的项目开始使用或是迁移到 Maven 构建平台下。

　　Sonar 是一个很强大的 QA 工具，由 SonarQube 开发的开源软件，本身集成了单元测试、覆盖率分析、代码规范检查、静态结构分析和依赖分析等工具，除了支持 Java 以外，通过安装各种插件，还可以支持其他语言，如 C/C++，C#，PL/SQL，Cobol，ABAP，PHP，JavaScript，Delphi 和 Erlang 等。

7.6.2　.Net 环境下的持续集成平台

　　.Net 环境下可以搭建的持续平台如图 7-5 所示。

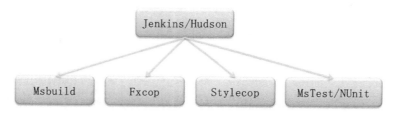

图 7-5　.Net 环境下的持续集成平台

　　FxCop 是微软提供的免费代码逻辑检查工具，支持 C# 及 VB.Net。

　　StyleCop 是微软提供的免费编码规范检查工具，支持 C#。

　　单元测试可以用 MsTest 或者 NUnit，其中 NUnit 是免费的开源软件。

7.6.3　C++ 环境下的持续集成平台

　　C++ 下环境可以搭建的持续平台如图 7-6 所示。

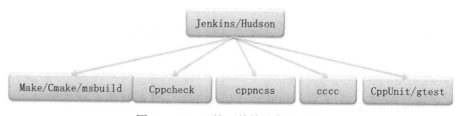

图 7-6　C++ 环境下的持续集成平台

Linux 平台下的 C++开发，主流的构建工具是 Make。

而 Windows 平台下可以使用微软提供的 MSbuild，较低版本的 Visual Studio，如 Visual Studio 6.0 和 Visual Studio 2005，可以使用 msdev.exe 或 devenv.exe 的命令行方式进行构建。

CppCheck 是一款开源的静态结构分析工具，有 Windows 版本，也有 Linux 版本。Cppncss（C Plus Plus Non-Commenting Source Statements）是代码圈复杂度和代码行统计工具，是从 Javancss 移植而来，并且是用 Java 语言写成的，因此运行它需要 JRE 的支持。Cccc 的功能和 Cppncss 类似。

单元测试可以用 CppUnit 或者 Google test(gtest)，两者都是开源软件。

7.7 一次典型的重构

背景描述：

某次要做重构培训，想收集一个案例，恰好从网上看到一个 C#程序用以计算算术表达式的值，原程序是计算含括号的正整数表达式的四则运算值。阅读后，发现问题比较多，而且逻辑有错误，因此对其进行了重构。

为简化起见，将程序的功能进行了简化：

1．计算的算术表达式只含有+、−、*、\运算；

2．不含有括号；

3．表达式的第一个符号是数字；

4．假定表达式是合法的算术表达式，且满足上面的约束条件。

重构后，代码行数与重构前差不多，但是逻辑正确性、清晰性、易维护性提高了，内在质量提高了。

使用的重构手法：

1．变量重新命名

旧程序采用拼音简写做变量名，难以猜测含义，重构后采取有意义的英文名字做变量名，增加了易读性。

2．抽取方法

旧程序只采用了一个大方法，重构后拆分成四个方法，易于理解和复用。

3．抽取类

重构后增加了一个类，将计算方法封装在了类中。

4．优化算法

旧程序逻辑复杂，计算*/部分和计算+−部分思路不一致。

5．纠正逻辑错误

旧程序隐藏了逻辑错误，当输入表达式为 3*3/3/3 时，输出结果是错误的。

6．增加简单注释

旧程序中基本没有注释。

重构前的代码：

```csharp
/*
 * Created by SharpDevelop.
 * User: Dylan ren
 * Date: 2007-8-7
 */
using System;
using System.Collections.Generic;

namespace OldExpress
{
    class MainClass
    {
        public static void Main(string[] args)
        {
            string a="3+100*3/2";
            Console.WriteLine(a);
            Console.WriteLine(countExpress(a));
            Console.ReadKey();
        }

    public static string countExpress(string fc){
        bool kongzhi=true;
        int xls=0;
            while (kongzhi)
            {
```

```csharp
kongzhi = false;
string zfh = "";
string[] zsz = fc.Split(new char[] { '+', '-', '*', '/' });
for (int i = 0; i < fc.Length; i++)
{
    if ((fc[i] == '+') || (fc[i] == '-') || (fc[i] == '*') ||
(fc[i] == '/')) zfh += fc[i];
}
string th = "";
for (int i = 0; i < zfh.Length; i++)
{
    if (zfh[i] == '*') // 2*3*4
    {
        xls = int.Parse(zsz[i]) * int.Parse(zsz[i + 1]);
        th = zsz[i] + "*" + zsz[i + 1];
        fc = fc.Replace(th, xls.ToString());
    }

    if (zfh[i] == '/')
    {
        xls = int.Parse(zsz[i]) / int.Parse(zsz[i + 1]);
        th = zsz[i] + "/" + zsz[i + 1];
        fc = fc.Replace(th, xls.ToString());
    }
}
for (int i = 0; i < fc.Length; i++)
{
    if ((fc[i] == '*') || (fc[i] == '/')) kongzhi = true;
}
}

string jzfh = "";
int jxls = 0;
string[] jzsz = fc.Split(new char[] { '+', '-', '*', '/' });
for (int i = 0; i < fc.Length; i++)
{
    if ((fc[i] == '+') || (fc[i] == '-')) jzfh += fc[i];
}
if (jzfh.Length != 0)
{

    for (int i = 0; i < jzfh.Length; i++)
    {
```

```
        if (jzfh[i] == '+')
        {
            if (i == 0)
            {
                jxls = int.Parse(jzsz[i]) + int.Parse(jzsz[i + 1]);
            }
            else
            {
                jxls += int.Parse(jzsz[i + 1]);
            }
        }
        if (jzfh[i] == '-')
        {
            if (i == 0)
            {
                jxls = int.Parse(jzsz[i]) - int.Parse(jzsz[i + 1]);
            }
            else
            {
                jxls -= int.Parse(jzsz[i + 1]);
            }
        }
    }
    return jxls.ToString();
}
else
{
    return fc;
}
        }
    }
}
```

重构后的代码

```
/*
 * Created by SharpDevelop.
 * User: dylan ren
 * Date: 2007-8-7
 * Time: 13:58
*/
using System;
using System.Collections.Generic;

namespace countNoExpress
```

```
{
    class express
    {
        private  string operatorSet= "";      //运算符: + - * /
        private string[] numberSet;            //参与运算的数字
        private string expressString;

        public express(string e)
        {
            expressString=e;
        }

        //将 exprssSting 拆分为运算符和参与运算的数字
        private void DivideIntoOperatorAndNumber()
        {
            numberSet= expressString.Split(new char[] { '+', '-', '*', '/' });
            for (int i = 0; i < expressString.Length; i++)
                {
                    if (isOperator(expressString[i]) )
                        operatorSet += expressString[i];
                }
        }

        //判断某字符是否是+-*/符号
        private bool isOperator(char c)
        {
            if ((c == '+') || (c == '-') || (c == '*') || (c == '/'))
                return true;
            else
                return false;
        }

        //当执行了一次运算后，将参与运算的数字替换为结果，删除运算符
        private void rebulid(int i,string oldString,string newString)
        {
            expressString = expressString.Replace(oldString,newString);
            numberSet= expressString.Split(new char[] { '+', '-', '*', '/' });
            operatorSet=operatorSet.Remove(i,1);
        }

        public string CountExpress(){
            int tempResult;
            string replacedStr = "";

            DivideIntoOperatorAndNumber();
```

```
//先对所有的*、/进行运算
do
{
    for (int i = 0; i < operatorSet.Length; i++)
    {
        if (operatorSet[i]=='*')
        {
            tempResult = int.Parse(numberSet[i]) * int.Parse(numberSet[i + 1]);
            replacedStr=numberSet[i]+"*"+numberSet[i + 1];
            rebulid(i,replacedStr,tempResult.ToString());
            break;
        }
        if (operatorSet[i]=='/')
        {
            tempResult = int.Parse(numberSet[i]) /int.Parse(numberSet[i+ 1]);
            replacedStr=numberSet[i]+"/"+numberSet[i + 1];
            rebulid(i,replacedStr,tempResult.ToString());
            break;
        }
    }
} while (expressString.Contains("*") || expressString.Contains("/"));

//计算所有的加减运算
do
{
    for (int i = 0; i < operatorSet.Length; i++)
    {
        if (operatorSet[i]=='+')
        {
            tempResult = int.Parse(numberSet[i]) + int.Parse(numberSet[i + 1]);
            replacedStr=numberSet[i]+"+"+numberSet[i + 1];
            rebulid(i,replacedStr,tempResult.ToString());
            break;
        }
        if (operatorSet[i]=='-')
        {
            tempResult = int.Parse(numberSet[i]) - int.Parse(numberSet[i+ 1]);
            replacedStr = numberSet[i]+"-"+numberSet[i + 1];
            rebulid(i,replacedStr,tempResult.ToString());
            break;
```

```
                                }
                            }
                        } while (expressString.Contains("+") || expressString.
Contains("-"));

                        return expressString;
                    }


    }
    class MainClass
    {
        public static void Main(string[] args)
        {
            string a="3+100*2*3/2/5/2*2*3/5/4";
            Console.WriteLine(a);
            express exp=new express(a);
            Console.WriteLine(exp.CountExpress());
            Console.ReadKey();
        }

    }
}
```

7.8 改进代码质量

一个软件项目最重要、必不可少的交付物是什么？是程序！

如果程序不能正常执行，文档写得再多、再漂亮也无法帮助客户得到其预期价值。

程序是程序员写出来的，要提高程序质量，首先要提高程序员的编程水平。一个职业的程序员应该把握以下原则。

（1）熟悉编程工具。

（2）能够按照编码规范编写风格规范、通俗易读、形式正确的程序。

（3）能够编写逻辑正确、思路清晰、内容正确的程序。

（4）具备测试、评审代码、快速发现缺陷的能力。

（5）具备快速调试、修改程序的能力。

（6）知道自己的性能基线，具备估算、管理自己的时间、按期完成任务的能力。

除了提升人员的能力之外，在编码阶段还有哪些措施能够提高程序的质量呢？

（1）遵循编码风格：首先要求从形式上编写一段好代码。

（2）代码重构技术：其次要求从内容上编写一段好代码。

（3）工具自动静态检查：通过静态检查工具，最快地发现代码中隐藏的缺陷或坏味道。

（4）代码走查：通过人工代码走查发现程序中的逻辑错误。

（5）单元测试：通过分析单元测试的覆盖率，确保每行代码都进行了质量控制。

（6）持续集成：通过持续集成尽早发现接口的问题。

第**8**章

测试与同行评审

8.1 质量管理的西药与中药

很多企业实施完 CMMI 2 级和 3 级后，没有体会到明显的质量改善。为什么呢？笔者认为关键在于没有抓好测试与同行评审。

管理的作用是预防。预防可能有效，也可能无效，预防了并不代表一定不会出错，但是预防了，出错的概率就会比较低。质量体系的作用就是预防，就是要降低出错的概率。预防恰如中药，见效慢，但能强身健体，从根本上解决病因。而测试与同行评审则好比是西药，立竿见影，直接作用在病处。

同行评审是在软件开发的各个生命周期阶段都可以实施的质量管理措施，测试则是软件模块开发完成后才能采取的质量管理措施，二者是互补的。同行评审可以发现测试无法发现的问题，测试也可以发现同行评审无法发现的问题。

根据统计数据证明，同行评审发现问题的效率一般是测试发现问题的 3 倍以上，因此越来越多的企业开始重视同行评审。在 TSP/PSP 中，Humphery 建议：设计评审工作量要大于设计工作量的 1/2，代码评审工作量要大于编码工作量的 1/2。企业在做软件开发时，往往由于工期原因省略了同行评审，急于进入编码阶段，于是需求阶段和设计阶段注入的缺陷全都集中在测试阶段被发现与修改，增加了测试的负担。研究表明，在生命周期后期修复缺陷的成本是在前期修复缺陷成本的 10 倍以上，这些成本都是隐性成本，如果没有度量数据来证明，往往为管理者所忽略。

根据测试的时机，可以将测试分为单元测试、集成测试、系统测试、验收测试。在实践中，企业往往侧重在系统测试，没有关注单元测试与集成测试。系统测试无法发现单元测试可以发现的所有问题，正如盖房子，每块砖的质量无法保证，则整栋楼的质量也无法保证，楼已经盖好了，再去检验每块砖的质量就比较困难。单元测试是集成测试与系统测试的基础，一般要求语句覆盖率为 100%，即每个语句都要经过单元测试。单元测试可由开发人员自己做，也可由其他人员来做。需要编写测试用例，需要记录缺陷。

　　评审与测试都是直接作用于工作产品，让客户或管理者直接看到质量管理的效果。但这次测试出了很多缺陷，下次测试仍可能发现很多缺陷，测试与同行评审并不能减少缺陷的出现，只是能最大程度地发现缺陷，避免缺陷被客户发现。质量管理体系则不同，尽管见效周期比较长，但是能从根本上减少缺陷的出现，这就是西药与中药的区别。要想让 CMMI 能够在企业里推广，必须要先吃西药再吃中药；先顾眼前，再顾长远。如此才可减少企业内的阻力，改变大家的观点，真正推行下去！

8.2　4 种测试层次的比较

　　在实践中对于单元测试、集成测试、系统测试与验收测试的区别，很多人辨别不清楚，因此我制定了表 8-1 帮助大家辨别这四种测试。

表 8-1　　　　　　　　　　　　　　　　4 种测试层次的比较

名称	测试对象	侧重点	参照物	充分性的评价方法	时机	测试方法	测试执行者
单元测试	软件的最小单元，如函数、方法等	逻辑的正确性	详细设计、源程序	代码、分支等覆盖率	软件中的基本组成单位完成后，边开发边测试	白盒测试、动态测试	开发人员
集成测试	软件的模块、子系统	接口的正确性	概要设计、详细设计	接口覆盖率	软件系统集成过程中，边集成边测试	黑盒测试、功能测试、白盒测试等	开发人员与测试人员
系统测试	系统	需求的满足性	产品需求	用户场景覆盖率	系统开发完成后，交付客户之前	黑盒测试、功能测试、非功能测试等	测试人员
验收测试	系统	需求的满足性	客户需求	需求覆盖率	交付客户后，正式投入使用之前	黑盒测试、功能测试、非功能测试等	客户

8.3 集成测试用例的案例

在表 8-1 中列举了四种测试之间的区别，下面举一个简单的例子来说明集成测试用例与单元测试用例的区别。假如我们有如下两个简单的函数：

函数一：

```
getMaxInTwo(int a,int b)
{
    if a>=b  return a;
    else return b;
}
```

函数二：

```
getMaxInThree(int a,int b,int c)
{
    int max=getMaxInTwo(a,b);
    max=getMaxInTwo(max,c);
}
```

对这两个函数分别设计单元测试用例如下：

getMaxInTwo 的 UT 用例：

（3，2）

（1，3）

（2，2）

语句覆盖率为 100%；

getMaxInThree 的 UT 用例：

（1，2，3）

语句覆盖率为 100%；

如果 2 个函数都执行了单元测试，则语句的覆盖率为 100%。

如果仅对 getMaxInThree 执行了单元测试，则 getMaxInTwo 的语句覆盖率仅为 50%。

下边我们来设计集成测试用例。先对这两个函数的接口进行分析：

getMaxInThree 需要传递 2 个参数给 getMaxInTwo。这 2 个参数的正常等价类划分为：

a>b

b>a

a=b

我们希望 getMaxInThree 可以输出这样 2 个参数，使我们可以覆盖上述的 3 个等价类，那么 getMaxInThree 的输入应该是什么呢？

测试用例（1，2，3）仅覆盖了第 2 种情况，要完全覆盖接口的各种情况，需要我们新增另外一个用例，比如：

（3，2，3）

因此我们得到的集成测试用例为：

（1，2，3）

（3，2，3）

当 2 个函数集成后，需要执行这样 2 个测试用例才可以完备地覆盖接口的 3 种情况。由此简单的例子可以直观地看出单元测试用例与集成测试用例有显著差别。

8.4　单元测试

8.4.1　如何推广单元测试

单元测试和同行评审一样，都是很简单的质量措施，但是推广时却会有很多具体问题和阻力，需要公司建立起单元测试的文化，让开发人员形成单元测试的开发习惯，这样才能充分发挥其作用。

在笔者咨询的客户中，软件企业对于单元测试的执行情况可以划分为以下 4 个层级。

（1）不做单元测试。

（2）组织级要求开发人员做单元测试，但是开发人员在做单元测试时，测试用例仅覆盖了程序的正常路径，基本上是一个函数只有一个单元测试用例。

（3）组织级要求每千行代码必须有多少个单元测试用例，一般是在 50 个/KLOC 到 100 个/KLOC 之间。

（4）要求语句覆盖与分支覆盖必须达到 100%。

其中（3）、（4）两种情况基本上都是在对日外包的企业中，日方的客户要求软件开发商必须达到上述要求。

对于（1）、（2）两种情况的客户要想真正地将单元测试在公司内部推广起来，需要从以下 3 个方面着手。

1．人员

（1）选择一个推广单元测试的负责人

对该负责人的基本要求如下。

- 对单元测试理解比较深刻，做过开发和测试；
- 具有较好的沟通与管理能力。

（2）改变开发人员及项目经理的思想认识

大部分开发人员对单元测试存在排斥心理，认为：

- 编写测试用例，准备测试数据的工作量太大；
- 项目工期太紧，没有时间做；
- 需要学习单元测试工具；
- 不符合以前的工作习惯。

改变思想不是一两次培训可以解决的，需要在实践中逐步改变。改变思想的主要手段如下。

- 培训：要充分准备，让开发人员意识到单元测试是有帮助的，单元测试并不复杂。可以是内部讲师培训，内部的员工熟悉公司的业务，比较容易结合实际；也可以是外聘讲师培训，外来的和尚好念经，公司内部从上到下会比较重视。

- 试点：要找试点项目，通过试点项目来证明单元测试的有效性。如果选择了试点项目，需要推广测试的负责人花费较大的精力去指导该项目的试点，确保成功。

- 行政命令：公司定义相应的考核制度，通过考核约束大家执行单元测试。考核制度代表了公司的价值观。

（3）树立单元测试的模范人物

任何一项措施，在企业里有反对者也会有支持者。要善于发现支持者，团结支持者。要树立单元测试的典型人物，榜样的力量是无穷的，让一个人影响几个人，让几个人影响一群人。

（4）改变领导的思想

很多企业的领导没有意识到单元测试的重要性，认为只要做好交付前的系统测试就可以了。对于领导，要以事实说话、以数字说话、以标杆企业的最佳实践说话，让领导认识到单元测试的重要性，让领导认识到公司的差距，让领导认可关于单元测试的规章制度。相比而言，领导的思想比开发人员的思想好转变。

2．技术

人员问题是第一位的，解决了人员问题，接下来是解决技术问题。要让开发人员比较容易地实现单元测试，此时要从以下两方面入手。

（1）工具

单元测试的工具有多种，有开源的，也有商品化的。为了获得领导的支持，提高投入产出比，可以先采用开源的工具。开源的工具一般比较简单实用，易于上手。

引入工具时，最好提供关于单元测试工具的整体解决方案，包括：单元测试框架、静态分析工具、缺陷跟踪工具等。这些工具集成在一起，能够极大地提高开发人员的效率。为了工具的集成，需要在推广的前期投入人力资源去探索，当然如果有热心人自告奋勇地去研究，那将是很幸运的。

使用工具后，需要经常将大家使用工具的经验教训收集起来，整理出来，形成知识，在公司内进行发布、推广。

在企业中导入静态检查工具是投入产出比最高的一种质检手段。通过静态检查工具可以快速地识别程序中的错误、警告、坏味道。公司可以规定对检查出的哪些警告、坏味道必须进行修改。在 JAVA 环境下可以采用 check Style, Source monitor，PMD，Find Bugs，Jslink 等工具。

（2）方法

单元测试的常用方法包括：

（1）静态检查，即采用静态代码检查工具对程序进行内部逻辑分析，以发现程序中可能的错误。

（2）动态测试，通过编写单元测试程序，设计单元测试用例，测试每个函数或每个类的逻辑正确性。

动态单元测试最主要的一个活动就是编写测试用例。实践中生成测试用例可以采用如下的方法：

i）功能分析；

ii）入口参数等价类分析；

iii）入口参数边界分析；

iv）全程变量、共享数据的等价类与边界分析；

v）调用函数返回值的等价类与边界分析；

vi）覆盖率分析。

上述方法要求的严格程度可以循序渐进，不同的严格程度需要投入的工作量不同。

如果一个类或一个函数对其他的类或环境依赖性很强，需要编写大量的桩程序或驱动程序，则说明了这个类或这个函数的设计有问题，违背了"低耦合"的基本设计原则，此时需要对设计进行优化，这也正是敏捷方法中提倡的"测试驱动开发"的作用之一。

3．过程

（1）定义单元测试过程的基本原则

在定义单元测试过程与相关规范时应把握一个基本原则："先松后严，形成闭环"。即在推广的初期，没必要要求那么深入细致，可以先要求大家做单元测试用例，然后要求测试用例个数，最后要求覆盖率等等。定义了单元测试的制度就要检查落实，要确保制度实际执行到位。

由开发人员自己执行单元测试，过程定义一定要简单，只要把握以下几个关键点就可以。

➢ 是否写了测试用例。

➢ 测试用例是否达到了组织级要求的个数。

➢ 测试缺陷是否作了记录。

➢ 是否分析了缺陷原因、类型及分布情况。

测试驱动方法提倡在编码之前先写测试用例，这种实践可以很好地预防错误，值得尝试。

上述 4 个关键点中，开发人员最不愿意执行的活动是记录测试缺陷，最容易忽略的是缺陷分析。自己的缺陷，出了错就去修改，不愿意记录下来，认为耽误自己的时间，没有什么用途。如果开发人员自己分析了缺陷原因、类型等分布情况，发现自己的弱点，在以后的开发过程中可以改进之，实现自我提高。子曰：君子日三省其身。不反省，就不能天天向上。

（2）选择合适的单元测试策略

通过测试策略的选择可以减少测试程序的工作量。单元测试一般有三种策略：

策略一：自底向上的策略。先测底层函数或类，再测上层函数或类，此时只需要编写驱动程序，不需要编写桩程序。

策略二：自顶向下的策略。先测上层函数或类，再测底层函数或类，此时只需要编写桩程序，不需要或很少编写驱动程序。

策略三：混合策略。综合上述的 2 种策略，需要综合编写桩程序和驱动程序。

如果被测的单元需要调用很多其他单元，则可以采用自底向上策略，减少驱动程序的编写量；如果被测单元需要很多外围环境准备，则可以采用自顶向下策略。

（3）选择投入产出比最高的模块

根据 Pareto 定律，我们可以选择少部分代码执行单元测试。在组织级可以规定对哪些模块执行单元测试，比如：

i）系统中最核心的、最关键的功能模块；

ii）算法复杂的功能模块；

iii）出错最多的功能模块；

iv）客户最常使用的功能模块；

v）复用的底层代码。

8.4.2　单元测试培训练习总结

2007 年 9 月 14 日到 2007 年 9 月 15 日我为某客户进行了单元测试方法的培训。第 1 天上午培训了单元测试技术与方法，下午介绍了 Linux 下 Cunit 的使用方法。第 2 天进行了分组练习，下午做了练习总结。

约 50 名开发人员参加了练习，分成 7 个小组。其中一个小组原来采用 C#在 Windows 开发平台下进行软件开发，其他小组均是在 Linux 环境下用 C 语言开发。练习均在实际工作环境中进行，有的是 2 个开发人员合用一台机器。

在设计测试用例时，每个小组都对函数的输入参数进行了等价类划分，设计了对应的测试用例，大部分小组对输入参数进行了边界值分析，有的小组还对程序内部逻辑进行了分析，设计的测试用例达到了 100% 语句覆盖。

有 3 个小组的测试程序中，函数的返回值是结构体或数据文件，需要自己编写预期结果与实际结果比较的函数。

练习结果的度量数据参见表 8-2。

表 8-2　　　　　　　　　　　　　　练习结果的度量数据

组	被测程序行数	测试程序行数	用例个数	缺陷个数
1	90	100	9	3
2	90	70	19	3
3	102	142	5	2
4	150	140	14	3
5	76	40	6	0
6	65	54	7	1
7	1000	210	23	8
合计（排除了第 7 组）	573	546	60	12

其中有 6 个组被测的代码行在第 65 行～第 150 行之间，有一个组被测的代码行是 1000 行，该小组的数据被视为离群点，在统计分析时，将该小组的度量数据排除在外。对 6 个项目组的有效数据进行分析，得出如下的度量结果。

平均缺陷密度=21 个缺陷/KLOC。

单元测试用例密度=105 个用例/KLOC。

测试代码行数：产品代码行数=1:1。

测试用例的有效性=每 5 个测试用例发现 1 个缺陷。

学员的总结与咨询顾问的点评如下。

（1）最多的错误是边界错误和异常处理错误。

（2）感觉 Cunit 工具还不错，测试框架本身提供了丰富的函数，用户无需关心 Cunit 的内部细节，只需专注于测试用例设计。

（3）在设计测试用例时，要周全考虑，做到代码覆盖率 100%。

（4）对于被测函数中一些系统调用，可以通过单独封装一个函数模拟出错情况。

（5）在编码前编写测试用例可以提醒程序员在写代码时应避免哪些缺陷。

（6）对于每个单元应该在本单元内对入口参数进行合法性检查，而不是在调用它的函数中做合法性检查，以提高函数的可复用性与健壮性。

（7）对于不可逆的加密类复杂算法的测试，可以采用编写另外一个已经得到验证的函数计算测试数据的结果，与被测函数的实际结果进行对比，以判断被测函数的正确性。

（8）如果代码难以做单元测试，需要写多个桩程序，则要考虑对该单元进行重构，调整结构，优化函数的责任。

（9）设计测试用例时，要充分考虑以下内容。

（i）对入口参数等价类划分；

（ii）边界值分析；

（iii）函数内部的逻辑分析。

8.4.3　Checkstyle 试用案例

下面是一个用 Java 语言解决约瑟夫环的代码，初始代码如下。

```
/**
 * @(#)Josephus.java
 *
 *
 * @author zcsunt
 * @version 1.00 2007/1/18
 */
import java.lang.*;
import java.io.*;

class Node {
    public int mData;
    public Node mNext;
    //-----------------------------
    public Node(int d) {
```

```
            mData = d;
        }
        //-----------------------------
        public int data() {
            return mData;
        }
}
/////////////////////////////////////////////////////////////////
class CirLinkList {
    private Node mCur;
    private int mSize = 0;
    //-----------------------------
    public CirLinkList(int n) {
        Node tail = new Node(n);
        cur = tail;
        for (int i = n - 1; i > 0; i--) {
            Node tmp = new Node(i);
            tmp.mNext = mCur;
            cur = tmp;
        }
        tail.mNext = mCur;
        mSize += n;
    }
    //-----------------------------
    public int size() {
        return mSize;
    }
    //-----------------------------
    public void step(int n) {
        for (int i = 0; i < n; i++) {
            mCur = mCur.mNext;
        }
    }
    //-----------------------------
    public Node delete() {
        Node temp = mCur.mNext;
        mCur.mNext = temp.mNext;
        mSize--;
        return temp;
    }
    //-----------------------------
    public void display() {
        Node start = mCur;
        Node end = mCur;
        while (end.mNext != start) {
            System.out.print(end.mData + " ");
```

```
                end = end.mNext;
            }
            System.out.println(end.mData);
        }
    }
    //////////////////////////////////////////////////////////////

public class Josephus {

    public static void main(String[] args) throws IOException {

        System.out.print("Input persons:");
        String str = getString();
        Integer n = Integer.parseInt(str);
        CirLinkList list = new CirLinkList(n);

        System.out.print("Input init position:");
        String startPosition = getString();
        Integer start = Integer.parseInt(startPosition);
        list.step(start - 1);

        System.out.print("Input interval:");
        String stepLength = getString();
        Integer stp = Integer.parseInt(stepLength);

        while (list.size() > 1) {
            list.step(stp - 2);
            Node death = list.delete();
            list.step(1);
            System.out.print(death.data() + " ");
        }
        System.out.println("");
        System.out.print("the last one is: ");
        list.display();
    }
    //-------------------------------------------
    public static String getString() throws IOException {
        InputStreamReader isr = new InputStreamReader(System.in);
        BufferedReader br = new BufferedReader(isr);
        String s = br.readLine();
        return s;
    }
}
```

Checkstyle 的配置文件如下。

```xml
<?xml version="1.0" encoding="UTF-8"?>
<!DOCTYPE module PUBLIC "-//Puppy Crawl//DTD Check Configuration 1.2//EN"
"http://www.puppycrawl.com/dtds/configuration_1_2.dtd">

<module name="Checker">
<!-- Checks that property files contain the same keys. -->
<!-- See http://checkstyle.sf.net/config_misc.html#Translation -->
<module name="Translation"/>
<module name="TreeWalker">
<!-- Checks for Javadoc comments. -->
<!-- See http://checkstyle.sf.net/config_javadoc.html -->
<!-- Checks Javadoc comments for method definitions.-->
<!-- module name="JavadocMethod">
<property name="scope" value="public"/>

<property name="allowMissingParamTags" value="true"/>

<property name="allowMissingThrowsTags" value="true"/>

<property name="allowMissingReturnTag" value="true"/>
</module -->

<!-- module name="JavadocType"/>

<module name="JavadocVariable">
<property name="scope" value="protected"/>
</module>

<module name="JavadocStyle">
<property name="scope" value="public"/>

<property name="checkFirstSentence" value="false"/>

<property name="checkHtml" value="true"/>
</module -->

<module name="ConstantName"/>
<module name="LocalFinalVariableName"/>
<module name="LocalVariableName"/>
<module name="MemberName"/>
<module name="MethodName"/>
<module name="PackageName"/>
<module name="ParameterName"/>
<module name="StaticVariableName"/>
<module name="TypeName"/>
```

```
<module name="FileLength">
<property name="max" value="2000"/>
</module>

<module name="LineLength">
<property name="max" value="120"/>
</module>

<module name="MethodLength">
<property name="max" value="200"/>
<property name="countEmpty" value="false"/>
</module>

<module name="AnonInnerLength">
<property name="max" value="60"/>
</module>

<module name="ParameterNumber"/>
<!-- Checks for whitespace -->
<!-- See http://checkstyle.sf.net/config_whitespace.html -->
<module name="EmptyForInitializerPad"/>
<module name="EmptyForIteratorPad"/>
<module name="MethodParamPad">
<property name="allowLineBreaks" value="true"/>
</module>
<module name="NoWhitespaceAfter"/>
<module name="NoWhitespaceBefore"/>
<module name="OperatorWrap"/>
<module name="ParenPad"/>
<module name="TypecastParenPad"/>
<module name="TabCharacter"/>
<module name="WhitespaceAfter"/>
<module name="WhitespaceAround"/>

<module name="RedundantModifier"/>

<module name="LeftCurly"/>

<module name="NeedBraces"/>

<module name="RightCurly">
<property name="option" value="alone"/>
</module>

<module name="AvoidNestedBlocks"/>
```

```xml
<!-- Checks for common coding problems -->
<!-- See http://checkstyle.sf.net/config_coding.html -->
<module name="AvoidInlineConditionals"/>
<module name="CovariantEquals"/>
<module name="DeclarationOrder"/>
<module name="DefaultComesLast"/>
<module name="DoubleCheckedLocking"/>
<!--
<module name="EmptyStatement"/>
-->
<module name="EqualsHashCode"/>

<module name="FallThrough"/>

<module name="HiddenField">
<property name="ignoreConstructorParameter" value="true"/>
<property name="ignoreSetter" value="true"/>
</module>

<module name="IllegalTokenText"/>
<module name="IllegalType"/>
<module name="InnerAssignment"/>

<module name="MagicNumber"/>

<module name="MissingSwitchDefault"/>
<module name="MultipleVariableDeclarations"/>

<module name="RedundantThrows"/>

<module name="SimplifyBooleanExpression"/>
<module name="SimplifyBooleanReturn"/>
<module name="StringLiteralEquality"/>
<module name="SuperClone"/>
<module name="SuperFinalize"/>
<module name="UnnecessaryParentheses"/>

<module name="InterfaceIsType"/>

<module name="VisibilityModifier">
<property name="packageAllowed" value="true"/>
<property name="protectedAllowed" value="true"/>
</module>

<module name="ArrayTypeStyle"/>

<module name="GenericIllegalRegexp">
```

```
<property name="format" value="System.out.print"/>
<property name="message" value="bad practice of use System.out.print"/>
</module>
<module name="GenericIllegalRegexp">
<property name="format" value="System\.exit"/>
<property name="message" value="bad practice of use System.exit"/>
</module>
<module name="GenericIllegalRegexp">
<property name="format" value="printStackTrace"/>
<property name="message" value="bad practice of use printStackTrace"/>
</module>

<module name="TodoComment">
<property name="format" value="TODO"/>
</module>

<module name="UpperEll"/>

<module name="CyclomaticComplexity">
<property name="max" value="12"/>
</module>
</module>
</module>
```

用 Checkstyle 检查代码：

```
# checkstyle Josephus.java -c config.xml
```

检测结果如下。

```
Starting audit...
Josephus.java:11:11: '{' is not preceded with whitespace.
Josephus.java:12:16: Name '_data' must match pattern '^[a-z][a-zA-Z0-9]*$'.
Josephus.java:12:16: Variable '_data' must be private and have accessor
methods.
Josephus.java:13:17: Name '_next' must match pattern '^[a-z][a-zA-Z0-9]*$'.
Josephus.java:13:17: Variable '_next' must be private and have accessor
methods.
Josephus.java:15:23: '{' is not preceded with whitespace.
Josephus.java:19:22: '{' is not preceded with whitespace.
Josephus.java:25:1: '{' should be on the previous line.
Josephus.java:26:18: Name '_cur' must match pattern '^[a-z][a-zA-Z0-9]*$'.
Josephus.java:27:17: Name '_size' must match pattern '^[a-z][a-zA-Z0-9]*$'.
Josephus.java:29:30: '{' is not preceded with whitespace.
Josephus.java:32:12: 'for' is not followed by whitespace.
Josephus.java:32:18: '=' is not preceded with whitespace.
Josephus.java:32:19: '=' is not followed by whitespace.
```

```
Josephus.java:32:20: '-' is not preceded with whitespace.
Josephus.java:32:21: '-' is not followed by whitespace.
Josephus.java:32:25: '>' is not preceded with whitespace.
Josephus.java:32:26: '>' is not followed by whitespace.
Josephus.java:32:33: '{' is not preceded with whitespace.
Josephus.java:41:22: '{' is not preceded with whitespace.
Josephus.java:45:28: '{' is not preceded with whitespace.
Josephus.java:46:12: 'for' is not followed by whitespace.
Josephus.java:46:18: '=' is not preceded with whitespace.
Josephus.java:46:19: '=' is not followed by whitespace.
Josephus.java:46:23: '<' is not preceded with whitespace.
Josephus.java:46:24: '<' is not followed by whitespace.
Josephus.java:46:31: '{' is not preceded with whitespace.
Josephus.java:51:25: '{' is not preceded with whitespace.
Josephus.java:58:26: '{' is not preceded with whitespace.
Josephus.java:59:10: Each variable declaration must be in its own statement.
Josephus.java:60:14: 'while' is not followed by whitespace.
Josephus.java:60:34: '{' is not preceded with whitespace.
Josephus.java:61: bad practice of use System.out.print
Josephus.java:64: bad practice of use System.out.print
Josephus.java:64:38: ')' is preceded with whitespace.
Josephus.java:73: bad practice of use System.out.print
Josephus.java:76:22: Name 'L' must match pattern '^[a-z][a-zA-Z0-9]*$'.
Josephus.java:78: bad practice of use System.out.print
Josephus.java:79:17: Name 'start_position' must match pattern '^[a-z]
[a-zA-Z0-9]*$'.
Josephus.java:81:22: '-' is not preceded with whitespace.
Josephus.java:81:23: '-' is not followed by whitespace.
Josephus.java:83: bad practice of use System.out.print
Josephus.java:84:17: Name 'step_length' must match pattern '^[a-z] [a-zA-Z0-9]*$'.
Josephus.java:87:14: 'while' is not followed by whitespace.
Josephus.java:87:15: '(' is followed by whitespace.
Josephus.java:87:24: '>' is not preceded with whitespace.
Josephus.java:87:25: '>' is not followed by whitespace.
Josephus.java:87:26: ')' is preceded with whitespace.
Josephus.java:87:28: '{' is not preceded with whitespace.
Josephus.java:88:24: '-' is not preceded with whitespace.
Josephus.java:88:25: '-' is not followed by whitespace.
Josephus.java:91: bad practice of use System.out.print
Josephus.java:93: bad practice of use System.out.print
Josephus.java:94: bad practice of use System.out.print
Josephus.java:98:56: '{' is not preceded with whitespace.
Audit done.
```

Warning 格式为：

```
[FILE_NAME]:[LINE_NUM]:[ROW_NUM]: [WARNING_MESSAGE]
```

本代码中的 Warning 分析如下。

（1）"'{' should be on the previous line"表示"｛"应该位于前一行。

因为在编码规范（由 config.xml 指定）中要求 class 和循环控制语句，以及函数后 ｛ 应该紧跟类名、控制语句或者函数名。采用如下格式。

```
class MyClass {
};

void myfoo {
}

for() {
}

while {
}
```

（2）"[OPERATOR] is not preceded with whitespace"表示操作符[OPERATOR]前面缺少空格。

（3）"[OPERATOR] is not followed with whitespace"表示操作符[OPERATOR]后面缺少空格。

因为在编码规范中，要求操作符与操作数之间必须用空格隔开。采用如下格式。

```
operator1 = operator2;
operator1 > operator2;
operator1 == operator2;
```

（4）"Name [VARIABLE] must match pattern '^[a-z][a-zA-Z0-9]*$'"表示变量[VARIABLE]不符合命名规则'^[a-z][a-zA-Z0-9]*$'。

因为在编码规范中，要求变量名开始必须为小写字母，变量名由字母和数字组成。采用如下格式。

```
    int a;
    int a1;
    int stringLength;
MyClass myClass;
```

替代

```
    int A;
    int _a1;
```

```
    int string_length;
MyClass my_class;
```

（5）"Variable [VARIABLE] must be private and have accessor methods"表示变量必须为私有变量，不应该直接被操作，并且提供存取接口。

因为在编码规范中要求所有成员变量必须为私有变量，不能由外部直接操作，应当通过接口存取。

（6）"Each variable declaration must be in its own statement"表示一个语句中只允许声明一个变量。

因为在编码规范中要求一个语句中只允许声明一个变量，以保证代码的可读性。采用如下格式。

```
int a;
int b;
```

替代

```
int a, b;
```

（7）"[WORD] is not followed by whitespace"表示[WORD]后面应该添加空格。

因为在编码规范中要求函数、控制语句和类后面的 { 以空格与前面的字符隔开。采用如下格式。

```
while() {
}
void foo() {
}
```

修正后的代码：

```
/**
 * @(#)Josephus.java
 *
 *
 * @author zcsunt
 * @version 1.00 2007/1/18
 */
import java.lang.*;
import java.io.*;

class Node {
    private int mData;
```

```java
    private Node mNext;
    //-----------------------------
    public Node(int d) {
        mData = d;
    }
    //-----------------------------
    public int data() {
        return mData;
    }
    //-----------------------------
    public void setData(int data) {
        mData = data;
    }
    //-----------------------------
    public Node next() {
        return mNext;
    }
    //-----------------------------
    public void setNext(Node next) {
        mNext = next;
    }
}
///////////////////////////////////////////////////////////////
class CirLinkList {
    private Node mCur;
    private int mSize = 0;
    //-----------------------------
    public CirLinkList(int n) {
        Node tail = new Node(n);
        mCur = tail;
        for (int i = n - 1; i > 0; i--) {
            Node tmp = new Node(i);
            tmp.setNext(mCur);
            mCur = tmp;
        }

        tail.setNext(mCur);
        mSize += n;
    }
    //-----------------------------
    public int size() {
        return mSize;
    }
    //-----------------------------
    public void step(int n) {
```

```java
        for (int i = 0; i < n; i++) {
            mCur = mCur.next();
        }
    }
    //----------------------------
    public Node delete() {
        Node temp = mCur.next();
        mCur.setNext(temp.next());
        mSize--;
        return temp;
    }
    //----------------------------
    public void display() {
        Node start = mCur;
        Node end = mCur;
        while (end.next() != start) {
            System.out.print(end.data() + " ");
            end = end.next();
        }
        System.out.println(end.data());
    }
}
////////////////////////////////////////////////////////////////

public class Josephus {

    public static void main(String[] args) throws IOException {

        System.out.print("Input persons:");
        String str = getString();
        Integer n = Integer.parseInt(str);
        CirLinkList list = new CirLinkList(n);

        System.out.print("Input init position:");
        String startPosition = getString();
        Integer start = Integer.parseInt(startPosition);
        list.step(start - 1);

        System.out.print("Input interval:");
        String stepLength = getString();
        Integer stp = Integer.parseInt(stepLength);

        while (list.size() > 1) {
            list.step(stp - 2);
```

```
                        Node death = list.delete();
                        list.step(1);
                        System.out.print(death.data() + " ");
                    }
                    System.out.println("");
                    System.out.print("the last one is: ");
                    list.display();
                }
                //-------------------------------------------
                public static String getString() throws IOException {
                    InputStreamReader isr = new InputStreamReader(System.in);
                    BufferedReader br = new BufferedReader(isr);
                    String s = br.readLine();
                    return s;
                }
            }
```

试用感想：

Checkstyle 工具有利于强制程序员编写符合公司编码规范的程序，消除了对编码规范理解上的因人而异，减轻了人员做编码规范检查的工作量，可定制性强，可以适应各个公司不同的编码规范，简单易用。

8.4.4　测试驱动开发案例

程序功能：给出三个正整数，分别代表三角形的各条边，判断是否能够组成合法的三角形，如果是，进一步判断是普通三角形、等腰三角形还是等边三角形。

完成的程序共计包括七个文件。

checkTriangle.c：对三条边进行排序，判断三角形的合法性以及具体属性。

checkTriangle.h：列出 checkTriangle.c 所需的变量及函数。

testCase.c：针对 checkTriangle.c 设计的测试用例，分为两大类，能构成合法的三角形和不能构成合法的三角形。

testCase.h：列出 testCase.c 中所需的函数。

config.h。

unittestUtil.h。

main.c：测试的主函数。

　　开发过程采用了测试驱动开发的方法。首先建立单元测试环境，写了简单的 unitTestUtil.h，然后采用测试驱动的方式开发。

　　测试用例包括不合法的三角形输入和合法的三角形输入。不合法的三角形输入有六种情况：

> 全为负数；

> 全为 0；

> 包含负数和 0；

> 包含整数和 0；

> 包含整数和负数；

> 全为整数。

合法的三角形输入包括：

> 普通三角形；

> 等腰三角形；

> 等边三角形。

具体过程如下：

- 建立单元测试环境。

- 编写 unitTestUtil.h、config.h 以及 main.c 函数。

- 测试驱动开发。

- 异常场景测试。

（1）输入数据全为负数

编写测试用例 checkInvalidAllNegitaveValue()；

编写桩函数 checkTriangle()，使得编译通过；

执行测试，failed；

编写 isValid()；

执行测试，pass。

（2）输入数据全为 0

编写测试用例 checkInvalidAllZeroValue();

执行测试，pass。

（3）输入数据包含负数和 0

编写测试用例 checkInvalidNegativeAndZero();

执行测试，pass。

（4）输入数据包含正数和 0

编写测试用例 checkInvalidPositiveAndZeroValue();

执行测试，all pass。

（5）输入数据包含正数和负数

编写测试用例 checkInvalidPositiveAndNegitaveValue();

执行测试，all pass。

（6）输入数据全为非法正数

编写测试用例 checkInvalidAllPositiveValue()。

（7）执行测试，failed；

修改 isValid();

执行测试，all pass。

- 考虑等边三角形

编写测试用例 checkEquilateralTriangle();

执行测试，failed；

编写 isEquilateral();

执行测试，all pass。

- 考虑等腰三角形

编写测试用例 checkIsoscelesTriangle();

执行测试，failed；

编写 isIsosceles()；

执行测试，all pass。

- 考虑普通三角形

编写测试用例 checkGeneralTriangle()；

执行测试，failed；

编写代码；

执行测试，all pass。

测试内容及结果参见表 8-3。

表 8-3　　　　　　　　　　　　测试内容及结果

测试内容	数据	结果
全为负数	−1，−2，−3	check invalid with all negitave value　　pass
全为 0	0，0，0	check invalid with all zero value　　pass
负数和 0	−1，−2，0	check invalid with zero and negitave value　　pass
	0，−2，0	check invalid with zero and negitave value　　pass
正数和 0	0，2，0	check invalid with zero and positive value　　pass
	0，2，5	check invalid with zero and positive value　　pass
正数和负数	−1，2，1	check invalid with negitive and positive value　　pass
	−1，1，0	check invalid with negitive and positive value　　pass
	−3，2，−1	check invalid with negitive and positive value　　pass
全为正数	1，1，2	check invalid with all positive value　　pass
	1，2，3	check invalid with all positive value　　pass
	1，5，3	check invalid with all positive value　　pass
普通三角形	3，4，5	check General triangle common value　　pass
等边三角形	3，3，3	check equiateral triangle common value　　pass
等腰三角形	3，2，2	check isosceles triangle common value　　pass

开发总结：

本程序大概花费了三个小时，包括从建立测试环境，到最后完成所有代码并测试通过。

中间基本上不用调试，只是为了跟踪方便加了几处由 DEBUG 宏包起来的打印输出语句。由于每个测试用例只针对一种情况，所以每编写完一部分代码，使所有测试通过，就能保证当前代码的正确性。测试代码写得很清晰，代码的可读性很强，测试完成后对自己的代码很有信心，如果以后需要对此程序再进行扩展，比如判断直角三角形或者等腰直角三角形等，也很方便，因为只是添加新的测试用例和代码，不会影响到已有的代码，而且继续开发的时候，原来的测试用例可以继续使用。

8.5　性能测试策略的案例

测试设计的过程包括了理解测试需求、制定测试策略、编写测试计划、编写测试用例、准备测试数据等活动，其中测试策略定义了测试的轮次、每轮测试的重点、测试方法、测试环境等。很多项目组往往忽略了对性能需求的测试设计。我结合某客户的性能测试实践，给出性能测试的一个案例，见表 8-4。

表 8-4　　　　　　　　　　　　　　　性能测试策略

	并发用户测试	并发应用测试	响应时间	疲劳强度性能测试	服务器资源利用率	大数据量测试	网络性能测试	特殊测试
功能测试点	1 个功能，多个用户，同时操作。	多个应用，多个用户，同时操作。	在指定的数量下，系统的响应速度是否可接受。	连续执行 24 小时、1 周、1 个月或更长时间，是否出错。	对数据库、Web 服务器、操作系统的测试，目的是通过性能测试找出各种服务器的瓶颈，为系统扩展、优化提供相关的依据	针对某些系统存储、传输、统计查询等业务进行大数据量的测试。	准确展示带宽、延迟、负载和端口的变化是如何影响用户响应时间的。在实际的软件项目中，主要是测试应用系统的用户数目与网络带宽的关系	主要是指配置测试、内存泄漏测试等一些特殊的 Web 性能测试。这类性能测试或/和前面的测试结合起来进行，或者在一些特殊的情况下独立进行

续表

功能测试点	并发用户测试	并发应用测试	响应时间	疲劳强度性能测试	服务器资源利用率	大数据量测试	网络性能测试	特殊测试
USE CASE 1	20 个并发用户	和 USE CASE 10 并发测试，10 个并发用户	数据量在 1 万行、10 万行、100 万行下分别单用户及多用户（20 个并发用户）测试	连续运行 7 天	CPU 利用率不能超过 60%	100 万行数据	ISDN，2M 宽带下分别测试	多次关掉应用后，内存是否持续增加
USE CASE 2 ……								

8.6 不可重现缺陷的应对策略

有一些比较严重的缺陷随机发生，难以查找规律，报错以后，如果开发人员无法重现，则可能认为不是错误，拒绝修改。如果开发人员找不到错误的出现规律，无法定位到问题点，则问题可能一直处于 Open 状态。对开发人员、项目经理和测试工程师来说，遇到这种难以重现的缺陷应该怎样处理呢？我建议从以下几个方面入手。

1．缺陷描述。应尽可能详细地描述以下内容。

（1）重现频率：在提交缺陷时，记录重现的频率（必然、偶然、很偶然）。

（2）现象：测试人员尽可能描述发生的情况并有截图。

（3）软件的版本：确认发现缺陷的程序版本号，可通过 Tag（Clearcase 中称为 Label）或者 Revision 号来标注。

（4）数据：发生错误时的各种变量、内存、存储器等存储的数据内容。

（5）环境：软件出错时的软硬件环境。

2．缺陷的重现。

（1）重现的人员：缺陷的重现工作最好由测试人员去完成。一方面测试人员的文字描述其实很难包括所有的现象信息，让开发人员重现的难度很大；另一方面测试人员的重现更有说服力和更加快捷。

（2）重现的次数：每个难以重现的缺陷，由发现该缺陷的测试人员连续重复测试 N 次，以发现规律（N 的具体数值，每家公司可以自定义）。

（3）延长测试时间，努力找到规律。如果市场紧急，由公司级领导特批，相当于高层领导评估风险，可以先发布软件，但测试和整改应继续，问题解决后在下一版本软件升级。

（4）若确实无法重现，转交项目经理做延迟处理，继续跟踪。若保留一段时间还无法重现的，可先关闭，以后重现时再 Reopen。

3．不可重现缺陷的处理方法

（1）人工代码走查：对系统最熟悉的开发人员重新评审无法重现缺陷的代码，最好是多人一起查。如果代码走查还找不出来，就要检查操作系统、应用服务器及其环境是否有问题，是否有兼容性问题。

（2）工具静态检查：采用静态检查工具（如 Pclint、Splint 等工具）检查代码，消除所有的 Error 与 Warning。记住：可能出现问题的地方一定出现问题！

（3）换人重新开发相关模块。

4．缺陷的记录

（1）开发人员解决缺陷时要填写 Revision 号，并注明缺陷原因。通过 Revision 号可以追溯究竟修改了什么内容。注明缺陷原因可以帮助开发人员进行经验教训的总结，对开发人员也是一种提高，知其然，也知其所以然。

（2）根据紧急程度，放入每日/每周跟踪列表，每次开例会时跟踪问题的解决状态。

5．行政管理

（1）开发人员未解决直接置为 Resolve 状态的，必须 Reopen，不允许这种假解决状况。

（2）对因为无法重现和定位的缺陷，不应牵扯到开发人员的绩效考核，以避免人为作假。

（3）加强培养开发人员的质量意识。

8.7 同行评审策略

同行评审策略定义了对哪些工作产品、在什么时机、采用哪种评审方式执行评审，也可以包含参与评审的角色。每家研发企业应在组织级定义此策略，由项目组再根据自己的实际情况进行裁剪。组织级同行评审的策略举例如表 8-5 所示。

表 8-5 同行评审的策略

阶 段	文 档	评 审 方 式
立项阶段	用户需求说明书（CRS）	技术复审
	可行性分析报告	审查
需求与策划阶段	软件需求规格说明书（SRS）	先走查或技术复审，再审查
	WBS 分解结果	技术复审
	软件估算记录	技术复审
	软件开发计划	技术复审
	软件测试计划或测试方案	技术复审
	需求跟踪矩阵	同 SRS 一起评审
	系统测试用例	走查
设计阶段	软件架构设计	先技术复审，再审查
	软件详细设计	走查或技术复审
	系统测试用例	技术复审
	集成测试用例	技术复审
实现阶段	源代码	通常情况下进行走查，重点模块进行技术复审或审查
	单元测试用例	走查
	用户手册（操作手册、安装手册、维护手册）	先走查或技术复审，再审查
测试阶段	测试报告	走查
其他阶段	变更申请	技术复审

8.8 同行评审的常见问题与对策

在很多公司中，同行评审都是老大难问题，要么不能坚持做同行评审，要么同行评审走形式。对于常见的同行评审问题与对策总结如下：

1．评审员没有提前准备。

现象：

（1）没有给评审员预留出足够的准备时间，比如为了加快项目进度，今天完成文档，准备明天评审，今天才发评审通知；

（2）给评审员留出了准备时间，但是评审员忙自己的事情，没有动力去花费时间评审其他人的工作；

（3）大家习惯于不准备就开评审会。

原因：

（1）大家不重视评审；

（2）评审的组织者没有掌握评审的方法；

（3）评审员对评审的结果没有责任；

（4）每次评审的文档量太大，专家没有时间做准备。

对策：

（1）在组织内要摒弃"快而脏"的开发文化，因为"质量的欠债是早晚要还的，还得越晚，利息越高"，大家要重视在生命周期的前期通过评审发现缺陷；

（2）在组织内应该建立起积极参与评审的文化，在给别人找 Bug 的同时，自己也是一个学习的过程；

（3）对参与评审的专家应进行考核，认可其价值。比如有的企业规定，如果没有被选中作为同行专家参与了几次评审，就无法晋级；

（4）通过高层领导的行政手段，督促各位评审专家提前阅读被评审的材料；

（5）项目组做计划时必须将需求、设计、代码、测试用例等文档的评审时间考虑进去，在计划中给专家留出准备时间；

（6）在选择评审员时，需要与评审员事先沟通好，如果其工作量饱和，则需要增加评审的准备时间或者选择其他评审员；

（7）可以将评审会议分成 2 次开。第 1 次是需求讲解会，在会上请作者详细讲解需求，召集评审员阅读被评审材料。第 2 次是需求评审会议，评审员沟通发现的问题。如果被评审的材料少，两次会议可以连续开；

（8）封闭评审。评审员不做提前准备，而是在召开评审会议时，屏蔽各种外部干扰，将各位评审员集中在一起阅读被评审材料，然后再进行评审；

（9）在召开评审会议之前，QA 人员或评审主持人检查各位专家的准备情况，如果没有充分的准备则会议延期；

（10）组织级规定评审速度的上限，限定每次评审的文档量。如果被评审工作产品规模太大，则拆分成多次进行评审。

案例：老板亲自监督的评审

　　深圳有个客户是在每月的经理办公会上，由各个部门提出本月的评审活动，并让所涉及到的评审员的部门经理承诺该评审员的参与时间，在下次经理办公会上进行复查，如果评审员没有提前认真准备，则其部门经理会受到老板的警告批评。

2．缺少熟悉被评审内容的专家。

现象：

（1）公司内分工明确，只有作者本人才是某方面的专家；

（2）从时间、成本、保密性上无法聘请公司外的同行参与。

原因：

（1）公司人员少，专业方向之间差别大；

（2）外部的专家大都是竞争对手。

对策：

（1）修改评审方式，将审查或技术复审修改为走查，让作者讲解被评审材料，把不是专家的人培养成专家；

（2）让作者自己通过讲解自己写的材料发现缺陷。根据 Basili 和 Weiss 的研究数据表明，在人工检查发现的错误中，有 23%的错误是由作者自己发现的；

（3）公司应该建立 AB 角的制度，一个模块至少有 2 个人比较熟悉。

3．该参与的评审员没有参与。

现象：

（1）评审需求文档时，没有客户参与，或者没有设计人员、测试人员参与；

（2）评审设计文档时，没有需求人员参与，或者没有编码人员、测试人员参与；

（3）评审测试用例时，没有需求人员参与。

原因：

（1）评审的组织者没有识别出应该参与评审的专家；

（2）公司的会议太多，专家厌倦了参与各种评审会议。

对策：

（1）公司统一定义每种类型文档评审应该参与的专家。一般来讲，在对某文档进行评审时，参与的专家应该包括：

➢ 直接上游工作者，以验证工作产品是否满足了上游工作产品的要求；

➢ 直接下游工作者，以判断下游的工作是否能够顺序开展；

➢ 本领域内的专家，以同行的、旁观者的角度判断是否存在缺陷。

因此，评审需求时，客户、设计人员、测试人员应参与；评审设计时，需求分析人员、编码人员、测试人员应参与；评审测试用例时，需求人员、设计人员应参与。

（2）公司定义会议的流程，建立良好的会议文化，开短会，开高效的会议，开对大家都有提高的会议；

（3）定义邮件评审的方式，对文档的评审未必一定需要开会，采用邮件评审也可以，这样可以节省评审时间；

4．没有准备专家使用的检查单。

现象：

（1）没有为评审的专家准备检查单。

原因：

（1）没有准备检查单的意识；

（2）QA 人员或 EPG 成员不具备编制专家使用的评审检查单的能力；

（3）有能力的专家没有时间编写评审检查单。

对策：

（1）EPG 成员可以组织熟悉需求、设计、代码、测试用例、项目计划的各方面专家分头编写检查单，然后再在公司级进行检查单的评审，最终形成公司标准的检查单；

（2）检查单中检查项的顺序应该和被评审文档的章节顺序一致，这样易于专家使用；

5．评审发现的问题很少，问题也不深入。

现象：

（1）评审专家没有发现很多问题，发现的问题也都是很简单的问题；

（2）各专家在个人评审时发现的问题大同小异，总体的评审效率比较低；

（3）在评审时发现了一些低级错误，比如错别字等。

原因：

（1）没有为参与评审的各专家分配角色，总体的评审效率（问题个数/总工作量）比较低；

（2）评审员的专业经验不充分；

（3）各位专家没有对照检查单进行评审；

（4）老板参与了评审会，导致评审员不敢各抒己见，大家不想在老板面前指出别人工作中的缺点；

（5）老板未必是技术的专家，有时不能从技术或者是业务逻辑的角度发现问题；

（6）只有少数专家提出了问题，大部分专家没有提问题。

对策：

（1）中国有句俗话："屁股决定脑袋"，话糙理不糙。处于不同的角色，分析问题的角度不同，发现的问题也不尽相同。应在准备时就对评审专家进行明确地分工，给专家分配角色，如用户、设计、测试等；

（2）当文档量比较大时，给专家分配不同的评审侧重章节，以提高评审的总体效率；

（3）在每次评审之前，可以打印出检查单，供各位专家参考；

（4）在每次评审之前，检查评审文档是否存在低级错误，是否达到了进入评审的条件；

（5）限制管理者参与评审会议。如果管理者是专家，则可以单独听取其意见；

（6）主持人要充分调动每一位评审员参与的积极性，对于两次评审会一个问题也没有发现的员工，今后不再选择为评审员参加评审会。

6．问题：主持人没有控制会议节奏。

现象：

（1）有的员工在论述自己的观点时长篇大论；

（2）部分人在某个特定问题上不能达成共识，争论不休；

（3）在评审会上花费了大量的时间讨论如何解决问题。

原因：

（1）主持人缺乏主持会议的技能；

（2）与会的专家没有接受过同行评审的培训；

（3）参与评审的专家人数太多。

对策：

（1）主持人应该接受主持会议的培训；

（2）在会议开始时，公布会议的相关规则；

（3）给每个人限定发表意见的时间上限，比如每次发言不超过 1 分钟；

（4）主持人及时中断跑题的讨论；

（5）在评审会上，禁止讨论如何解决问题，聚焦于发现问题；

（6）每次与会的专家不超过 7 人。

8.9　如何分析同行评审的度量数据

在进行同行评审时，一般可以积累如下的度量数据。

（1）评审文档或代码的规模说明如下。

　　对于需求文档的规模一般是采用页或功能点为度量单位。

　　对于测试用例的规模一般是采用个或页为度量单位。

　　对代码的规模一般是采用行为度量单位。

　　对于设计或其他文档一般是采用页为度量单位。

（2）个人评审的时间周期，计量单位为小时。

（3）评审会议的时间周期，计量单位为小时。

（4）个人评审发现的缺陷个数，计量单位为个。

（5）评审会议发现的缺陷个数，计量单位为个。

（6）缺陷总数=个人评审发现的缺陷个数+在评审会上确定的缺陷个数。

（7）个人评审的工作量，计量单位为人时。

（8）评审会议的工作量，计量单位为人时。

（9）评审的总工作量=个人评审的工作量+评审会议的工作量，计量单位为人时。

（10）个人评审的速率=个人评审的规模/个人评审的工作量，计量单位为：规模的计量单位/人时。

（11）评审的总体效率=评审发现的缺陷总数/评审的总工作量，计量单位为：个/人时。

（12）评审发现的缺陷密度，计量单位为：个/规模的计量单位。

对于上述数据如何分析与使用呢？请看下面的案例。

场景一：某次需求审查，个人评审阶段发现的缺陷为 10 个，会议上发现的缺陷为 20 个。

分析：对于审查这种评审方式，发现问题应该主要是在会前发现，而不是在审查会议上。上述的数据表明，个人评审时各位专家的投入不够，本次评审的质量不高，需要考虑是否重新评审，或者采取其他补救措施。

场景二：某次设计审查 30 页文档，平均个人评审花费的时间为 1 小时。

分析：按照业内度量数据，进行设计审查时，平均的速率应该为不超过 5 页/小时，本次设计审查个人评审投入的时间不够。

场景三：某次代码走查，花费了 1 个小时，评审了 1000 行代码。

分析：代码走查的速率太快，无法保证评审效果。

场景四：审查 20 页的需求文档，有 5 位专家参与，其中 2 位专家花费了 1 小时进行了个人评审，其他 3 位专家没有进行个人评审。

分析：2 位专家投入的个人评审时间偏少，3 位专家没有准备，建议推迟评审的时间以便于各位专家事先进行准备，或者评审的方式修改为走查或技术复审。

场景五：某次代码审查，专家 A 的个人评审速率为 1000 行/小时，其他专家的个人评审效率约为 300 行/小时。

分析：专家 A 的审查速率太快，无法保证评审质量，建议安排其为记录员。

场景六：某次需求审查，发现的缺陷密度为 2 个/页，组织级的审查退出准则为 1.5 个/页。

分析：不能通过评审，需要重新审查，并进行原因分析，判断是需求文档本身的质量太差，还是本次审查的水平高、准备充分或是审查的技术手段有改进。

场景七：某次需求审查的效率为 1.8 个/人时，组织级建立的基线为 0 个/人时～1.6 个/人时。

分析：本次审查的效率超出了组织级基线，过程判定为异常，需要进行特殊原因分析，判断是文档质量太差，还是专家水平高等因素。

场景八：某次需求评审持续进行了 1 天的时间。

分析：会议周期太长，无法保证各位专家能够高效地投入到评审工作中，建议拆分为多次评审。

案例：评审速率与评审缺陷密度之间的相关性

某公司采集了 17 次 MIS 类软件项目的需求评审数据的度量数据，对评审的速率与评审缺陷密度进行了相关性分析，得到了如图 8-1 所示的散点图，从该散点图可以看出，随着评审速率的增加，缺陷密度是在降低的，并求得了二者之间的量化关系：

评审发现的缺陷密度=10.7779/评审速率$^{1.213}$

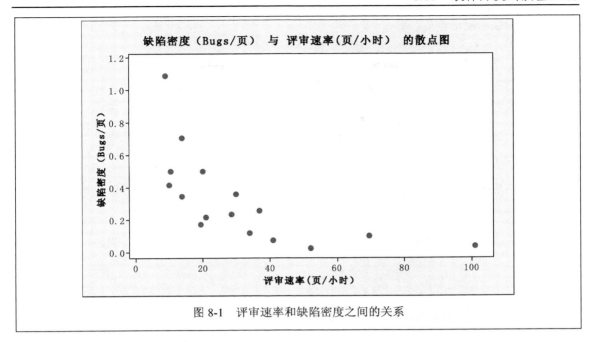

图 8-1 评审速率和缺陷密度之间的关系

8.10 软件开发的质量红线

质量红线是客户提出的概念，即质量管理的底线、最低要求、最低标准，无论在什么情况下，项目都不能违背这个底线。比如项目组在进行多快好省四个要素平衡时，无论如何平衡，都不能违背质量的最低要求。笔者认为这个名词很直观形象，因此借用一下。

在定义质量红线时，应该从质量的投入与质量的产出两个方面进行定义。

质量的投入如：

　　评审投入的工作量；

　　评审投入的工作量百分比；

　　测试用例的密度；

　　测试投入的工作量；

　　测试投入的工作量百分比等等。

质量的产出如：

　　评审的缺陷密度；

测试的缺陷密度；

缺陷逃逸率等。

上面的例子定义的质量红线是定量的值，也有公司定义的是非定量的值，如果定义非定量的红线则应该易于监测。

质量的红线代表了公司在质量方面的最低目标，是目标的下限。

定义了质量红线就给项目组堵住了后路，否则在进行多快好省的平衡时，项目组往往没有原则地在质量上让步，保住了短期利益，牺牲了长期利益。定义质量红线，就是企业注重长期利益的一个表现。

随着时间的推移，随着客户要求的提升，随着公司管理水平的提升，可以逐步改进质量红线。

8.11　产品的内部质量与外部质量

质量是我们天天挂在嘴边的词，质量的真正含义到底是什么？不同的标准中有不同的定义。我们不去讨论其严格的定义，换一种角度来看产品的质量。

产品的质量可以划分为外部质量与内部质量。外部质量是用户可见、用户可以体验到的质量，比如你新买了一辆车，你可以感受到车的外观、车提速的快慢等，这是车的外部质量；再如我们买了新房子，我们可以看到房子的地面是否水平、墙皮是否脱落等。内部质量是用户难以看到、难以体验到的质量，是制造方、维修方等可以体验到的质量，比如车是否易于维修等，有些车打开前盖后，可以看到内部走线的情况，好车的内部走线很清晰，而差的车内部走线则是一团乱；再如也有新闻报道新买的房子在装修中发现墙皮内塞满了塑料泡沫。内部质量是隐蔽工程，客户难以直接感受到。

对于软件工程而言，我们的内外部质量是什么呢？对客户、最终用户、间接用户的需求满足程度即是产品的外部质量。客户是出资者，是花钱购买软件的一方，最终用户是使用者、操作者，是真正使用软件的人；间接用户即不出资也不使用软件，但是间接用户影响了系统的成败或系统的成败影响到了他，比如证监会就是我们证券与期货交易软件的间接用户，它制定了相关的标准与规范，约束了系统的行为。软件的内部质量最主要的就是软件的可维护性。在公司内对代码的编写要求遵守编码规范，对于设计要求符合基本的设计原则，这些都是软件的内部质量。

图 8-2　外表光鲜的蛀虫苹果

　　在我们面试新员工时，对此人有一个评价，这个评价是表面的，是暂时的，我们可能当时觉得此人很好，当此人进入公司后，大家合作了一段时间后，可能就对此人的评价没有最初那么好了，为什么呢？日久见人心，时间长了，才能发现一个人的本质，这个本质就是内部质量。内部质量决定了外部质量！当然也有少数人，可以伪装的时间比较长。

　　产品的外部质量是短期利益，产品的内部质量是长期利益。企业要发展，丧失了长期利益，是不可能成为百年老店的。系统不关注内部质量，系统的生命周期就会比较短。软件项目的生命周期比较短，软件产品的生命周期比较长，项目经理关注的是短平快的结束项目，关注的是短期利益，而产品经理关注的是整个产品的生命周期管理，如果在企业中没有明确区分这 2 个角色，则项目经理也要承担产品经理的部分责任，关注产品的长期利益，关注产品的内部质量。前人栽树，后人乘凉，否则就会父债子还，利息越来越高，产品的后续维护成本就会大大增加。

第**9**章
质量保证

9.1 质量保证与质量控制的区别

质量保证（QA）与质量控制（QC）是经常混淆的两个概念，这两个概念如果不能清晰地辨别，就会涉及公司内关于质量保证活动的职责分配问题，以及质量保证人员的配备问题，因此厘清质量保证与质量控制的概念具有一定的实践意义。

先来看看在 CMMI 模型中的相关描述。

1　质量保证的定义

A planned and systematic means for assuring management that the defined **standards, practices, procedures, and methods of the process are applied.**[参见 CMMI 模型 V1.3，第 562 页]

<参考译文：一套有计划的、系统的方法，用以保证对已定义的标准、实践、规程和过程方法的实施进行管理。>

2　质量控制的定义

The operational techniques and activities that are used to **fulfill requirements for quality.** (See also "quality assurance.") [参见 CMMI 模型 V1.3 ，562 页]

<参考译文：用以达成质量需求的操作技术与活动。>

3　对质量保证的概述

The Process and Product Quality Assurance process area supports all process areas by providing specific practices for objectively evaluating performed processes, work products, and services against the **applicable process descriptions, standards, and procedures**, and ensuring that any issues arising from these reviews are addressed. Process and Product Quality Assurance supports the delivery of high-quality products and services by providing the project staff and all levels of managers with appropriate visibility into, and feedback on, the processes and associated work products throughout the life of the project. [参见 CMMI 模型 V1.3，第 68 页]

<参考译文：依据适用的过程描述、标准和规程客观地评价执行的过程、工作产品和服务，并确保通过这些评审发现的问题都被解决了，过程和产品质量保证过程域通过其提供的特定实践可以支持对所有过程域的评价。过程和产品质量保证过程域通过提供给项目组成员和各层级的管理者，对项目全生命周期的过程和相关工作产品适宜的可见度、反馈来支持交付高质量的产品和服务。>

这段描述在模型中重复出现多次。

4 质量保证与验证的关系

The practices in the Process and Product Quality Assurance process area ensure that planned processes are implemented, while the practices in the Verification process area ensure that the specified requirements are satisfied. These two process areas may on occasion **address the same work product but from different perspectives**. Projects should take advantage of the overlap in order to minimize duplication of effort while taking care to maintain the separate perspectives.[参见 CMMI-DEV 模型 V1.3，第 355 页]

<参考译文：PPQA 过程域的实践确保计划的过程得到实施，VER 过程域的实践确保特定的需求得到满足。这两个过程域可能去检查同样的工作产品，但从不同的维度。项目组可以执行一次检查，覆盖到这两个不同的维度，通过这种方式最小化重复的工作量。>

再来看 ISO 9000：2005 中对质量保证的定义。

3.2.8 质量管理（Quality Management）

在质量（3.1.1）方面指挥和控制组织（3.3.1）的协调的活动。

注：在质量方面的指挥和控制活动，通常包括制定质量方针（3.2.4）、质量目标（3.2.5）、质量策划（3.2.9）、质量控制（3.2.10）、质量保证（3.2.11）和质量改进（3.2.12）。

3.2.10 质量控制（Quality Control）

质量管理（3.2.8）的一部分，致力于满足质量要求（3.1.2）。

3.2.11 质量保证（Quality Assurance）

质量管理（3.2.8）的一部分，致力于提供质量要求（3.1.2）会得到满足的信任。

3.4.2　产品（Product）

过程（3.4.1）的结果。

注 3：质量保证（3.2.11）主要关注预期的产品。

基于上述模型与标准的描述，结合我的实践，通俗归纳如表 9-1 所示，仅供理解时参考。

表 9-1　质量保证与质量控制的区别

对比项	质量控制	质量保证
执行人	技术专家、测试人员、项目经理	质量保证人员
检查对象	工作产品、过程	工作产品、过程
参照物	需求、技术规格、质量目标	标准规范
关注点	产品的内在质量、过程的性能	产品与过程对于标准的符合性
有效性	直接作用在产品上	直接作用在过程上，间接作用在产品上
手段	测试、评审、SPC 技术等	检查、评审
管理假设	产品有缺陷，应尽早发现缺陷	过程可以预防产品缺陷
时效性	就事论事	长期性，要分析根本原因，是文化的建设，通过过程保证产品质量

9.2　质量保证的价值

质量保证是从第三方角度监控过程的执行，检查已制定的标准和规范是否得到了正确地执行，给管理者和执行者提供对标准和规范执行情况的客观信息，提高项目的透明度，通过过程长期一致地执行保证产品的质量。

如果把质量控制比喻成西医，那质量保证就是中医。中医更注重治本和预防。在质量体系推广或落地时，经常采用的手段就是培训，培训又分为集中式培训和持续式培训。单靠 EPG 组织的集中式培训，哪怕是培训效果再好也不够。当项目组在执行过程时还会碰到很多问题，这时非常需要质量保证人员深入到每个项目进行持续指导、随时提供支持、随时解答问题，这种效果是集中式培训所不能取代的。要使项目成员养成正确的做事方法和做事习惯，使体系真正落地执行，很大程度上依靠质量保证人员的持续指导和检查。项目除了按时交付、按需求交付的目标外，还要按照过程体系的要求实施项目，不但结果要正确，中间过程也要规范，质量保证人员可以帮助项目组达成规范实施的目标。

除了项目级质量保证人员以外，还有组织级质量保证人员。组织级质量保证人员是确保公司非项目组的工作也能按照相应的流程规范进行，比如培训工作、过程改进工作等。组织级质量保证工作流程基本和项目级质量保证一样，只是检查对象、检查范围与检查频率不同。

企业质量文化通过定义的体系文件、老员工的言传身教，以及质量保证人员指导和检查得到传承，质量保证人员是公司质量文化的维持者、宣导者和传承者。

9.3　质量保证人员与项目经理的质量责任

项目经理是项目质量的第一责任人，对项目交付物的质量负主要责任。

质量保证人员的职责不是生产高质量的产品，也不是制定高质量的计划，这些都是开发人员的工作。

质量保证人员的职责是监控项目组成员是否按定义的标准和规范实施其职责，并在出现偏离时提醒管理者注意。不能认为有了质量保证就不会存在质量问题。质量保证人员所能做到的一切，仅仅是提醒管理者注意实际情况和已定义标准之间的偏差。按照组织级的标准规范做事情，可以减少质量问题的发生。管理者必须坚持在产品交付之前解决质量问题，否则，质量保证就会变成一种代价较高的官僚游戏。

9.4　质量保证人员与过程改进人员的责任融合

EPG 是组织制定过程体系、实施过程改进的机构。质量保证组是监督过程体系是否得到执行的机构。

质量保证人员中最有经验、最有能力的人员可以加入 EPG。如果企业的 EPG 人员具有较为深厚的开发背景，可以兼任质量保证工作，这样有利于过程的不断改进。但是如果立法、监督执行集于一身，也容易造成质量保证人员过于强势，影响项目独立性。

管理过程比较成熟的企业，因为企业的文化和管理机制相对健全，质量保证人员职责范围内的工作较少，往往只是针对具体项目制定明确的质量保证计划，这样质量保证人员的审计工作会大大减少，从而可以同时审计较多项目。

另一方面，由于项目分工的细致化和管理体系的复杂化，往往需要专职的 EPG 人员。这些人员要求了解企业的所有管理过程和运作情况，在这个基础上才能统筹全局地进行过程改进，此时了解全局的质量保证人员就是专职 EPG 的主要人选。这些质量保证人员将逐渐地转化为 EPG 人员，并且更加了解管理知识，而质量保证工作渐渐成为他们的兼职工作。

上述情况在许多 CMMI 企业比较多见，往往有时看不见质量保证人员在项目组出现或者很少出现，这种 EPG 和质量保证人员的融合特别有利于组织的过程改进工作。EPG 确定过程改进内容，质量保证计划重点反映这些改进内容，从而保证有效地改进，特别有利于达到 CMMI 模型的要求。

9.5　质量保证的组织结构形式

在设计质量保证组织结构时，最基本的原则就是质量保证人员要保持一定的独立性，不能完全受项目经理管理，否则就无法做到客观性。

在人数较少的企业中，可以采用不同的项目组之间交叉检查的方式，即从 A 项目组中安排人员作为 B 项目组的质量保证人员，从 B 项目组中安排人员作为 A 项目的质量保证人员。

在人数较多的企业中，一般有独立于项目或开发部门之外的质量组或质量部门，他们有独立渠道向项目组的上级领导汇报项目组的规范执行情况。

根据企业的规模，可有如下的三种组织结构形式供选择：

图 9-1　小规模企业的质量保证组织结构

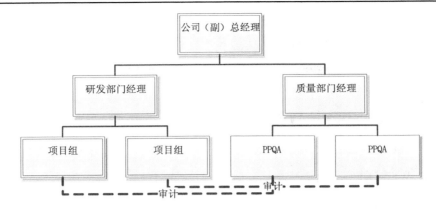

图 9-2 中等规模企业的质量保证组织结构

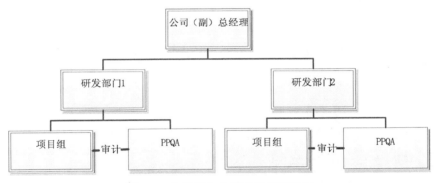

图 9-3 大规模企业的质量保证组织

9.6 质量保证工作的 8 个原则

（1）所有交付给用户的工作产品都要经过质量保证人员的检查。

（2）所有活动都要经过质量保证人员的检查，对频繁发生的活动可以抽检。

（3）在组织级要定义抽检准则，包括抽检的时机、覆盖率、抽样原则等。

（4）质量保证人员要有检查单，且检查单应基于活动参考标准而制定。

（5）有检查就要有记录，无论是否有问题。

（6）有问题就要跟踪关闭。

（7）对问题要分类分析。

（8）也要对质量保证人员检查其工作的规范性，并要有记录。

9.7　质量保证人员的工作内容

1　与项目经理一起确定项目应使用的管理标准

项目管理标准的来源主要包括 4 个。

（1）国际、国家、行业等外部标准；

（2）企业内部标准；

（3）客户要求的标准；

（4）项目经理拟定的标准。

质量保证人员与项目经理一起协商采用哪些标准，需要做哪些裁剪。这个过程实际上是项目在定义自己的工作流程，在 CMMI 中将活动的输出称为项目已定义过程（PDP）。

2　制定项目组的质量保证计划。

质量保证人员在项目早期要根据项目计划制定与其对应的质量保证计划，主要定义检查的对象和工作量、各项检查任务的检查时机、检查标准、检查方法、抽检原则、具体日程安排、输出的工作产品、质量保证报告的沟通方式等。

质量保证人员执行检查的主要基础和依据是项目已定义过程（PDP）和项目计划。

定义越详细，对质量保证人员今后工作的指导性就会越强，同时也便于项目经理和质量保证组长对其工作的监督。编写完质量保证计划后，要组织对质量保证计划的评审，并形成评审报告，把通过评审的质量保证计划发送给项目经理、项目成员和所有相关人员。

3　指导项目组日常工作。

质量保证人员应对项目拟采用的标准很熟悉，项目组在实施过程中，会在执行某标准前向质量保证人员咨询如何使用标准，质量保证人员应担负起导师的责任。

4　检查项目的活动与工作产品。

（1）定义项目的检查计划。如果在上述的第 2 个活动中，质量保证计划没有制定足够详细或者需要进行调整时，进行本项活动。

（2）定义检查单。根据具体的情况定义合适的检查单，避免有遗漏或者做无效的检查，保证检查的质量，可以针对项目的具体情况对检查单进行裁剪。

（3）检查项目的日常活动与工作产品，记录问题。

（4）参与项目的阶段性评审和审计。

在质量保证计划中，通常已经根据项目计划定义了与项目阶段相应的阶段检查，包括参加项目在本阶段的评审和对其阶段产品的审计。对阶段产品的审计通常是检查其阶段产品是否按计划和按规程输出，并检查其内容是否完整，规程包括企业内部统一的规程，也包括项目组自己定义的规程。但是质量保证人员对于阶段产品内容的正确性一般不负责检查，对内容的正确性检查通常交由项目评审人员来完成。质量保证人员参与评审是从保证评审过程有效性方面入手，如参与评审的人员是否具备一定资格，是否规定的人员都参与了评审，评审中对被评审对象的每个部分是否都进行了评审，并给出了明确的结论等等。

注意，审计一定要有项目组人员陪同，不能搞突然袭击。双方要开诚布公，坦诚相待。

审计内容包括了是否按照过程要求执行了相应活动，是否按照过程要求产生了相应的工作产品。

（5）沟通问题并跟踪问题关闭。如果问题在底层无法及时解决，要逐级上报。

对于评审中发现的问题和项目日常工作中发现的问题，质量保证人员要进行跟踪，直至关闭。对于在项目组内可以解决的问题就在项目组内部解决；对于在项目组内部无法解决的问题，或是在项目组中跟踪多次也没有得到解决的问题，可以利用其独立汇报的渠道，报告给高层经理，寻求支持或让其裁决。

5　分析问题的原因，提出改进建议。

（1）针对某个项目进行纵向分析。

（2）针对多个项目进行横向分析。

（3）形成质量报告，与项目经理、部门经理、高层经理、EPG 定期沟通。

（4）帮助 EPG 收集过程改进的信息和最佳实践。

6　优化组织级的质量保证过程与检查单等。

7　检查组织级非项目的管理活动，比如 HR、EPG 等。

9.8　质量保证例会的 6 个问题

质量保证人员在工作中要按照质量保证流程进行工作，质量保证主管要对质量保证人员的工作进行检查，如何检查呢？参考每日站立会议的方法，无论是采用周例会还是月例会，在每次质量保证例会上，建议每个质量保证人员都要清楚回答如下 6 个问题。

（1）本期检查了什么？

（2）按计划应该检查却未检查的过程或活动有哪些？为什么？

（3）检查出来了哪些不符合问题（NC）？

（4）应该解决、却未解决的不符合问题有哪些？拖延了多久？

（5）后续待解决或改进措施有哪些？

（6）后续检查重点是什么？

（1）和（2）是检查质量保证人员工作的完备性；（3）和（4）是对问题进行通报，确定没有漏报问题，确定该上报领导的问题都上报了；（5）和（6）是对后期工作进行计划。

9.9　如何消除对质量保证的抵触情绪

质量保证人员的日常工作往往会遭到项目组抵触。为什么呢？我整理了如图 9-4 所示的常见原因。

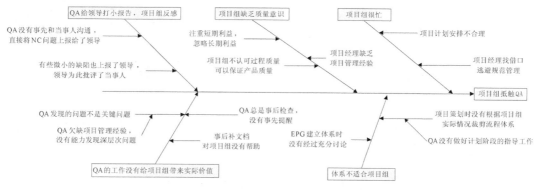

图 9-4　抵触质量保证的原因

我认为最主要的原因有两个：一是项目组思想意识问题；二是质量保证人员工作方法问题。

思想意识问题又包含两个方面：一是对质量保证工作的重视程度不够；二是对项目组自身能力盲目信任。

质量保证工作是进行预防！预防的效果不是短期能看到的。扁鹊三兄弟的故事是对质量保证作用的最好注解。据《史记》载，魏文侯曾问扁鹊说："你们三兄弟中谁最善于当医生？"扁鹊回答说："长兄医术最好，中兄次之，自己最差。"文侯说："可以说出来听一听吗？"扁鹊说："长兄治病，是治于病情未发作之前，由于一般人不知道他事先能铲除病因，所以他的名气无法传出去。中兄治病，是治于病情初起之时，一般人以为他只能治轻微的小病，所以他的名气只及于乡里。而我是治于病情严重之时，在经脉上穿针管来放血，在皮肤上敷药，所以都以为我的医术最高明，名气因此响遍天下。这便是为后人所津津乐道的"扁鹊三兄弟"的故事。现实中人们对待质量保证、评审、测试的重视程度正如此故事中的三兄弟。项目经理在平衡需求、成本、进度和质量时，只关注了产品质量，而没有关注过程质量，没有意识到过程质量是产品质量的源泉。

一方面由于质量保证的价值不是显性的，因此得不到管理者重视，质量保证人员的待遇也普遍不高，也就吸引不了有经验、懂开发与管理的人员从事这个职业。另一方面由于质量保证人员的能力不足以发现很深入的问题，所以管理者也就更加不重视质量保证工作，如此一来就形成了恶性循环。要想打破这个怪圈，必须从某一个环节突破，进入良性循环，要么管理者重视质量保证，要么质量保证人员通过努力来证明工作的价值。

现实中存在这样一种现象：不按标准流程做事情，项目也能成功，于是每个项目经理都认为自己就是那个不按流程执行也能成功的项目经理。这其实是一种推理悖论，是一种以偏概全，把小概率事件推而广之的侥幸心理。就如买彩票一样，看到有人中大奖，于是大家都去买彩票，都希望自己也成为那个幸运儿。项目经理认为没有好的过程也会做出成功的项目，项目经理认为自己就是那个英雄。

要改变大家的思想意识，需要质量保证人员掌握良好的工作方法与沟通技巧。在日常工作中，质量保证人员要注意如下问题：

（1）先做导师再做警察。质量保证人员首先是项目组的过程导师，其次才是过程警察。过程导师是指导项目组如何做，是预防错误发生；过程警察是检查过程执行是否有误，是纠正错误。在现实生活中也是这样，我们很尊敬老师，希望亲近老师，而我们看到警察则往往敬而远之。

（2）要以理服人。质量保证人员不要总是对项目组讲体系要求必须这么做，而是应该说，基于项目实际情况，我们如果不这么做，问题的后果我们无法承受，所以我们需要这么做。要给项目组解释清楚为什么必须这么做，要让项目组成员知其然，也要知其所以然。

（3）首先是项目组的一员，其次才是审计人员。项目的成败质量保证人员也有责任，质量保证人员也是项目组成员，所以要站在项目组角度上考虑"我们"应该如何做，不要讲"你们"应该如何做，不要把自己和项目对立起来。

（4）要客观判断。对照项目组认可的过程体系客观判断是否是不符合问题。如果没有建立经过批准的开发标准和规程，质量保证人员就失去判断依据，这样提出的不符合问题就容易被项目组否定，因为没有法律依据。

（5）采用合适的沟通方式。非正式沟通就可以解决的问题，就非正式沟通；非正式沟通解决不了的问题，再正式沟通。要坚信沟通可以解决一切分歧。

（6）不要用质量保证人员的检查结果作为考核项目组的依据，否则容易造成双方有敌对情绪。如果质量保证人员一检查就拿来考核，项目组抵触一定很严重。曾经有个客户对项目组考核时采用了质量保证人员的检查结果作为依据，为避免项目组对质量保证人员的抵触，考核时没有采用发现的不符合问题个数作为指标，而是用不及时修复的不符合问题个数作为考核指标。

（7）通过典型案例进行宣传教育。多发现好的典型，在公司内进行宣讲，也可通过反面的案例证明质量保证的重要性。

（8）良好的人际关系易于使你的意见得到别人认可。

9.10 质量保证人员配备

（1）全职或兼职。

全职就是设置专门的质量保证人员，不负责项目的技术开发，主要职责就是质量保证工作。建议可按照 1:30 的比例配备全职的质量保证人员。

兼职就是安排技术人员或其他岗位人员兼任质量保证工作，这种方式一般适宜于小型软件开发公司。

为获得足够的资源来完成质量保证工作，也可以采取岗位轮换的方式。比如，允许项目经理在项目管理岗位和质量保证岗位进行轮换，把一定质量保证工作经历作为项目经理上岗的必备条件。采取岗位轮换方式，一方面解决了质量保证人员资源的不足，另一方面还促进了轮岗人员把质量保证思想和方法融汇到开发和项目管理工作中，更大程度的提高产品质量。

（2）人员素质要求。

质量保证人员的首要素质就是认真，责任心强。作为第三方对项目过程进行监督，质量保证人员要能保持自己的客观性，不能一味讨好项目经理，也不能成为项目组中的宪兵，否则会影响工作开展。

其次，质量保证人员要有很强的沟通能力。原则性问题不让步，非原则性问题能够灵活处理。表达同一意思可能有多种方法，有的让人听了反感，有的让人乐意接受。所以质量保证人员在沟通时要注意技巧，能够比较柔和地让项目组接受自己的观点，有利于问题得到解决。

第三，质量保证人员要熟悉软件开发过程。如果质量保证人员只能提出表面问题，对项目组没有真正意义的帮助，项目组自然容易产生抵触情绪。这就要求质量保证人员要有比较丰富的实际项目经验，在此基础上，质量保证人员自己要很了解软件项目开发过程和企业已有的开发过程规范，正如律师要熟悉法律条文一样。熟悉开发过程不应该仅仅停留在过程规范的字面上，而是要了解这些过程规范背后的道理，要知其然，更要知其所以然。这就需要质量保证人员具有比较好的软件工程经验，如果质量保证人员曾经是优秀的项目经理，项目组抵触的概率会大大降低。

最后，质量保证人员要有耐心。质量保证人员的日常工作比较繁杂，需要对很多工作产品进行细心地检查，也要给项目组成员反复的讲解一些道理，一个人也可能面对多个项目组，因此，一定要耐心细致。

如何为质量保证配备出色的人员是所有企业面临的困难之一。招聘新毕业大学生充当质量保证人员是不值得提倡的。选择有丰富工程经验的人员作为质量保证人员是我们的理想。岗位轮换有时是一种可行的方法，有的公司是从质量保证人员中选拔所有新的部门经理，任何备选的部门经理都要在质量保证岗位上工作 6 个月以上，然后才能到相应部门上任。

9.11 质量保证人员的知识体系

- 熟悉相关质量模型与标准。
  - CMMI、ISO 15504、ISO 9000、ISO 12207、ISO 20000、XP、SCRUM、IPD、PMP 等
- 熟悉软件工程相关知识。

- 熟悉项目管理相关知识。

- 熟悉质量管理常用工具与方法。

    - 检查单、帕雷托分析法（80-20 定律）、头脑风暴法、根因分析法、5-why 法、趋势分析法、相关性分析法等。

- 熟悉公司质量体系。

- 熟悉行业领域业务知识。

- 熟悉审计或评估方法。

    - SCAMPI、ISO19011 等。

10.1　配置管理的基本概念

配置管理领域的基本概念比较多，简单说明如下：

（1）配置项

配置项是配置管理的基本单位，可以由一个或多个相关的工作产品组成，如：一份文档、一段代码等。配置项可以是一份文档、一段代码，也可以是多个文档的集合。在配置管理的过程中，配置项被视为一个整体进行管理。

（2）配置管理

CMMI 模型认为配置管理是这样一门学科：它应用技术的、管理的指导和监督以：

① 识别和记录配置项功能特征和物理特征；

② 控制这些特征的变更；

③ 记录和报告变更的处理和执行状态；

④ 验证其是否符合特定的需求。

我们也可以通俗地认为，配置管理就是采用配置识别、配置控制、配置状态记录及配置审计等手段，建立与维护工作产品完整性的一门学科。

（3）基线

基线是一组经过正式评审或测试并得到认可的工作产品，是后续开发或交付的基础，只能经由正式的变更控制才能改变。

我们打个比方解释基线的含义。当我们去超市购物时，我们在购物车中放置了鸡蛋、西红柿、电磁炉、炒瓢、油盐酱醋等。在没有付款之前，我们可以任意调换商品，但是我们却不能在没有付款之前烹饪西红柿炒鸡蛋。当我们付款之后，虽然我们可以任意加工这些商品，但是我们却无法任意调换商品了，如果要调换商品，则必须按照超市的退换货流程得到审批后才能退换商品。对购物车中商品付款的活动就是建立基线的活动，付款后的商品就是一个基线。

（4）配置审计

用来验证配置库中的配置项是否符合特定的标准或需求的一种审计手段。主要分为功能审计和物理审计。

配置审计的目的是为了检查配置项的完整性。所谓的完整性包括：

➢　正确性：如：应该入库的是需求，而不是其他文档；应该入库的是需求的某个特定版本，而不是其他的版本。

➢　完备性：不多不少，该有的都有，不该有的没有。

➢　一致性：各配置项之间的版本对应关系是一致的，如，与 1.0 版本的需求相对应的是2.1 版本的设计文档，而不是其他版本的设计文档。

（5）CCB

CCB 即变更控制委员会（Change Control Board），是对配置项变更进行评价、批准或否决，确保变更得以实施，以及保证变更后的配置项的正确性的一组人员。

案例：有关 CCB 的笑话

有位朋友曾经给我讲过这样一个笑话：有家企业在进行基于 CMMI 的过程改进，咨询顾问访谈两位项目经理，问了一个关于 CCB 的很简单的问题：能否说说 CCB 的含义啊？一个项目经理说："中国建设银行吧！"，咨询顾问疑惑地看着这个项目经理，另一个项目经理见势不妙，马上说："不对，是抄送白总吧！"，这家公司有位副总姓白，项目经理以为是邮件 CC 白总呢。

10.2　数据管理与配置管理的区别

在 CMMI 中有两个相近的概念：数据管理（Data management，也可以翻译为资料管理）

和配置管理（Configuration management）。数据管理的概念来源于系统工程领域，是指在整个数据生命周期中，用于计划和获取业务与技术数据，并对其进行管理，使其符合数据需求的规范的过程与体系。此处的数据不是数字，而是指已记录的信息。已记录的信息包括能够用于沟通、存储和处理的技术数据、计算机软件文档、财务信息、管理信息、事实的陈述、数字、或任何性质的资料。配置项是为接受配置管理而得到标识的工作产品的集合体，在配置管理过程中被视为单个实体。数据的概念比配置项的概念更广泛。数据可以是电子的或者纸质的；可以是声音、图像、照片、文字或数字；可以是交付物也可以是非交付物。

数据管理不仅仅限于备份与存储，还包括了数据格式的定义、数据内容的要求、数据的安全性与保密性管理、数据传播的范围管理等。而配置管理是管理配置项的完整性，管理各个配置项之间物理与功能上的一致性。数据管理的范围更宽泛，配置管理的范围相对比较窄，二者有交叉的地方。数据管理是项目经理的职责，配置管理是配置管理员的职责。在有的企业中数据管理比较复杂，而有的企业可能就比较简单。

在麦哲思科技确定了如下的数据管理策略，通过这个案例可以帮助读者更好地理解数据管理与配置管理的区别：

（1）财务数据只能提供给老板、股东与财务主管，对其他人保密。

（2）财务数据应该由财务人员定期推送给老板和股东。

（3）财务数据中要包含资产负债表、现金流量表、权益表。

（4）每位员工的劳动合同只有人事主管与老板可以查阅。

（5）公司的销售管理政策需要共享给每个业务员，但是对公司外部的人员要保密。

（6）正在进行的销售信息，只有负责该项目的销售人员、销售主管、老板清楚，对其他人保密。

（7）历史已经完成的销售方案、经验教训在销售人员之间可以共享。

（8）方案模板等需要根据最新的变化进行实时更新。

（9）方案模板要区分不同的类型，比如长周期的、要证书的、不要证书的、单纯培训的等等。

（10）方案模板提供三种格式的版本：PPT，EXCEL，WORD。

（11）销售人员售前的录音、录像可以在销售人员与顾问之间分享。

（12）关于销售策略、项目定价的内部讨论邮件要保存下来，作为证据，防止销售人员打乱公司的定价体系。

（13）通用培训讲义要在咨询顾问之间分享，每个顾问对通用讲义的修改应定期进行汇总。

（14）客户的资料要严格保密，只能保存在参与项目的顾问处，不能分享给其他顾问，绝对不能对外散发。

（15）咨询顾问的经验教训应该定期更新，发布给所有的顾问共享。

（16）顾问的培训录音可以在顾问之间共享。培训录音会增加新的，但是历史的录音不会变化。

（17）咨询顾问的行程计划是在全公司的所有员工之间共享的，每个人都可以看到，都可以修改，修改后应该通知影响到的人。

（18）所有的培训讲义要遵循公司统一定义的模板。

（19）每个销售顾问和每个销售每个月备份自己的资料，以规避硬盘损坏的风险。

（20）除行程计划外，其他的资料都不允许放在公网上，只能存放在公司的电脑中。

（21）商务合同、咨询方案与培训讲义要纳入配置管理。

（22）合同与方案的对外发布要经过总经理或副总经理的批准。

10.3　如何组建 CCB

1．CCB 应该由哪些角色构成

CCB 一般由客户代表、主管领导、项目负责人、资深开发人员、测试人员、配置管理员、质量保证人员等组成。也有的公司将 CCB 分为多个层次，如：

客户参与的 CCB：客户代表、主管领导、项目负责人；

开发参与的 CCB：项目负责人、资深开发人员、测试人员、配置管理员、质量保证人员等。

CCB 一般不会只有一个人构成，因为成立 CCB 的目的是对变更进行约束，不能随意变更，如果只有一个人就没有了约束。

在敏捷方法中，表面上看需求是由产品负责人决策的，实际上产品负责人要得到客户和最终用户的授权，还要将变更通知项目组的所有成员以进行开发计划的调整，所以此时也可以认为项目组的所有人员都是 CCB 成员。

2．CCB 的职责是什么

CCB 的具体职责有以下几条。

- 批准配置项的标识策略。
- 批准基线的标识、创建与变更。
- 制定访问控制策略。
- 建立、更改基线，审核变更申请。
- 根据配置管理员的报告决定相应的对策。

10.4 纳入基线管理的一般原则

应该将哪些资料纳入基线管理呢？我建议遵循如下的原则：

原则 1：所有交付给客户的文档、代码、可执行程序、购买来的可复用构件等必须纳入基线。

原则 2：影响了对外承诺的配置项。

- 项目的阶段计划必须纳入基线管理，因为它代表了对外承诺。

原则 3：其变化影响了其他配置项。

- 所有对交付产品有重要影响的文档资料等必须纳入基线，主要的工程文档如需求、设计等一般要纳入基线。

- 变化要区分主动变化、被动变化，主动变化的一定要纳入基线。主动变化即变化的源泉，最先被修改的文档，被动变化即由于其他文档的变化引起本文档的变化。比如需求文档变化了引起设计文档的变化，则需求文档是主动变化的文档，设计文档是被动变化的文档。

原则 4：变化的资料要纳入配置管理，不变的资料一般不纳入基线。

以上 4 个原则的优先级依次降低。如果有资料不变化，但是也符合前面的某个或某些原则，也要纳入基线管理。

纳入基线管理的时机是管理平衡问题，一般是当配置项基本稳定后才纳入基线管理，如果配置项处于频繁的变动之中，纳入基线会增加管理成本。如：单元测试通过后一般不形成基线，因为此时代码并不稳定。这个问题的判断也和项目组的规模有关系，如果规模很大，涉及的人员很多，也可能需要建立基线。在系统测试通过后要形成基线，一般称为产品基线，此时系统基本稳定了，可以对外发布，为更多的人所了解和使用了。代码没有纳入基线但是受控后（已提交测试人员测试了），就不能随便变更了，要经过配置管理员的批准才能变更，变更的结果要通知测试人员。

10.5　配置控制的 3 个等级

按管理的严格程度，配置项一般分为 3 个等级。

（1）纳入基线管理的配置项。

纳入基线管理的配置项是指变化时要走严格变更手续的配置项，需要做变更申请，要审批。审批一般分为 2 种严格程度。

① 项目经理审批，一般是局部的小的变更。

② 变更控制委员会（CCB）审批。

纳入基线前，一般要经过评审或测试（称为验证）和质量保证。

（2）受控项。

没有纳入基线但是也不能随意变更的配置项，一般称为受控项。这类配置项不需要变更申请，但是要经过配置管理员或项目经理的允许才可以变更。

基线项与受控项的写权限要唯一，一般仅配置管理员或项目经理有唯一的写权限。

（3）非受控项。

其变更不受控制。

拟纳入基线管理的配置项一般是先非受控，然后受控，最后基线化。变更时，先检出（checkout）进行修改，修改完毕后再检入（checkin）提交受控，等待验证（测试或评审），通过验证后进行基线化。

拟纳入受控而不纳入基线的配置项一般是先非受控，然后受控。变更时，检出进行修改，修改完毕后再检入提交受控。

在配置管理中，对于不同程度的变更，其控制的严格程度是不同的，如表 10-1 的案例所示。

案例：数据的控制级别

某软件外包企业对于各种数据变更划分了不同等级，并确定了变更的审批级别，如表 10-1 所示。

表 10-1

变更等级	等级的划分	批准责任人
A 级	没有受控的文档	作者本人
B 级	未纳入基线管理的受控文档	项目经理
C 级	（1）纳入基线管理的文档 （2）单次变更估算的规模小于项目总体规模估算的 5% （3）单次变更导致的工作量小于 1 人周 （4）项目总体累计变更规模小于项目总体规模估算 30%	项目经理
D 级	非上述情况	CCB

案例：基线变更的控制策略

某客户对于基线的变更定义了如表 10-2 所示的控制策略。

表 10-2　　　　　　　　　　控制策略

变更类型			CCB	客户	PM	EPG
计划节点	合同项目			√		
	非合同，大于 5 天		√			
需求基线	CRS	合同项目		√		
		产品项目	√			
	SRS		√			
设计基线			√			
代码基线	集成测试				√	
	系统测试		√			
产品基线				√		
过程定义						√
项目文档的文字修订、格式修订等非实质内容变更					√	

10.6　配置管理的三库

1　CMMI V1.2 中描述的三库的含义

请看在 CMMI V1.2 中的描述：

Dynamic (or author's) systems contain components currently being created or revised. They are in the author's workspace and are controlled by the author. Configuration items in a dynamic system are under version control.

Master (or controlled) systems contain current baselines and changes to them. Configuration items in a master system are under full configuration management as described in this process area.

Static systems contain archives of various baselines released for use. Static systems are under full configuration management as described in this process area.

<参考译文：

动态（或作者）系统包含了创建或修改的最新构件。它们在作者的工作空间中，并且受控于作者，在动态系统中的配置项被置于版本控制之下。

主（或受控）系统包含了最新的基线及其变化。主系统中的配置项被置于本过程域要求的全面的配置管理之下。

静态系统包含了发布使用的各种基线的归档。静态系统也被置于本过程域要求的全面的配置管理之下。>

在上述的描述中，注意以下要点。

• 动态库（或称动态系统）：这是要纳入版本管理的，也要用版本管理工具进行控制，而并非失控。

• 主库（或称受控库，受控系统）：是配置管理的核心库，所以称为主库。这是要全面纳入配置管理的库，所有的基线都在这里。

• 静态库（或称静态系统，产品库）是指发布后的产品库，是不常变化的，所以称为静态库。如果是基线，但没有发布，就在主库中；是基线也发布了就在静态库中。

2　在国家标准中的定义

在国家标准 GB/T 12505-90 中以下三库的定义如下。

3.8　软件开发库（Software Development Library）

软件开发库是指在软件生存周期的某一个阶段期间，存放与该阶段软件开发工作有关的、计算机可读信息和人工可读信息的库。

3.9　软件受控库（Software Controlled Library）

软件受控库是指在软件生存周期的某一个阶段结束时，存放作为阶段产品、可发布的、与软件开发工作有关的计算机可读信息和人工可读信息的库。软件配置管理就是对软件受控库中的各软件项进行管理，因此软件受控库也称为软件配置管理库。

3.10　软件产品库（Software Product Library）

软件产品库是指在软件生存周期的组装与系统测试阶段结束后，存放最终产品并用于交付给用户运行或在现场安装的软件的库。

虽然和 CMMI 的用语不同，但是含义是一样的。

三　区分库与控制级别

库与控制级别可以一一对应。如有的公司定义如下。

动态库：开发人员自己控制变更。

受控库：CCB 控制变更，不需要客户参与。

产品库：CCB 控制变更，客户参与。

库与控制级别也可以不一一对应。如有的公司将受控库又细分如下。

受控库：

受控项：PM 控制变更；

基线项：CCB 控制变更。

10.7　配置管理员的职责定义

很多公司设置了项目级配置管理员和组织级配置管理员。以下是对这两种岗位职责定义的建议。

项目级配置管理员的职责如下。

（1）制定项目配置管理计划。

（2）建立并维护项目配置管理库。

（3）建立并发布基线。

（4）物理审计（PCA）。

（5）跟踪并关闭变更申请。

（6）报告配置状态。

组织级配置管理员的职责如下。

（1）为项目组建立初始的项目配置库。

（2）向项目配置管理员和项目组成员提供配置管理方面的培训和技术支持。

（3）配置管理工具的定制。

（4）配置管理审计。

（5）对外发布产品。

（6）维护更新配置管理标准过程及模板。

（7）备份配置库。

10.8　配置审计的种类与区别

在 CMMI 模型中提到了功能性配置审计、物理性配置审计、配置管理审计以及对配置管理过程与工作产品进行符合性评价等四种审计或评价，我将其进行了列表比较，供大家理解这几种审计的差异。在实际操作中，一般可以根据执行人员与执行时机的不同进行区分，可以在一次检查行为中包含多种审计。几种审计的比较如表 10-3 所示。

表 10-3   配置审计的种类与区别

概念	功能性配置审计（FCA）	物理性配置审计（PCA）	配置管理审计	客观评价符合性 GP2.9
CMMI 1.3 中的定义	Audits conducted to verify that the development of a configuration item has been completed satisfactorily, that the item has achieved the functional and quality attribute characteristics specified in the functional or allocated baseline, and that its operational and support documents are complete and satisfactory	An audit conducted to verify that a configuration item, as built, conforms to the technical documentation that defines and describes it.	Audits conducted to confirm that configuration management records and configuration items are complete, consistent, and accurate.	Objectively evaluate adherence of the (configuration manage ment) process and selected word products against the process description, standards, and procedures, and address noncomp liance.
定义的参考译文	验证配置项的开发已经顺利完成的审计行为，即验证配置项已经达到了在功能性基线或已分配的基线中刻画的功能和质量属性特性，并且其操作和支持文档完整符合要求	验证已构建出的配置项符合定义和描述它的技术文档的审计行为	确保配置管理的记录和配置项是完整的、一致的和准确的审计行为	客观评价配置管理过程和选中的工作产品与其过程描述、标准和规程的符合性，并处理不一致问题
解释	（1）检查是否满足需求 （2）检查各级测试是否完成、有无漏测现象，结论是否为通过等，即验证软件产品是否符合规格说明的要求 （3）交付给客户的文档是否和软件的功能一致	（1）检查配置项是否都已经入库了？已入库的配置项之间版本关系是否一致？ （2）应交付的软件产品基线是否完整（是否有遗漏的，是否有多余的，版本是否一致，版本标识是否正确）	检查配置管理的各种记录、报告等与配置库中的物理的配置项实体是否一致、完整、准确	检查配置管理过程的执行是否符合过程定义和相关的规定，可以通过检查配置管理过程的各种输出文档进行评价，也可以通过访谈与观察等多种方式进行检查

概念	功能性配置审计（FCA）	物理性配置审计（PCA）	配置管理审计	客观评价符合性 GP2.9
解释	（4）功能审计是验收的前提条件 （5）不同的角色所做的功能审计侧重点不同 （6）FCA 也是渐进的过程，对于大的系统，在过程中也需要做 FCA	（3）安装手册、维护手册、使用手册是否齐全 （4）发表的声明与系统是否一致 （5）交付物的清单是否和交付物一致 （6）是否达到了系统的运行环境要求		
检查的重点	（1）所有的需求是否都实现了？ （2）所有的需求是否都测试了？ （3）用户手册等交付文档和系统本身是否一致？ （4）所有的测试用例是否充分	（1）是否有遗漏的配置项？基线中的配置项要完整 （2）是否有多余的配置项？基线中的配置项要正确 （3）配置项的版本是否正确？基线中的配置项要正确 （4）配置项的标识是否正确？	（1）配置管理记录是否和配置项一致？ （2）配置管理记录之间是否一致？ （3）配置管理记录是否有遗漏？ （4）配置项是否有遗漏？	（1）配置管理活动是否符合标准或规范？ （2）配置管理的各种记录是否符合标准或规范？ （3）每次变更的手续是否齐全？ （4）每次基线发布的手续是否齐全？ （5）权限的分配是否符合组织级的要求？
实施的时机	（1）基线建立之前：通过基线的功能审计后才可以入库 （2）成品入库：判断是否达到了成品的入库标准与规范	物理审计活动的驱动事件可以是： （1）工作产品入基线 （2）基线库项目变更 （3）成品入库 （4）成品库变更 （5）成品库每三个月审计一次	定期检查或随机抽查	定期检查或随机抽查

概念	功能性配置审计（FCA）	物理性配置审计（PCA）	配置管理审计	客观评价符合性 GP2.9
实施的时机		特殊事件或项目计划中制定日期，如某个里程碑阶段		
执行的人员	PM、PPQA、CM、TESTER 需求的提出者	CM 或 PPQA	PPQA	PPQA
执行的方式	同行评审 测试 检查文档 执行软件	检查记录 检查配置库	检查记录 检查配置库	检查记录 检查配置库 访谈配置管理员、开发人员等
比较基准	配置项与需求	配置项与其技术规格文档（如：设计等）	配置管理记录与配置项	活动与标准

第 **11** 章
量化项目管理

11.1 如何识别度量元

很多企业在实施度量分析时，不知道应该度量哪些数据。如何识别度量元呢？可以参考图 11-1 所示的流程。

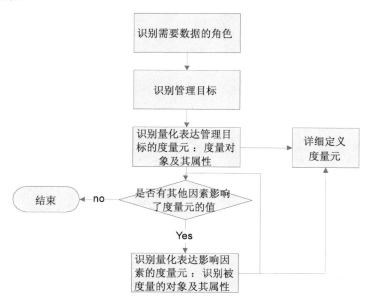

图 11-1 识别度量元的流程

（1）识别需要度量数据的角色

正如我们开发一套软件系统时需要识别需求提供者一样，定义一套度量体系时也要识别度量数据的需求者，度量的需求是来自这些需求者的。度量数据的需求者包括了客户、中高层经理、项目经理、EPG、QA、测试人员、开发人员等等。不同的需求者具有不同的度量目的及度量对象，不同的需求者提出的需求优先级也是不同的。EPG 不能替代其他角色，EPG 不可能完全了解其他人员的需求，如果完全由 EPG 成员去定义度量目标，往往会做无用功，度量出一些对项目组或者对高层经理没有实际作用的度量元。度量需求的结构如图 11-2 所示。

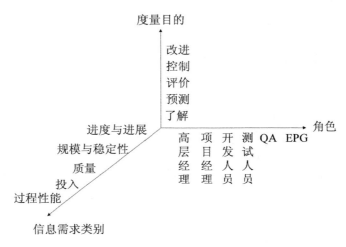

图 11-2　度量需求

（2）识别度量目的

为什么需要度量数据呢？可以将度量的目的概括为如下的几类。

了解：获得对过程、产品和资源的理解，是后续度量目的的基础。

预测：通过建立预测模型，进行估算和计划。

控制：通过识别偏差，以确定是否采取控制措施。

评价：评价产品的质量、过程的改进效果等。

改进：根据得到的量化信息，确定潜在的改进机会。

度量的目的如图 11-3 所示。

图 11-3　度量的目的

（3）确定度量的对象

度量的对象可以划分为多类，最常见的分类有以下几种。

- 规模：软件需求的多少及其变动情况。

- 进度与进展：项目、过程、活动的进度与进展情况。

- 产品质量：工作产品、最终交付物的质量情况。

- 工作量与成本：项目、过程、活动的投入情况。

- 过程性能：过程的质量与效率。

- 客户满意度：客户对产品、项目等的认可程度。

上述提到的需求者、度量目的、度量对象采用一句话来概括，称为度量需求。举例如下。

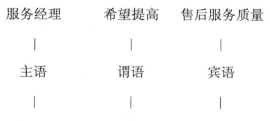

（4）通过量化表达度量对象识别度量元

对于度量对象要定义如何量化表达。比如上例中提到的售后服务质量可以采用多种方式量化。

- 未解决的问题总计（TOP）=截止月末还未解决的问题总数。

- 未解决的问题的平均驻留时间（AOP）=截止月末还未解决的问题的延续总时间/截止月末还未解决的问题总数。

- 已解决问题的平均驻留时间（ACP）=月内已解决问题的延续总时间/月内已解决的问题的总数。

（5）识别度量需求的影响因子

如果度量目的为改进类则需要识别影响度量对象（Y）的因子（X）。比如对于上例中提升售后服务质量度量需求，我们需要识别影响售后服务质量的因子，这些因子可能包括多种。

$X1$：软件的复杂度。

$X2$：维护人员对软件的熟悉程度。

$X3$：维护人员的技术水平。

$X4$：维护投入的工作量。

$X5$：技术文档的完备程度。

......

识别了上述的影响因子以后，可以考虑如何量化表达这些 X，然后将这些 X 视同为 Y，再识别影响这些 Y 的 X，以此类推。

案例：目标驱动的度量元识别方法

（1）识别需要数据的人（Person）：服务经理。

（2）识别管理目标（Goal）/要解决的问题（Problem）：提高客户请求的处理速度。

（3）定义如何量化管理目标/要解决的问题（Y）

（3.1）识别被度量的对象（Object）：待处理的客户变更请求。

（3.2）识别被度量对象的属性（Attribute）

待处理的变更请求的个数。

待处理的变更请求的计划工作量。

（4）识别如何展示度量数据（Indicator）

待处理变更请求统计表：设计一个双轴折线图，横坐标为时间（每天），纵坐标 1 为当日未处理完毕的变更请求的个数，纵坐标 2 为当日未处理完毕的变更请求的计划工作量。

（5）定义如何分析与使用度量数据（Criteria）

每天生成此图表，由服务经理根据此表跟踪服务请求的进展情况，如果变更请求的个数保持在恒定的范围内并且未处理完毕的变更请求在恒定的范围内，则可以接受，否则，超出范围的日期存在异常。

（6）对度量元进行详细刻画（Specification）

参见表 11-1。

表 11-1　　　　　　　　　　　　对度量元进行详细刻画

度量元	待处理的变更请求的个数	待处理的变更请求的计划工作量
计量单位	个	人时
采集或计算方法	统计待处理的变更请求的个数	统计待处理的变更请求的计划工作量
验证方法	抽检重算	抽检重算
采集周期、时间点	每天下班前 10 分钟	每天下班前 10 分钟
优先级	高	高
采集人	部门助理	部门助理
数据验证人	服务经理	服务经理
数据分析人	服务经理	服务经理
使用该度量元的指示器	待处理变更请求统计表	待处理变更请求统计表
基本/派生度量元	基本度量元	基本度量元
刻度类型	定比	定比

（7）影响已知目标的因素有哪些

待处理变更请求的个数取决于以下因素。

交付的软件质量：质量越差，待处理的变更请求越多。

运行的周期：运行的时间越长，变更请求的个数越少。

待处理变更请求的计划工作量取决于以下因素。

文档的完备程度：文档越齐备，工作量越小。

变更维护人员的技术水平：技术水平越低，工作量越大。

待处理的变更请求的个数：个数越多，工作量越大。

（8）对在（7）中识别出度量元进行详细刻画。并将新识别的度量元作为已知目标，重复执行（7）。

处于 2～3 级的企业可以执行到（6）即终止，实施 3 级以上的企业需要执行（7）、（8），为过程性能模型的建立积累度量数据。

11.2　如何设计数据的指示器

指示器是指对度量数据的显示，常用图表来表示。指示器通常有 5 种展示方式。

➢ 饼图

➢ 条形图

➢ 柱状图

➢ 折线图

➢ 散点图

采用上述的 5 种图形可以表达 5 种对比关系。

➢ 成分对比关系：关注每一部分的大小占总数的百分比。

➢ 类别对比关系：关注类别的大小、高低。

➢ 时间序列对比关系：关注随时间的变化。

➢ 频率对比关系：关注某类事项发生的频率大小。

➢ 相关性对比关系：关注几个变量之间的关系。

在设计指示器时要注意以下的要点。

（1）根据度量目的选择展示的图形。同样的数据可以采用不同的图形进行展示，应该选择哪种图形呢，可以参见表 11-2。

表 11-2　　　　　　　　　　　　　　　　图形选择的依据

图形类型	成分	类别对比	时间序列	频率分布	相关性
饼图	√				
条形图		√			√
柱状图			√	√	
线性图			√	√	
散点图					√

（2）根据数据量大小选择展示的图形。饼图不适合于展示超过 7 个成分的对比关系，如果超过 7 个一般采用条形图或柱状图。

（3）先排序再分析。通过对数据排序后再画图，可以帮助读者方便地识别出最关键的项。比如对于同样的一组数据，排序与不排序的指示器如图 11-4 和图 11-5 所示。

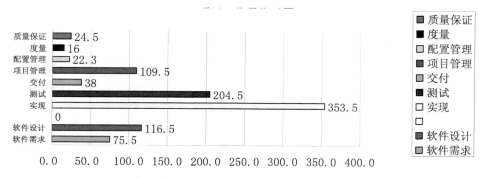

图 11-4　项目工作量分布（未排序）

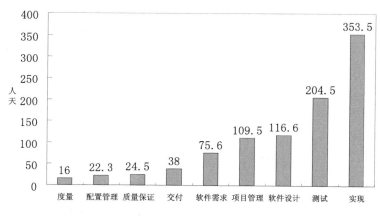

图 11-5　项目工作量分布图（排序）

（4）选择合适的数据分组方式。同样一组原始数据，可以从不同的维度进行分类，当分类的维度不同时，得到的分析结论是不同的。

比如采用折线图展示如图 11-6 所示的数据，如果按日期分组，则指示器如图 11-6 所示，其中纵坐标是每天开发的代码行数。

针对图 11-6 我们很难分析出有效的结论来。如果重新分组，变为按星期几分组，得到的指示器如图 11-7 所示，其中纵坐标为每周平均产出的代码行数。

通过图 11-7 我们可以发现，在周三时这个项目的平均产出代码行比较少，实际上这是有违于我们的常识，因为一般在周一或周五开会，各种杂事比较多，而这个组的数据表现很奇怪，我们通过这种分组识别了异常，可以根据这个异常去分析原因。

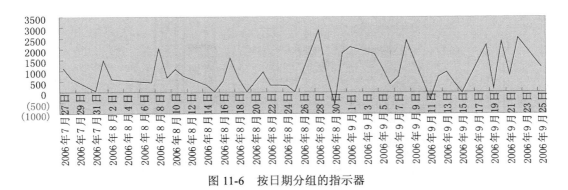

图 11-6　按日期分组的指示器

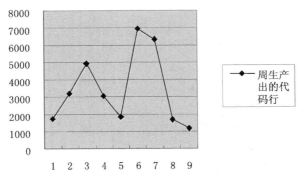

图 11-7　按星期分组的指示器

（5）选择合适的时间刻度。按天、按周、按月还是按阶段分析数据，对异常的敏感程度是不同的。比如对于图 11-6 的数据，如果按周为刻度分析数据，可以得到如下图 11-8 所示的指示器。

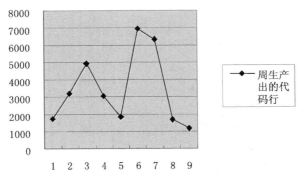

图 11-8　按周次分析的指示器

在图 11-8 中，我们可以明显地识别出项目进展到第 5 周时产出比较少。

（6）不用变动的控制线。图 11-9 所示的指示器中，采用了变化的控制线，在阅读时就比较费劲。

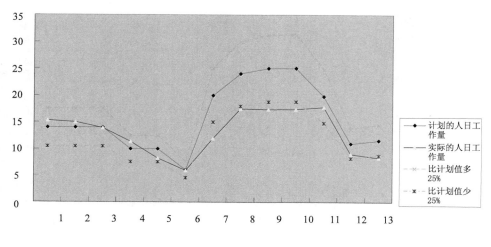

图 11-9　采用变化的控制线

如果将纵坐标修改为工作量偏差率，将控制线修改为固定控制线，便可以很容易地识别出超出控制线的异常。

（7）表的标题、系列名称、坐标的含义、类别名称等设置要全面，并准确命名。

11.3　如何定义指示器与度量元

对于指示器可以参考表 11-3 所示的案例进行描述。

表 11-3　　　　　　　　　　　　　　　指示器的描述

需求提出者	高层经理
	项目经理
分类	进度
目的	判断项目的进度是否正常，是否要采取措施
指示器	挣值图
	横坐标为周次，纵坐标为 SPI 与 CPI
需要的数据	（1）本阶段的成本性能指标 CPI
	（2）本阶段的进度性能指标 SPI
异常的判断方法	CPI、SPI 的绝对值是否超过确定的上下限

续表

需求提出者	高层经理 项目经理
决策规则	（1）如果进度拖期，工作量投入不够，则下周要加大工作量投入 （2）如果进度拖期，工作量投入足够，则要想办法提高工作效率，或裁剪任务 （3）如果进度正常，工作量投入很多，则要想办法提高工作效率
优先级	高
数据分析者	（1）MA （2）PM
需要的时机	每周五

对于度量元可以参考表 11-4 的案例进行描述。

表 11-4　度量元的描述

度量元的名称	度量对象	工程阶段	缺陷
	量化属性	工作量	驻留时间
计量单位		人天	天
原始数据的来源		工作日志的实际工作量	缺陷的跟踪表
采集或计算方法		将本阶段内每天的工作量合计而得到，阶段的起止日期根据项目最新进度表而确定	缺陷的关闭时间-缺陷的发现时间
验证方法		通过合计阶段的周报内的统计数据判断阶段工作量是否正确 重新按计算方法计算	重新按计算方法计算
采集周期、时间点		每阶段	实时
优先级		高	低
责任分配	采集人	项目组度量分析人员	测试人员
	数据验证人	QA	QA
数据存储位置		阶段度量与分析报告	缺陷的跟踪表
使用该度量元的指示器		阶段工作量分布指示器	缺陷驻留时间分布指示器
基本/派生度量		基本	基本
刻度类型		定比	定比

11.4　度量数据分析的 3 个层次

很多企业在实施 CMMI 的 MA 过程域时，积累了大量的数据，但是不知道如何分析，没有充分发挥这些数据的作用，花费了大量人力收集来的数据没有给决策者提供应有的帮助，甚是可惜。究其根源，是不了解数据分析的方法。在咨询过程中，笔者总结了进行数据分析的 3 个层次。

（1）简单观察分析

通过对数据进行整理（如排序、分类等），绘制成各种图形，通过这些图形观察出直观的结论，可以绘制的图形如：饼图、条形图、直方图、折线图、散点图、帕累托图等。对于不同类型的图形适用的场景也是不同的，并非简单画个图就可以。在实践中，最常见的错误就是：选择的图形无法能让读者直观地得出结论。

在简单观察分析时需要设定对比分析的基准，可以实施横向和纵向的对比分析。横向对比分析时可以比较本项目的不同模块、不同人员、不同种类、不同度量元之间的差异，也可以对比不同项目之间的差异，或者是与业内的标杆进行对比；纵向对比分析时，可以和历史对比，也可以和计划对比。

表 11-5 所示为某公司 2 个项目的度量数据。

表 11-5　　　　　　　　　　　某公司 2 个项目的度量数据

项 目 名 称	A	B
规模（行）	3200	10700
同行评审发现的缺陷	139	127
同行评审工作量（人时）	181.7	119.5
同行评审的效率（个/小时）	0.76	1.06
测试发现的缺陷	9	27
测试的工作量（人时）	185	115.5
测试效率（个/小时）	0.05	0.23
效率差异（评审/测试）	15.72	4.55

对于上述的数据，通过横向对比分析我们可以得出如下的结论。

- 项目 A 同行评审与测试的效率差异是项目 B 的 3 倍以上，在项目 A 中进行同行评审更有效。

- 项目 A 与项目 B 测试与同行评审的投入工作量比例基本上都是 1：1，但是 A 投入的工作量大于 B 投入的工作量，而两个项目的规模相差 3 倍，说明项目 B 的工作量投入不够。

（2）稳定性分析

基于统计过程控制（SPC）的原理，通过分析以时间为序的过程输出数据，进行过程稳定性的判断分析，发现异常点，排除造成偏差的特殊原因。统计过程控制是比较成熟的质量管理手段，应用于软件领域的最大问题在于：软件开发过程中可重复的子过程的数据采样点太少。控制图也有多种多样，如何选择适当的控制图也需要培训。

在进行稳定性分析时，可以根据度量数据的特征，选择合适的控制图。选择控制图的策略如图 11-10 所示。

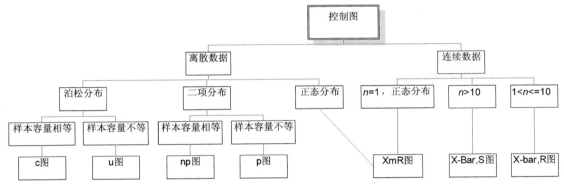

图 11-10　根据度量数据的特征确定控制图

（3）相关性与回归分析

基于稳定的数据判断 2 个或多个变量之间的相关性。最常用的相关性分析是工作量与规模、人员技能、技术新颖程度等之间的相关性。规模越大，工作量越大，这是常识，但二者之间到底是线性关系还是非线性关系呢，除了规模之外是否还存在其它对工作量影响比较大的因素呢？这些问题的解答都需要对数据进行相关性分析。确定了两个变量之间相关之后，要求解其具体的量化关系，则要进行回归分析。

COCOMO II 模型就是最著名的分析工作量与规模之间的模型。但 COCOMO II 模型并非适合于每个公司。在你的公司里究竟应该建立怎样的模型，这必须基于历史数据进行相关性与回归分析。

三种不同类型的分析层次，也代表了组织的不同的成熟度。CMMI 2～3 级还是停留在简单观察分析的水平，4 级则开始达到稳定性分析、相关性分析与回归分析水平。

11.5　过程性能基线

11.5.1　什么是过程性能基线

过程性能基线（PPB:process performance baseline）是过程性能的分布。过程性能是对遵循某个过程所达到的实际结果的度量。所谓的分布包含了三个方面：历史过程性能数据的分布形状、数据的位置、数据的离散程度。数据分布的形状通常采用数据是否服从正态分布来刻画，如果近似服从正态分布，则以平均数来刻画数据的位置，以标准差来刻画数据的离散程度。如果不近似服从正态分布则以中位数来刻画数据的位置，以四分位差来刻画数据的离散程度。

例如，某公司 24 个历史项目的全生命周期生产率（代码行/人天）如表 11-6 所示。

表 11-6

	全生命周期代码生产率		全生命周期代码生产率
1	11.60	13	50.00
2	23.73	14	52.56
3	26.00	15	59.78
4	32.00	16	60.44
5	34.62	17	65.91
6	38.55	18	69.87
7	39.00	19	71.61
8	46.69	20	85.00
9	47.09	21	86.87
10	47.68	22	87.36
11	47.79	23	87.84
12	49.58	24	108.00

对上述数据画直方图分析可以发现，这组数据近似服从正态分布，数据聚集在 55.4 左右，数据的标准差为 23.76，如图 11-11 所示。

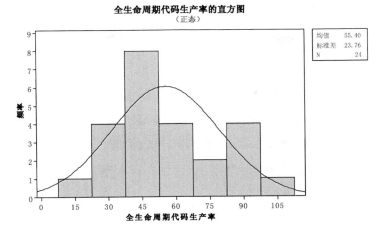

图 11-11 正态分布

11.5.2 应该建立哪些 PPB

应该建立哪些 PPB 并没有定论,而是要注要以下三点。

(1)由商务目标派生出基线需求。

组织级的商务目标是什么?质量与过程性能目标是什么?这些目标可以通过哪些度量元来刻画?这些度量元是否可以建立基线?

(2)建立力所能及的基线。

需要建立基线,但是却无历史数据,或者收集基线数据的成本很高,也就只能放弃,需要等到时机成熟了才能建立相关基线。

(3)可以对基线分类:规模、质量、进度、工作量、成本、效率等,从这些类别中选择建立基线。

11.5.3 如何建立 PPB

过程性能基线是根据组织级项目组的历史数据进行过程稳定性分析统计得到的。过程性能基线的建立方法有箱线图法、控制图法、置信区间法等等。其中控制图法最为常见,比如 XMR 图等。

在建立基线时,要注意区分不同属性的项目,有可能需要分类建立基线,比如需要区分项目类型、生命周期模型、技术路线、人员背景、项目规模等。如果没有区分上述属性,在画出控制图后,注意数据点的分层或分组现象。

11.5.4　建立 PPB 的注意事项

过程性能基线的建立除了使用箱线图法、控制图法、置信区间法等方法外，在实际中，还需要根据分析者的经验。以下举例说明在建立组织级过程性能基线时的注意事项。

（1）注意识别数据分层的现象。

数据分层，即样本点存在明显的局部聚集现象，聚集在不同值范围附近的样本点可能是属于不同类型的项目或不同类型的活动的输出值。识别数据的分层有 2 种方法。

方法一：在 Minitab 中画单值图。如图 11-12 所示，观察发现存在数据聚集的现象。

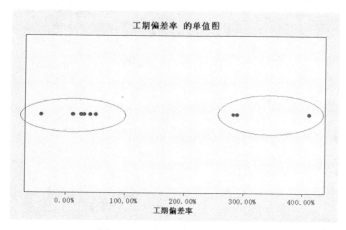

图 11-12　数据聚集现象示例

方法二：在 Minitab 中画单值控制图。如图 11-13 所示，观察发现均值以上与均值以下的样本点数据聚集现象明显。

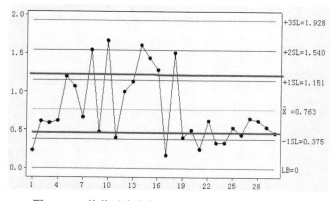

图 11-13　均值以上与均值以下的数据聚集现象明显

对于数据分层的现象应该分析原因，确定是否需要分类建立过程性能基线。

（2）对于过程性能的显著变化要进行原因分析，并确定是否需要分别建立过程性能基线。

随着时间的推移，组织的过程性能会发生变化，这些变化可能是由于对过程的优化造成的，也可能是由于人员能力的提升造成的。在控制图上，这些变化可以通过样本点的波动情况显示出来。如图11-14所示，从第12个点开始过程的性能有显著的变化。

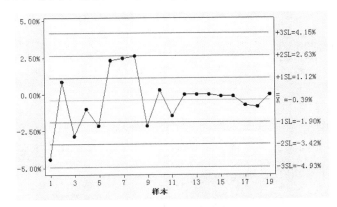

图11-14 从第12个点开始过程的性能发生显著的变化

对于不同年度的过程性能数据可以考虑分别建立基线。

（3）样本点是否存在明显的规律性趋势。

随着时间的推移，样本点是否存在明显的上升或下降或周期性的变化趋势，如果是这样，也要进行原因分析，判断是否应该建立性能基线。如何建立性能基线，如图11-15所示，某家公司的缺陷检出效率随着时间的推移逐步下降。

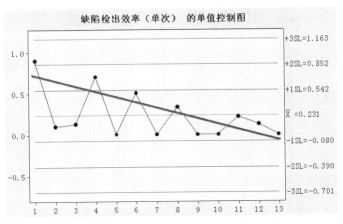

图11-15 某公司的缺陷检出效率随时间逐步下降

（4）数据的离散程度太大。

建立了基线以后，如果数据的离散程度太大，则需要分析原因，看看是否是过程执行的不一致造成的，还是需要对过程进行分类建立基线。比如对于设计评审的效率或缺陷密度是否要进一步区分概要设计评审和详细设计评审。

过程性能的离散程度可以通过离散系数进行判断，无论对于正态分布还是非正态分布都可以计算该值。

在建立过程性能基线时，取 2Sigma 或是 3Sigma 建立基线可以灵活处理。

如图 11-16 所示，在建立评审效率的性能基线时，可以采用 2sigma 控制线建立性能基线。

在建立性能基线时，不仅仅是上述的几个注意事项，还包括检验原始数据的正确性、时效性，以及如何删除异常点，不一而足，需要数据分析者在实践中多总结。以上仅仅提供了几个样例，提醒大家保证过程性能基线的实用性。

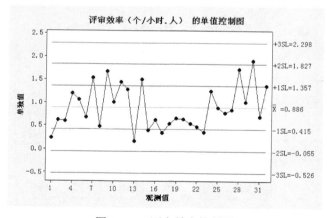

图 11-16　评审效率控制图

11.5.5　证明过程稳定需要的样本个数

按照统计学的基本常识，一般需要 25～30 个分组，才可以证明过程是稳定的。

不稳定并不代表不可以建立基线，可以利用少数，比如多于 6 个点，来尝试建立控制限。

判断过程是否稳定的基本原则是：

- 连续 25 个点，界外点数 $d=0$。

- 连续 35 个点，界外点数 $d \leq 1$。

- 连续 100 个点，界外点数 $d \leq 2$。

满足上面的原则之一，即可认为过程是稳定的。

11.5.6 何时重新计算 PPB

项目根据组织级基线和项目目标定出初始的上限、下限、均值，按照这个控制线进行控制。到什么时候再重新计算上下限呢，是超过初始上限就重新计算，还是等到凑够一定的点后再重新计算呢？

（1）当新产生的数据点多于 5 点（经验数据）以后，可以重新计算。主要看新产生的点是否有一定趋势，比如是否均值或 Sigma 和最初定义的差别比较大。当数据多一些时再重新计算更有说服力。

（2）当过程定义发生变化时，需要重新计算 PPB。

（3）当过程性能发生了显著变化时，可以重新计算 PPB。

11.5.7 如何判定 PPB 的可用性

离散系数是判断过程可用性的一个指标：离散系数=标准差/平均值

离散系数不能太大，一般要小于等于 15%（Motorola 公司的标准），这是经验数据。在很多软件公司，如果要求离散系数小于 15%是比较难的，可以适当放宽标准。如果认为标准差太大，则可以取均值加减两倍的标准差建立上下限。

11.5.8 项目级的 PPB

项目组有了足够的数据后（比如超过 7 个样本点）也可以建立项目组自己的过程性能基线。通过比较项目级的 PPB 与项目组的目标，可以计算过程能力指数（Cpk），判断项目组的过程能力是否满足了项目目标的要求。

如果采用控制图的方法建立了项目级 PPB，Cpk 的计算公式为：

$\min((USL-\mu)/3\sigma, (\mu-LSL)/3\sigma)$

其中：USL 为目标的上限，LSL 为目标的下限，μ 为项目组基线中的均值，σ 为项目组基线的标准差。

如果采用箱线图的方法建立了项目级 PPB，CpK 的计算公式为：

Cpk=min((USL−中位数)/(上限−中位数),(中位数−LSL)/(中位数−下限))

使用 Cpk 评价过程能力可使用以下准则。

➢　Cpk<1，说明过程能力差，不可接受。

➢　1≤Cpk≤1.33，说明过程能力可以，但需改善。

➢　1.33≤Cpk≤1.67，说明过程能力正常。

一般情况下，要求 Cpk≥1.33。

11.6　控制图在软件管理中的应用

11.6.1　控制图的含义

控制图是由美国贝尔电话实验室休哈特博士提出的一种识别过程异常、分析过程能力的统计图形。它是一种有控制界限的图，图上有中心线（CL，Central Line）、上控制线（UCL，Upper Control Line）和下控制限（LCL，Lower Control Line），并有按时间顺序抽取的样本统计量数值的描点序列，如前面的图 11-13 所示。UCL、CL、LCL 统称为控制线（Control Line），通常控制界限设定在±3 倍标准差的位置。中心线是所控制的统计量的平均值，上下控制界限与中心线相距数倍标准差。若控制图中的描点落在 UCL 与 LCL 之外，或描点落在 UCL 和 LCL 之间的排列不随机，则表明过程异常。通过控制图可以用来区分异常的原因是特殊原因还是共性原因，从而判断过程是否受控，是否可预测。

针对数据的类型的不同，控制图有多种画法，可以参见图 11-10 进行选择。

11.6.2　什么是"特殊原因"

共性原因指的是随时间的推移具有稳定且可重复的原因，仅由这种原因造成偏离的过程我们称之为"处于统计控制状态"，"在统计上受控"，或者简称为"受控"。共性原因一般是难以避免的、普遍存在的情况。

特殊原因（通常也称可查明原因）指的是不是始终作用于过程的变差的原因，即当它们出现时将造成（整个）过程的分布改变，但它们只是偶尔出现，是不可预测的。特殊原因可以采取纠正措施，相对容易整改。

过程中，85%的问题是由共性原因引起的，对应的改善称为系统级改进；只有15%的问题是由特殊原因造成的，对应的改善只能称为过程控制。

当我们实施一个软件过程时，可以认为：过程=输入+活动+人+工具+方法+输出。对于其中提到的输入、活动、人、工具、方法都应该有明确的质量要求。如果没有显著达到这些要求，就可以识别为特殊原因，这些要求可能没有明确文档化。

进度延期的问题如果是由于人员偶尔没有按计划参与，那就是特殊原因。如果频繁重复发生，而且是项目组无法避免的，那只能识别为共性原因。正如堵车，天天堵车，无法避免，堵车已经成为你上班过程的固有属性，那我们只能认为它是共性原因。

存在特殊原因时，未必一定在控制图上表现出异常，此时可能存在漏判的现象。比如特殊原因1是正向作用，特殊原因2是反向作用，二者可能作用抵消，在过程的参数上表现得就可能没有异常。如果有过程异常，也未必是特殊原因造成的，也有可能是误判。

11.6.3　异常点的识别规则

在控制图中识别异常点时有两类规则：点出界规则与趋势异常规则。点出界规则是指超出上下控制限的点即为异常点。趋势异常的规则有多种，比如连续9个点在中心线的同一侧等。在一般的统计工具中，可以自由选择判异时采用哪些规则。比如在Minitab中就可以定制规则。如图11-17所示。

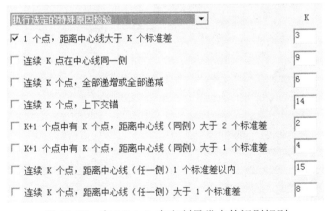

图11-17　在Minitab中定制异常点的识别规则

在软件项目管理中一般采用如下的4条规则进行判异。

➢　1个点距离中心线大于3个标准差。

> ➤ 连续 3 个点中，有 2 个点，距离中心线（同侧）大于 2 个标准差。

> ➤ 连续 5 个点中，有 4 个点，距离中心线（同侧）大于 1 个标准差。

> ➤ 连续 9 个点在中心线的同一侧。

11.6.4　异常点的删除方法

剔除不剔除异常点是根据分析的原因来决定的，要看是否是一个特殊原因造成的，只要是特殊原因造成的就要删除。此时删除的有可能不仅仅是表现为异常的数据点，也有可能是在图上并没有表现出异常的点，因为这些点和异常点可能具有相同的特殊原因系统。也有可能在图上是异常点，但是分析后发现是由于其它异常点的影响造成的，而不是特殊原因造成的，则不能删除。删除时，应该按照采样点的时间为序进行删除。

剔除时有可能不是剔除一个数据点，而是改变某点的值，比如某个点的值是 100，但是可以确定其中只有 30 是由于特殊原因造成的，此时应将该样本点的取值改为 70，重新计算。

11.6.5　控制图典型错误案例一

某公司对进度偏差率画了 XMR 控制图。原始数据如表 11-7 所示。

表 11-7　　　　　　　　　　　　某公司的原始数据

度 量 日 期	开发进度偏差率	度 量 日 期	开发进度偏差率
05-14	-2%	06-03	-15%
05-19	0%	06-04	-21%
05-21	-1%	06-05	-27%
05-22	-2%	06-06	-9%
05-23	-2%	06-10	-9%
05-26	-4%	06-11	-6%
05-27	-5%	06-12	-4%
05-28	-8%	06-13	-4%
05-29	-11%	06-16	0%
05-30	-12%	06-17	-5%
06-02	-14%	06-18	-5%

续表

度 量 日 期	开发进度偏差率	度 量 日 期	开发进度偏差率
06-19	-5%	06-27	-3%
06-20	-7%	06-30	-2%
06-23	-6%	07-01	-2%
06-24	-5%	07-02	-1%
06-25	-4%	07-03	-1%
06-26	-4%	07-04	-1%

用以上原始数据产生的 XMR 图如图 11-18 所示。

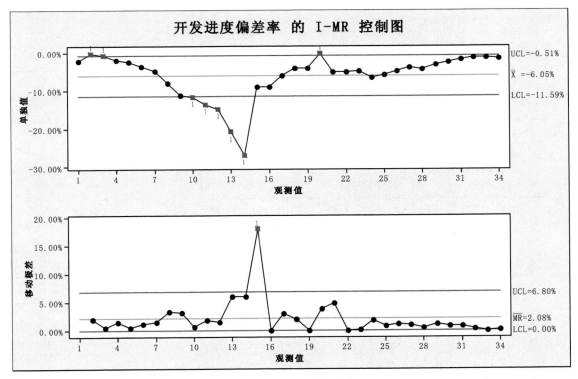

图 11-18　XMR 控制图

其实，上述对控制图的应用是错误的，因为违背了采样的基本前提，即样本的独立性，前后 2 个采样点应该是独立的，不是相关的 2 个点。对于上述的原始数据进行自相关的分析如表 11-8 所示。

表 11-8 自相关分析

前一天	前一天的进度偏差率	后一天	后一天的进度偏差率
05-14	-2.00%	05-19	0.00%
05-19	0.00%	05-21	-0.50%
05-21	-0.50%	05-22	-1.90%
05-22	-1.90%	05-23	-2.40%
05-23	-2.40%	05-26	-3.50%
05-26	-3.50%	05-27	-4.90%
05-27	-4.90%	05-28	-8.10%
05-28	-8.10%	05-29	-11.20%
05-29	-11.20%	05-30	-11.80%
05-30	-11.80%	06-02	-13.60%
06-02	-13.60%	06-03	-15.00%
06-03	-15.00%	06-04	-21.00%
06-04	-21.00%	06-05	-27.00%
06-05	-27.00%	06-06	-9.00%
06-06	-9.00%	06-10	-9.00%
06-10	-9.00%	06-11	-6.00%
06-11	-6.00%	06-12	-4.00%
06-12	-4.00%	06-13	-4.00%
06-13	-4.00%	06-16	-0.20%
06-16	-0.20%	06-17	-5.00%
06-17	-5.00%	06-18	-5.00%
06-18	-5.00%	06-19	-4.90%
06-19	-4.90%	06-20	-6.60%
06-20	-6.60%	06-23	-5.80%
06-23	-5.80%	06-24	-4.70%
06-24	-4.70%	06-25	-3.80%

前一天	前一天的进度偏差率	后一天	后一天的进度偏差率
06-25	-3.80%	06-26	-4.20%
06-26	-4.20%	06-27	-3.10%
06-27	-3.10%	06-30	-2.30%
06-30	-2.30%	07-01	-1.50%
07-01	-1.50%	07-02	-1.20%
07-02	-1.20%	07-03	-1.20%
07-03	-1.20%	07-04	-1.30%

对前后 2 天的进度偏差率散点图如图 11-19 所示。显然前后 2 天的进度偏差率是相关的。

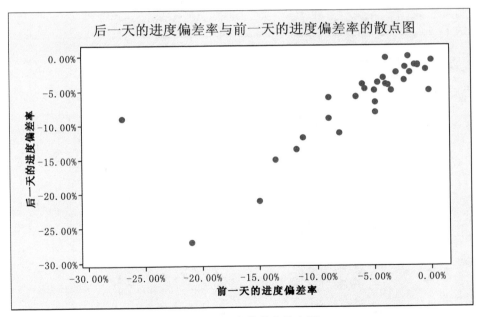

图 11-19　进度偏差率散点图

11.6.6　控制图典型错误案例二

某公司针对某维护类项目统计了每月的需求评审缺陷密度，得到的原始数据如表 11-9 所示。

表 11-9　　　　　　　　　　　　　　某公司的原始数据

月　份	需求评审密度
1 月	0.60
2 月	0.22
3 月	0.00
4 月	0.20
5 月	0.00
6 月	0.05
7 月	0.23
8 月	0.00
9 月	0.84
10 月	0.05

公司确定的历史基线为：下限 0.05，均值 0.22，上限 0.84。

此历史的基线为本项目的目标值。

针对上述数据，该公司设计的需求评审缺陷密度指示器如图 11-20 所示。

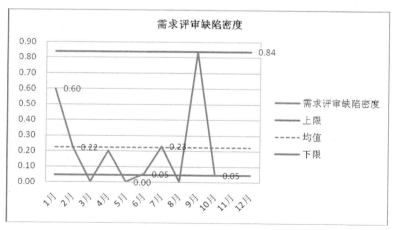

图 11-20　需求评审缺陷密度的指示器

这种指示器的设计问题在哪呢？点评如下：

（1）判断过程的稳定性是对已有的数据画控制图，得到的上下限称为自然控制限，可以识别过程的异常点。

（2）判断过程的能力是用自然控制限与目标值（专业术语：规格限）相比较，计算Cpk。

而图 11-20 是把二者混淆了，直接拿本项目的数据和规格限去比较。此时，当有界外点时，只能说明某次活动（个例）未满足目标值，而不能说明过程是否稳定（无法判定此次活动未满足目标值是特殊原因造成的，还是过程的共性原因造成），也不能证明整体（全局）过程能力是否 OK。

当项目组积累的数据比较少时，可以用组织级的历史性能基线作为本项目组的性能基线，这种情况通常称为尝试控制限，当项目组有了自己的数据后可以建立本项目组自己的过程性能基线。

对于此组数据的控制图如图 11-21 所示。

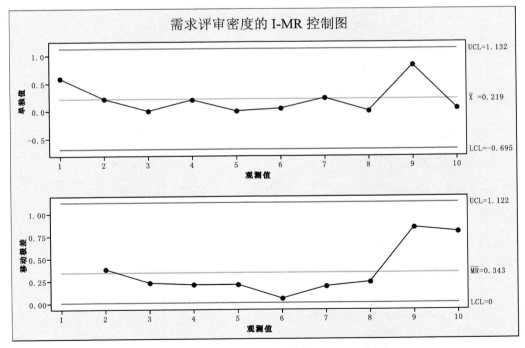

图 11-21　控制图

过程能力分析如下，如图 11-22 和图 11-23 所示。

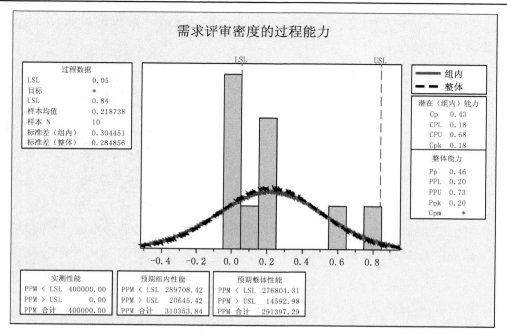

图 11-22 过程能力分析

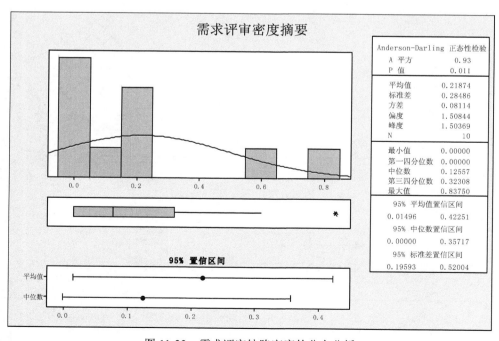

图 11-23 需求评审缺陷密度的分布分析

需要注意的是，规格限的上下限关于均值是不对称的，是否说明历史数据是非正态分布的呢？对于本组数据进行数据分布特征的分析，如图 11-23 所示，发现正态性检验的 p 值为 0.011，不符合正态分布，此时画控制图存在比较大的误判风险，要分辨这种风险是否可接受。对于不符合正态分布的数据画控制图，落在 3 倍标准差范围之内的概率约为 89%，如果能接受这个概率，也可以这么使用。

如果不采用控制图也可以采用箱线图进行分析，同样能够识别出异常点。如图 11-24 所示。

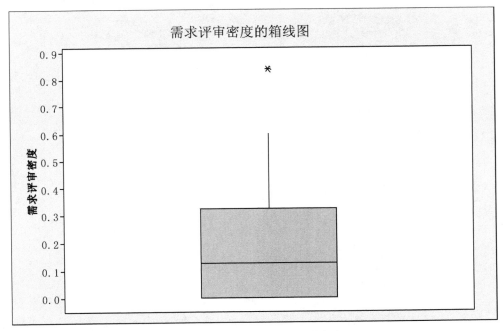

图 11-24　采用箱线图识别异常点

对于非正态分布的数据也可以计算 Cpk。

发现有异常点和过程能力不足时（Cpk<1）要进行原因分析，并识别纠正措施和规避措施。

11.7　箱线图在软件管理中的应用

箱线图（Box Plot）也称箱须图（Box-Whisker Plot），如图 11-25 所示，是利用数据中的三个统计量：第一四分位数、中位数、第三四分位数来描述数据的一种方法，它也可以粗略地看出数据是否具有对称性、分布的分散程度等信息。作为一种数据分析的手段，箱线图简单易用，适合于以下两种情形。

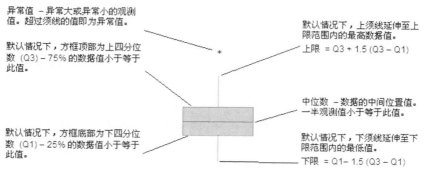

图 11-25　箱线图图示说明

（1）建立过程性能基线。

（2）识别异常点。

在画箱线图时用到的基本概念如下。

（1）四分位数（Quartile）：即把所有数值由小到大排列并分成四等份，处于三个分割点位置的得分，就是四分位数。

（2）第一四分位数（Q1）：又称"四分之一位数"或"下四分位数"，等于该样本中所有数值由小到大排列后第 25%位置的数字。

（3）第二四分位数（Q2）：又称中位数（Median），将数据排序（从大到小或从小到大）后，位置在最中间的数值。当样本数为奇数时，中位数=第$(N+1)/2$ 个数据；当样本数为偶数时，中位数为第 $N/2$ 个数据与第 $N/2+1$ 个数据的算术平均值。中位数是一组数据中间位置上的代表值，不受数据极端值的影响。因此某些数据的变动对它的中位数影响不大。当一组数据中的个别数据变动较大时，可用中位数来描述其集中趋势。

（4）第三四分位数（Q3）：又称"四分之三位数"或"上四分位数"，等于该样本中所有数值由小到大排列后第 75%的数字。

（5）四分位数间距（IQR，Interquartile Range）：又称"内距"，是上四分位数与下四分位数之差，用四分位数间距可反映变异程度的大小。

（6）内限：Q1-1.5*IQR，Q3+1.5*IQR，称为内限。

（7）异常点（Outliers）：超出内限的值称为异常点。

画箱线图时，上须线的终点为 min（Q3+1.5*IQR，最大值），下须线的终点为 max（Q1-1.5*IQR，最小值）。

通过箱线图我们可以不管样本数据的分布类型，基于中位数、内限建立历史数据的性能基线。凡是超出内限的数据则认为是异常点。

在 Excel 中有 2 个函数可以计算四分位数：Quartile（array，quart）和 Percentile（array，k）。

举例如下。

有 10 个数：2，3，5，10，12，13，14，34，34，36。置于单元格 A1 到 A10 中。

采用 Quartile 函数分别计算如下。

下四分位数：Quartile(A1:A10，1)=6.25

中位数：Quartile(A1:A10，2)=12.5

上四分位数：Quartile(A1:A10，3)=29

采用 Percentile 函数分别计算如下。

下四分位数：Percentile (A1:A10，0.25)=6.25

中位数：Percentile (A1:A10，0.5)=12.5

上四分位数：Percentile (A1:A10，0.75)=29

中位数还可以采用 Median()函数计算之。

计算四分位数的方法有多种，在 Excel 中，求四分位数的算法如下。

```
k= trunk ((quart/4)*(n-1)))+1 ,quart 为 0 到 4 之间的一个整数，即第 quart 四分位数。
N 为这组数中数值的个数。
F=(quart/4)*(n-1)- trunk ((quart/4)*(n-1))。
```

在数组中找到第 k、$k+1$ 个整数，按下列公式计算。

```
Output = a[k]+(f*(a[k+1]-a[k]))
a[k] = 第 k 小的数值;
a[k+1] = 第 k+1 小的数值;
```

对于上面给出的序列，如果求下四分位数，则按上述的算法，计算结果如下。

```
k=trunk(1/4*(10-1)+1)=3
f=1/4*(10-1)+1-k=0.25
下四分位数=5+（10-5）*f=6.25
```

在 MINITAB 中的算法如下。

计算下四分位数：

```
k= trunk (n/4),n 位这组数中数值的个数；
f=n/4- trunk (n/4)
```

在数组中找到第 k、$k+1$ 个整数，按下列公式计算。

```
Output = a[k]+(f+0.25)*(a[k+1]-a[k]))
a[k] = 第 k 小的数值；
a[k+1] = 第 k+1 小的数值；
```

计算上四分位数：

```
k=ceiling(3*n/4)+1,n 位这组数中数值的个数。
f=3*n/4-int(3*n/4);
```

在数组中找到第 k、$k+1$ 个整数，按下列公式计算。

```
Output = a[k]-(f+0.25)*(a[k]-a[k-1]))
a[k] = 第 k 小的数值；
a[k-1] = 第 k-1 小的数值；
```

对于 CMMI 2～3 级的企业，采用箱线图建立过程性能基线与采用控制图建立过程性能基线相比，箱线图法不需要判断数据的分布类型，不需要将数据点按时间排序，不需要计算标准差，简单易行，具有很强的实用性。如某企业积累了 18 个项目的系统测试的缺陷密度，得到如下表 11-10 所示的数据。

表 11-10　　　　　　　　　　　　　某公司的缺陷密度数据

编　号	缺陷密度（个/KLOC）
1	1.37
2	1.57
3	0.70
4	0.47
5	0.89
6	0.67
7	0.21
8	0.67
9	0.89
10	0.25
11	0.63

编 号	缺陷密度（个/KLOC）
12	0.60
13	0.13
14	0.47
15	2.38
16	0.33
17	1.11
18	0.00

采用箱线图法建立基线，在 Excel 中计算结果如下。

Q1=0.37

Q2=0.65

Q3=0.89

IQR=0.52

于是建立基线如下。

下限：0（负数无意义，故取值为 0）

中值：0.65

上限：1.67

11.8 软件过程性能模型

11.8.1 什么是过程性能模型

过程性能模型是对一个或多个过程或工作产品的可度量属性之间关系的描述，是基于历史的过程性能数据建立的，用以预测过程执行的性能。

理解过程性能模型的含义需要把握如下几点。

（1）过程性能模型刻画了过程性能度量元与过程或工作产品的属性之间的关系，而过程性能基线刻画的是历史过程性能度量元的数据分布规律，即分布的形状、数据的位置和数据的离散程度。过程性能基线刻画的是分布规律，过程性能模型刻画的是因果规律。

（2）过程性能模型建立的关系不是确定的函数关系，而是一种不确定的统计关系或概率关系，即过程性能模型的输出不是一个单点值，而是一个区间或是一个概率。如果我们用回归分析的方法建立了回归方程：$y = q\ (x_1, x_2, \ldots\ldots)$，则对使用此方程预测的 y 值，不能仅理解为一个单点值，而要理解为是计算其预测区间；直接计算出来的 y 值，只是当 x 取某个值时的 y 的平均值而已。

（3）过程性能模型中一定要包含可控因子，即可以通过人为地改变因子的值改变过程的输出，这样得到的性能模型才有存在的价值，才能用来做控制。如果所有的因子都是不可控的，则该模型可以被认为是预测模型，而非过程性能模型。

（4）过程性能模型是对本组织的过程性能因果关系的刻画，是基于本组织的历史数据进行分析而得到的。如果是业内的通用模型，或者是其他公司的模型，则此模型就不是本公司的过程性能模型。

11.8.2　如何建立过程性能模型

建立过程性能模型常用的方法有统计分析方法、蒙特卡洛模拟、过程模拟、系统动力学、概率网络、可靠性增长等 6 种方法。在实践中常用的方法是统计分析方法与蒙特卡洛模拟，其中统计分析方法又可以细分为回归分析方法和方差分析方法。可以根据 x 与 y 的数据类型选择建模的方法。

- 如果 x 是可以预测或确定的，y 可能的取值是一个范围，当所有 x 可控且是定比或定距数据时，则采用回归分析建模。

- 如果 x 是可以预测或确定的，y 可能的取值是一个范围，当所有的 x 可控且是定类或定序数据时，则采用方差分析建模。

- 如果 x 是一个取值范围，y 也是一个取值范围，x 和 y 之间存在量化关系，则采用蒙特卡洛模拟建模。

统计分析方法建模的流程参见图 11-26 所示。

详细的建模方法与案例留待笔者在下一本专著中进行说明。

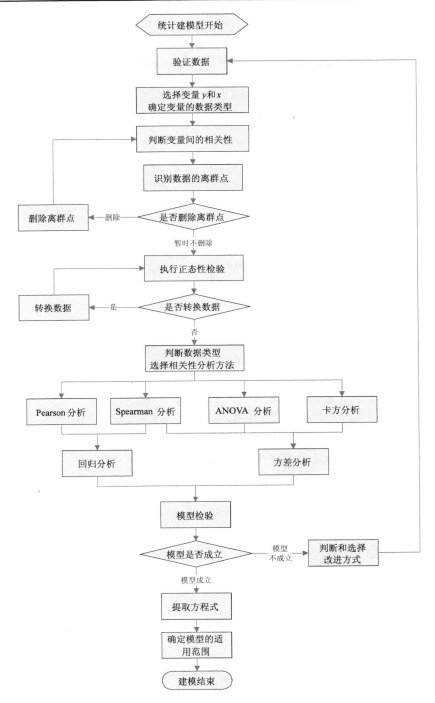

图 11-26 统计分析方法建模流程

11.8.3　过程性能模型的实例

某公司的 MIS 类软件开发项目的需求评审数据如表 11-11 所示。

表 11-11　　　　　　　　　　MIS 软件开发项目的需求评审度量数据

编号	评审速率（页/小时）	缺陷密度（缺陷数量/页）
1	10.50	0.50
2	69.50	0.10
3	101.00	0.04
4	13.80	0.35
5	10.00	0.42
6	52.00	0.03
7	30.00	0.36
8	40.77	0.08
9	19.33	0.17
10	34.00	0.12
12	8.80	1.09
13	13.71	0.71
14	20.00	0.50
15	21.00	0.21
16	36.86	0.26
17	28.57	0.23

对这类项目的需求评审速率与缺陷密度画散点图，如图 11-27 所示。

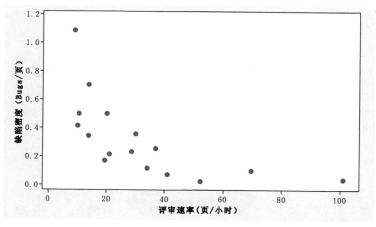

图 11-27　MIS 软件开发项目需求评审的缺陷密度与速率的散点图

通过以上散点图可以看出，需求评审的速率和缺陷密度二者之间的关系不是线性关系。因此，对于缺陷密度和评审速率分别求自然对数，得到表 11-12 所示的数据。

表 11-12 　　　　　　　　　　　缺陷密度评审速率之间的关系

项 目 名 称	评 审 速 率	缺 陷 密 度	ln（缺陷密度）	ln（评审速率）
p1	10.5000	0.5000	-0.6931	2.3514
p2	69.5000	0.1007	-2.2954	4.2413
p3	101.0000	0.0396	-3.2288	4.6151
p4	13.8000	0.3478	-1.0561	2.6247
p5	10.0000	0.4167	-0.8755	2.3026
p6	52.0000	0.0256	-3.6636	3.9512
p7	30.0000	0.3590	-1.0245	3.4012
p8	40.7692	0.0755	-2.5840	3.7079
p9	19.3333	0.1724	-1.7579	2.9618
p10	34.0000	0.1176	-2.1401	3.5264
p11	8.8000	1.0909	0.0870	2.1748
p12	13.7143	0.7083	-0.3448	2.6184
p13	20.0000	0.5000	-0.6931	2.9957
p14	21.0000	0.2143	-1.5404	3.0445
p15	36.8571	0.2558	-1.3633	3.6070
p16	28.5714	0.2333	-1.4553	3.3524

对 ln（缺陷密度）和 ln（评审速率）画散点图，如图 11-28 所示散点图。

通过散点图发现，缺陷密度和评审速率二者之间存在近似的直线相关性，可以通过直线拟合，于是可以建立回归方程，如图 11-29 所示。

进行变换后得到方程：

评审发现的缺陷密度=10.7779/评审速率$^{1.213}$

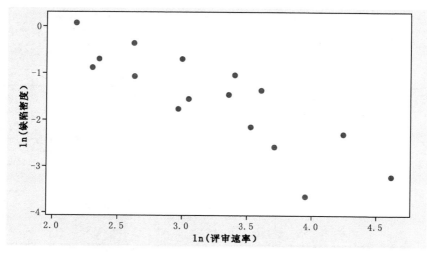

图 11-28　ln（缺陷密度）与 ln（评审速率）的散点图

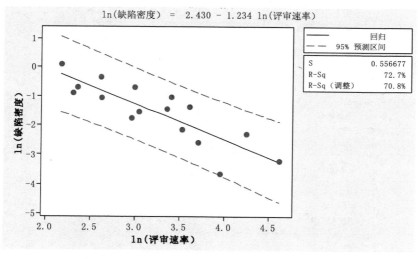

图 11-29　拟合线图

11.8.4　为什么无法建立过程性能模型

在 CMMI 4~5 级的软件公司中，建立过程性能模型是一个重点，也是一个难点，很多公司无法建立过程性能模型，为什么呢？

（1）数据不准确

比如：

- 对于评审的会议，评审的参与人有的是来学习的，在统计人数、工作量时就不应该统计在内。

- 有的数据当时没有采集，而是靠事后回忆采集上来的。

- 有的代码行数不是通过工具统计上来的，而是靠人估计出来的。

（2）过程不稳定

过程不稳定的原因可以细分为以下几种。

（i）过程太大

比如，对于整个项目的工期偏差率建立回归分析模型，由于影响因子太多，每个因子都有影响，但是影响都不是很大，这样对于采集数据的要求、过程的稳定性等要求很高，很难建立回归方程。此时要做的是需要划分项目的阶段，建立每个阶段工期偏差率模型；或者不去细致地分析影响因子，而是建立蒙特卡罗模拟模型；或者分不同类型的项目建立回归方程。

（ii）过程定义不稳定

在过程定义中定义得不够细致，对于过程成功的要点没有定义清楚。比如：对于评审的流程，为了保证评审过程的稳定，应该要求：

- 评审的时长不能超过 2 小时。

- QA 参与每次评审控制会议不要过多讨论。

- 会议开始时要声明规则。

- 评审会与讨论会要分开。

（iii）过程执行不稳定

在流程定义中有要求，但是实际执行时没有做到位。比如：

- 开评审会的时候进行了大量的讨论。比如在设计会议上讨论了设计方案的合理性，会议的工作量、会议的时长都不准。

- 会议的时间超过了 2 个小时。比如 4 个小时的评审会议，后边 2 个小时的效率很低。

- 会议主持人在会议上没有对讨论的现场进行控制。

（iv）过程的输入不稳定

不同的项目在执行过程中，投入差别太大，过程执行的前提条件不稳定，导致过程的输出也会不稳定。比如，测试过程投入的单位工作量，有的项目投入多，有的项目投入少。而这些输入如果没有被识别出来作为因子，方程就无法建立起来。

（3）影响因子（X）识别不全

- 在识别对于 Y 的影响因子时，没有识别出关键影响因子，比如测试过程的单位规模的测试工作量等。

- 识别了关键影响因子，但是不好量化表达，采集数据有难度，比如人员的技术水平。

- 采集了关键因子的度量数据，但是数据不全，缺少样本点。

影响因子的识别需要经验识别，也需要统计的假设检验，也可以进行实验设计。

（4）对于大过程建模，影响因子太多，每个因子相关性都不大

如果是对于大的过程建模，则可能存在如下的问题。

- 影响因子多，每个因子的相关性都不是很大。

- 影响因子多，采集数据有难度，对每个数据都要求很准确。

- 影响因子之间彼此有交互叠加的作用，有相关性，建模困难。

（5）样本量太少

样本量太少，增加或删除一个样本对回归的结果影响很明显，则规律不具有典型性。比如，在图 11-30 中，如果删除右上角的一个点，则两个变量之间就没有相关性了。如果删除了右下角的 2 个点则两个变量之间就有相关。之所以出现这种现象，就是样本点太少而导致的。

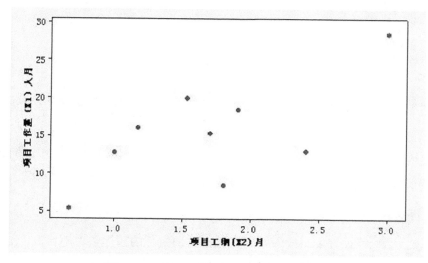

图 11-30　项目工作量与项目工期的散点图

（6）样本不随机

比如有 2 个变量 $X1$、$X2$，与 Y 都应该是正相关的，但是在实际中存在的数据如表 11-13 所示。

表 11-13　　　　　　　　　　　　　实际的数据关系

	正相关	正相关
Y	$X1$	$X2$
中	大	小
中	小	大

此时如果对这些类型的数据进行分析，则表现出来 Y 与 $X1$、$X2$ 是不相关的。

以测试过程为例，我们的经验与常识如下。

常识 1：高水平的测试人员找出的 BUG 多，低水平的测试人员找出的 BUG 少。

常识 2：高水平的开发人员犯的错误应该少，低水平的开发人员犯的错误应该多。

我们的实际数据，在实践中常常采用的策略如下。

策略 1：关键的模块应该由高水平的开发人员进行开发，非关键的模块由低水平的开发人员进行开发。

策略 2：高水平的测试人员测试关键的模块，低水平的测试人员测非关键的模块。

如果是这样，对于测试过程做了度量以后，数据无法证明常识 1 和常识 2 的成立。

以上六个原因就是最常见的原因，这些原因在实际中克服起来并非那么容易，这也是为什么 CMMI 4～5 级需要比较长的实施周期的原因。

11.9　为什么建立了性能基线还需要建立性能模型

对于某个稳定的过程建立了过程性能基线，为什么还需要建立过程性能模型呢？因为建立过程性能基线时并没有考虑过程的输入和属性的差别，即无论过程的输入和属性取什么值，我们通过基线预测出的过程性能的输出总是在基线范围内。而过程性能模型则考虑了过程的输入和属性，可以针对某个具体的输入或属性，给出关于过程输出的更准确的预测区间。以下通过案例说明之。

针对某公司进行需求评审的 16 个项目的原始数据（参见表 11-12）建立的回归方程为：

$$\ln（缺陷密度）=2.430-1.234\ln（评审速率）$$

对于 ln（缺陷密度），我们可以建立如图 11-31 所示的基线。

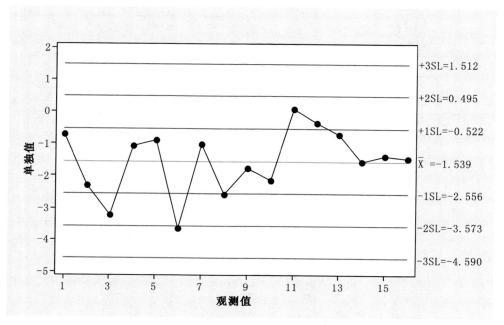

图 11-31　ln（缺陷密度）的单值控制图

3Sigma 上限为 1.512，3Sigma 下限为 -4.59。

2Sigma 上限为 0.459，2Sigma 下限为 -3.573。

而当采用回归方程预测时，我们取 3 个值来测试。

最大的评审速率的取值：ln（评审速率）=3.95，ln（缺陷密度）的预测区间为（-3.714, -1.172）。

最小的评审速率的取值：ln（评审速率）=2.17，ln（缺陷密度）的预测区间为（-1.559, 1.064）。

中间的评审速率的取值：ln（评审速率）=3.20，ln（缺陷密度）的预测区间为（-2.749, -0.287）。

如果我们应用性能基线对上述 3 个值进行预测，比如取 2Sigma 的上下限进行预测，则得到的预测结果为 ln（缺陷密度）应该在（-3.573, 0.459）范围内，与应用性能模型计算出的预测区间的准确程度则差别很大。

这就是要建立性能模型的原因。

11.10　如何度量项目的进度与进展

1．首先区分进度和进展的概念

进度：Schedule，工期是否拖延了，拖延了多久。

进展：Progress，任务的完成情况，任务完成了百分之多少，还有哪些任务未完成。

比如：

某项任务到今天为止，工期已经拖了 2 天，任务完成了 80%了，还剩 20%未完成。

某项任务到今天为止，已经完成，但是比计划日期拖期了 2 天，任务 100%完成了。

2．如何度量进度？

（1）检查关键路径是否拖期，如果关键路径有拖期，则项目一定是拖期了，还要计算关键路径的拖期天数。

（2）检查非关键路径是否拖期了，如果非关键路径的拖期超过了关键路径的工期，则要计算非关键路径的拖期天数。

（3）上述 2 步计算结果的最大值即是项目的拖期天数。项目工期提前的计算方法以此类推。

3．如何度量进展？

有多种方法，示例如下。

（1）任务完成%=已完成的任务数/任务总数。

（2）SPI=挣值/计划值。在软件项目中通常采用：已完成任务的计划工作量/应完成任务的计划工作量×100%。

（3）需求完成率=已完成的需求个数/总的需求个数×100%，或者是已完成需求的功能点/总的功能点×100%。在敏捷方法中，可以用：已完成的故事点/总的故事点×100%。

（4）在敏捷方法中，也可以是燃尽量，度量剩余任务的计划工作量。

11.11　TSP 中的 10 个量化法则

TSP（Team Software Process）是 Humphrey 提倡的解决 CMMI 如何做的一个模型，他认

为采用了 TSP 之后，可以加快企业达到 CMMI 5 级的速度，可以提高企业的质量。在 TSP 中 Humphrey 提出多项度量数据，笔者从中整理了如下 10 个量化法则和大家分享，其中前 5 个法则是关于工作量的分布，后 5 个法则是关于质量的分布。其实这些法则中具体数值的大小完全可以商榷，但是最关键的是蕴含在这些数值和比例背后的思想，值得我们深思。

（1）如果工程师在详细设计上花费的时间比编程要多，那么他们的设计都很出色。

（2）在设计评审上花费的时间比设计时间多 50%以上时，评审一般很彻底。

（3）应该花费需求分析时间的 25%或更多的时间来进行需求检查。

（4）对于编码，应该花费编码时间的 50%或更多时间来进行评审和检查。

（5）在评审活动上花费的时间与在编译测试活动上花费的时间比值一般应为 1.0。

（6）80%的缺陷应该在编译之前发现。

（7）一个产品在 Build 和集成测试中的缺陷数/KLOC 小于 0.5，在系统测试中小于 0.2，则不会再有什么遗留问题。

（8）代码评审/编译的缺陷比率应大于 2.0。

（9）设计评审/单元测试的缺陷比率应大于 2.0。

（10）一般在详细设计过程中引入 2 个缺陷/小时，在编码过程中引入 6 个缺陷/小时。

第12章
CMMI 的评估

12.1　如何选择参评项目个数

在 CMMI 的评估方法 SCAMPI V1.3 中，对于参评项目的最少个数给出了一个计算公式：

$$每个子组的参评项目最少个数 = \frac{实际子组个数 \times 该子组内的项目个数}{项目总数}$$

对于上述的公式还有以下 2 条补充规则。

（1）每个子组至少选择一个项目参与评估。

（2）公式的计算结果是服从四舍五入的规则。

在此公式中，何谓子组（Subgroup，SG）？

　　子组就是项目的分类。

那么，如何对项目进行分类呢？

对于项目的分类方法，SCAMPI 给出了一个要求，要求至少从以下 5 个维度对项目进行分类：

　　地址位置、客户类型、规模、组织结构、任务类型。

其他的分类维度可以由评估组成员根据企业的实际情况自行定义。

对于子组，有理论上的子组和实际上的子组的区分，所谓实际上的子组是指在实际中存在的项目类型。请看下面这个例子：

某公司的研发团队所处的地址位置分为成都与绵阳 2 个地方（2 类）。

客户类型分为数字家庭类软件、有线电视网络运营商 2 种（2 类）。

项目规模都是 10 个人、1 年左右的项目，没有明显的区别（1 类）。

整个公司的研发部门被划分为 3 个所：数字所、基础所、成都所，其中数字所与基础所在绵阳，成都所在成都（3 类）。

整个公司的业务是以软件开发为主，硬件开发为辅，硬件开发不在评估范围内（1 类）。

则对于此公司，理论上的子组个数为 2 × 2 × 1 × 3 × 1=12 个。

而实际上，有些项目类型是不存在的，实际上存在的项目类型有：

成都-家庭-成都所-软件研发。

绵阳-家庭-数字所-软件研发。

绵阳-家庭-基础所-软件研发。

绵阳-运营商-数字所-软件研发。

绵阳-运营商-基础所-软件研发。

即实际上项目可以划分为 5 个子组。

对于每个子组中包含的项目个数，在评估方法中没有给出具体的计算规则。在实际评估时，主任评估师一般将正在进行的项目及在评估前 6 个月内结束的项目纳入计算范围。

对于上述的计算公式，我们来做个数字游戏加强对此公式的理解，请看如下 4 个场景。

场景 1：

某公司有 5 个实际上的子组，每个子组 2012 年的项目个数分别为：

SG1　成都-家庭-成都所-软件研发　　　3

SG2　绵阳-家庭-数字所-软件研发　　　1

SG3　绵阳-家庭-基础所-软件研发　　　3

SG4　绵阳-运营商-数字所-软件研发　　2

SG5　绵阳-运营商-基础所-软件研发　　1

可以计算出，该公司的项目总数为：10 个。

根据子组的参评项目个数公式:

$$每个子组的参评项目最少个数 = \frac{实际子组个数 \times 该子组内的项目个数}{项目总数}$$

得出该公司各子组的参评项目个数,如下所示:

SG1 的参评项目个数=5*3/10=1.5=2 个

SG2 的参评项目个数=5*1/10=0.5=1 个

SG3 的参评项目个数=5*3/10=1.5=2 个

SG4 的参评项目个数=5*2/10=1=1 个

SG5 的参评项目个数=5*1/10=0.5=1 个

合计以上各子组的参评项目个数,得到该公司参评的项目总数为:7 个。

在这参评的 7 个项目中,不同分组内的项目对证据完备程度要求不同。

场景 2:

比如对场景 1 做出调整:假设 SG1 中的项目个数不是 3 个,而是 300 个,这样在该公司内总共有 307 个项目,那么各个子组的参评项目个数有什么变化呢?

SG1=5*300/307=5 个

SG2=5*1/307=1 个

SG3=5*3/307=1 个

SG4=5*2/307=1 个

SG5=5*1/307=1 个

合计以上各子组的参评项目个数,得出该公司需要 9 个项目参与正式评估。

场景 3:

比如对场景 2 做出调整:假设将 SG2、SG3、SG4、SG5 合并为一个子组记为 SG2',则 SG2' 有 7 个项目,SG1 有 300 个项目,这样在该公司内总共有 307 个项目,那么各个子组的参评项目个数有什么变化呢?

SG1=2*300/307=2 个

SG2'=2*7/307=1 个

合计以上各子组的参评项目个数，得出该公司需要有 3 个项目参与正式评估。

场景 4：

比如对场景 1 做出调整：假设将 SG2、SG3、SG4、SG5 合并为一个子组记为 SG2'，则 SG2'有 7 个项目，SG1 有 3 个项目，这样在该公司内总共有 10 个项目，那么各个子组的参评项目个数有什么变化呢？

SG1=2*3/10=1 个

SG2=2*7/10=14/10=1 个

合计以上各子组的参评项目个数，得出该公司需要参评的项目总数为：2 个。

通过上述 4 个场景的计算，你是否对这个公式有比较深刻的理解？是否理解了每个变量的作用呢？

12.2　SCAMPI V1.3 的证据覆盖规则

SCAMPI V1.3 的证据覆盖规则是相当复杂的，如何记住这些评估证据覆盖规则呢，笔者总结了如下方法。

记住这 2 组数字，3-8 与 2-3-3。

3-8：3 类 8 条规则。

38 在周易里起卦为火地晋，晋，晋升，1.2 升级到 1.3 版本了。

2-3-3：这 3 类规则，每类规则分别包含的规则数目。

从 CMMI 模型和执行两个角度来划分覆盖规则，可划分为以下这 3 类规则：

- 模型覆盖：

    PA 覆盖类，2 条规则。

- 执行覆盖：

    BU 覆盖类，3 条规则。

    SF 覆盖类，3 条规则。

以下将对 3.8 和 2.3.3 进行说明。首先说一下使用到的术语：

PA：过程域。

SP：特定实践。

BU：基本单位，Basic Unit，项目。

SF：支持部门，Support Function，支持组。

A&A：人证与物证，Affirmation and Artifact，访谈和制品。

A or A：人证或物证，Affirmation or Artifact，访谈或制品。

接下来对 3.8 和 2.3.3 覆盖规则作出具体解释：

第一类覆盖规则——PA 覆盖的规则如下。

（1）每个 PA 的所有实践必须全部覆盖，不能部分覆盖。

比如 PP 过程域有 14 条 SP，某个项目不能只覆盖其中的 9 条 SP，而不覆盖剩余的 5 条。这条规则对于 BU 和 SF 都成立的。

（2）覆盖可以通过 BU 或 SF 或多个 SF 或它们的混合执行来实现

比如 PP 过程域可以被 1 个 BU 完整执行，或者被 1 个 SF 完整执行，注意根据规则（1），不能 BU1 执行了 PP 的 9 条 SP，SF1 执行了剩余了 5 条 SP，或者 SF1 执行了 PP 的 9 条 SP，SP2 执行了剩余的 5 条 SP。

第二类覆盖规则——BU 覆盖的规则如下。

（1）对每个子组，至少有 1 个 BU 对所有的 PA 提供 A&A。

（2）对每个子组，50%的 BU 对至少 1 个 PA 提供 A&A。按此规则计算时，满足规则（1）的 BU 同时也满足了本规则。

（3）对每个子组，所有的 BU 对至少 1 个 PA 提供 A or A。

如果对应 V1.2 版本的评估方法，规则（1）类的项目就是 focus 项目了，只不过这里说的 focus 项目不是针对组织级的，而是针对子组级的。规则（2）和规则（3）类的项目就是 BU 级的 non-focus 项目了，只不过对 non-focus 又区分了 A&A 与 A or A 两个级别的严格程度。

第三类覆盖规则——SF 覆盖的规则如下。

（1）如果 1 个 SF 负责了 1 个或多个 PA，则对负责的每个 PA 都要提供 A&A。

（2）对每个子组，应对至少 1 个 BU 提供 A&A。此 BU 未必是满足 BU 覆盖中规则（1）的 BU，可以是满足规则（2）或规则（3）的 BU。

（3）如果多个 SF 负责了相同的某个或某些 PA，则每个 SF 都要提供 A&A。

12.3　评估组员的资质要求

评估组成员（简写为 ATM）有如下的基本要求。

- 成员人数最少不少于 4 人，一般不超过 9 人，包含主任评估师；

- 必须接受过 Introduction to CMMI 的培训；

- 所有成员的经验累计覆盖了模型的过程域；

- 每个人至少有 2 年工程经验；

- 除主任评估师外，其他人员的工程经验平均不少于 6 年；

- 除主任评估师外，其他人的工程经验累计不少于 25 年；

- 除主任评估师外，其他人的管理经验（项目管理或部门管理）累计不少于 10 年，至少 1 个人达到 6 年管理经验；

- 评估组不能全部由过程的编写者组成，如果有过程的作者加入了评估组，需要识别为风险；

- Sponsor 不能是评估组成员；

- 对整个评估范围负有责任的高层管理者不能是评估组成员；

- 评估组成员不能是被访谈人员的上级领导。

如果是高成熟度评估，有如下的基本要求。

- 划分评估小组时，每个小组内的成员应该有高成熟度的经验（实施过 4～5 级或参与过 4～5 级评估）；

- 具有统计分析或其他高成熟相关培训（如 6Sigma）和经验的人员应分配到 4～5 级的过程域。

对于候选的评估组成员采用表 12-1 进行资质的评价。

表 12-1   ATM 资质评价表

	姓名	张三	李四	王五		合计值	平均值
经验识别	软件工程的工作年限					0	
	担当项目经理年限或部门经理年限					0	
	曾经的工作岗位（是否做过需求、开发、测试、项目经理、质量管理或培训）			…			
潜在的利益冲突的识别，便于定义风险应对措施	是否是参评项目的项目经理						
	是否是本次评估的 Sponsor						
	是否是参评项目的上级主管领导						
	编写过被评估单位的哪些体系文件						
	与 Sponsor 或质量经理是否存在直系亲属关系						
	是否是被评估单位的 EPG 成员						
	和评估组其他成员有无上下级关系						
	是否在评估时被访谈						
	是否是被评估单位的 QA 人员						

12.4 如何准备评估计划

在进行评估活动的时候，第一个步骤就是制定评估计划。凡事预则立，不预则废。因此，周全的评估计划是评估顺利进行的重要保障。

评估计划，对于评估师来说，最为重要的事情就是了解被评估组织项目特点，从而判断到底分为几个子组。划分子组，说简单点，其实就是按照项目特征，判断到底是哪些特征决定了项目过程执行的不同，也就是要对项目进行分类，"物以类聚，人以群分"，从而才能进行合理抽样。V1.2 版本的评估方法中并没有子组这一说，那时候，评估师对项目的选择会很随机，选择的项目可能是很单一的一种类型。比如，有的公司大项目和小项目的做法是完全不同的，可是为了评估证据准备的便利性，而只选择大项目作为评估抽样项目。这种做法的弊端就会造成评估结果不能代表整个公司的过程特征。因此，在目前的 SCAMPI V1.3 定义中，特意增加了子组的分类，来约束评估师在抽样项目的选择上必须考虑更多的因素。

前面曾提到按照当前的评估方法要求，在划分子组的时候，必须考虑如下 5 个因素：规模、地点、组织架构、任务类型、客户。那么，除了这 5 个因素，是否还有其它的因素会导致过程执行的不同？答案是肯定的。目前的评估方法要求评估师在制定评估计划的时候除了考虑上述 5 个因素以外，还可以考虑其他的因素来划分子组，如生命周期模型等。

在确定了子组的定义以后，就可以进行项目的抽样。在 SCAMPI V1.3 版本中，则要求评估抽样项目数的确定应该按照量化的计算方法进行：每个项目的抽样项目数量=子组个数*本子组内项目的数量/项目的总数量。比如，一个组织单元内只有 8 个项目，分成 2 个子组，第一个子组是外部合同型项目，一共 5 个项目，第二个子组为内部研发型项目，一共 3 个项目。那么第一个子组的抽样项目数量为：2*5/8=1.25，按照四舍五入的原则，本子组的抽样项目数量为 1 个。那么，最终得出这个组织单元应该参评的项目数是：1+1=2（个）。

确定子组和抽样项目的数量以后，则需要评估师与发起人进行证据采集策略的确定。通常情况下，有 3 种证据的采集策略：Verification，Managed Discovery，Discovery。目前，大部分企业采取的都是第一种证据采集策略，也就是 Verification，因为这种方式所需要的现场评估时间比另外两种方式少很多，但是准备工作量相较于其它两种方式也是最多的。Verification 策略要求评估团队在现场评估前就应该准备好绝大部分的证据，仅有小部分的证据没有被收集到 PIID 中的话，可以在评估的过程中继续去识别和发现。

评估计划需要在正式评估前 1 个月与 Sponsor 进行确认，内容包括：**评估的组织、参与的部门、项目、人员以及评估结果中应该包含的内容、评估的进度表等**。

评估组的成员必须在 CMMI 研究所的评估系统中拥有注册账号，Sponsor 也必须在正式评估前至少 1 个月拥有注册账号。评估师必须在现场评估活动前 1 个月在评估系统中建立评估计划的初稿。

12.5　如何执行就绪检查

就绪检查是为了确保评估活动能够顺利开展而需要执行的一项活动。就绪检查的目的是检查证据的就绪程度，评估团队成员的就绪程度、后勤的就绪程度。

在评估开始前，至少要进行一次就绪检查。当然了，主任评估师可以根据企业的实际情况、预算的情况安排适当次数的就绪检查。如果仅有一次就绪检查，那么，建议就绪检查在正式评估开始前的一个月进行比较好，因为一旦发现证据的缺失，参评组织可以有更多的时间来充分决策，比如：延期评估、修改评估范围、补充证据等。

　　就绪检查是一项非常重要的活动，需要评估发起人，也就是 Sponsor 的参与。如果评估师识别出评估证据严重缺失的情况，则需要与发起人一起协商应对措施。

　　在就绪检查中，除了证据的检查，另外还要检查评估团队成员的配合度、是否能在评估期间全程投入、评估组成员的资质和能力的充分性等。

　　为了确保评估的顺利进行，评估的后勤活动也是至关重要的。对于部分访谈环节，比如开发人员的访谈，需要较大的会议室方可进行，因此后勤的就绪度检查，包括会议室、设备、设施等的检查是非常有必要的。

　　在我的经历中，就曾经出现过后勤的准备情况不好，导致评估进展不顺利的情况。比如曾经有一家公司，在开发人员访谈环节中，有 16 人参加访谈，再加上 7 名评估团队的成员，一个仅能容纳 10 多人的会议室显得非常的拥挤。在访谈的时候，部分内向的开发人员躲在其他同事身后，始终不肯积极地回答问题。为了确保访谈的覆盖度和参与度，评估组长不得不在访谈的过程中多次动员后面的开发人员主动回答问题。

　　表 12-2 是一个就绪检查的检查单。

表 12-2	就绪检查的检查单
大　类	详　细　内　容
评估团队的会议室预定与安排	投影仪
	访问打印机
	访问复印机
	房间内桌椅、设施设备的摆放
	白板、白板笔、板擦
	打印并张贴告示"评估团队成员专用"
	打印并张贴告示"请不要随意移动会议室的设施、设备和材料"
	垃圾桶
	会议室钥匙
	访谈人员的座位安排
网络访问 会议室内网络布置好，上网权限 内网访问和共享文件夹的设置 配置库的访问权限	存放证据的个人计算机或者服务器
	网络访问以及对证据的访问权限
	对配置库的访问权限以及账户
	访问其他文档证据的权限

续表

大　类	详　细　内　容
启动会和最终发布报告的会议室	投影仪
	供所有参会人员就座的座位安排
访谈工具	记笔记的纸张
	必要的时候需要准备电话会议系统
	时间控制工具，如闹钟
餐饮	午餐
	饮料和零食
必需的用品 笔、笔记本、优盘、即时贴	水笔或者铅笔
	笔记本
	优盘
	即时贴
	彩色笔
	订书器
评估团队的参考资料	CMMI 模型
	MDD

12.6　被访谈人员注意事项

在进行 CMMI 的正式评估时，被访谈的人员应该快速、准确、条理清楚地回答评估组成员的问题，这样才能在比较短的时间内让评估组成员做出正确的判断。根据笔者的访谈经验，被访谈人员应注意如下的问题。

（1）听清楚问题，再回答问题。

有的被访谈人员可能是由于紧张，没有听清楚评估组的成员问的是什么问题，答非所问，浪费时间。当你不能确定提问者的问题的含义时，可以要求评估组的成员对问题做出进一步的解释，确认问题究竟是什么。

（2）先说结论，再做进一步的解释。

有的被访谈人员往往说了很多，还没有给出一个明确的结论。其实 ATM 的每个问题都有很强的目的性，都有其侧重点，应该先把最核心的、最关键的结论说出来，然后进行解释，而不是说了很多，需要 ATM 的成员自己去推导结论。

（3）回答问题要条理清楚。

在回答问题时应该按照一条主线贯穿下来，条理清楚，可以采用时序法与分类法厘清思路。按照时序法，即按照活动的先后顺序展开描述。比如 ATM 问你在项目组中是如何进行项目的跟踪控制？你可以讲每天实时做了什么，每周定期做了什么，每阶段定期做了什么，每个月定期做了什么，项目结束时做了什么。若按照分类法进行描述，可以将被描述的对象进行分类穷举，然后分别描述之。比如，ATM 问你度量了哪些数据，你可以讲度量数据划分了几类：如规模、工作量、质量、效率、客户满意度。质量又可以从 2 个维度进行细分，从工作产品的角度可以划分为：代码的质量、文档的质量；从活动的角度可以划分为：评审活动的质量、测试活动的质量等；效率可以再细分为……。

（4）回答问题时要说清楚问题的背景信息。

SCAMPI 评估方法是一种经验评估方法，除主任评估师以外，评估组的其他成员累计要超过 25 年工程经验，ATM 成员根据经验判断你们的做法是否满足了某条实践，是否满足了某个目标。CMMI 模型要求了你们应该做什么，而没有具体讲如何做，你们的做法是否满足了实践要求，需要 ATM 成员进行经验判断。由于对于项目的业务背景了解得不详细，有可能 ATM 成员认为你们的做法不一定是合适的，因此在陈述你们的做法时要将背景信息陈述清楚，便于 ATM 成员判断，尤其是一些非常规的做法。

（5）知道就说，不知道就不要瞎说。

如果你做过某件事情，清楚知道其做法，你就可以讲你是如何做的。如果你没有做过，而是别人做的，你并不清楚其他人是如何做的，你就不要根据你的推测去讲，而是应该明确地讲"这件事情我没有做，而是我们组其他人做的"。如果你瞎讲，有可能就和你们真实的做法是矛盾的，是不一致的，造成 ATM 的误解。

（6）直视提问者，而非目光游离。

直视提问者能够说明你的自信、你的坦诚。如果你不敢直视提问者的目光，则会让 ATM 成员怀疑你回答的真实性。

（7）语速不要太快，给 ATM 留下记录的时间。

ATM 成员在访谈的同时，要记录访谈的内容，因此要注意回答问题时语速不要太快，避免 ATM 无暇记录，这样还要追加访谈，耽误时间。

（8）抓住要点，简洁回答。

回答问题的要点在于精准，而不在于内容的多少。所以应该根据被提问者的问题核心进行回答，而不是长篇大论，只要被提问者关心的核心内容说清楚就可以了。

在笔者咨询的经历中，见到很多被访谈人员做得很好，但是没有说出来，需要 ATM 多次改换问题，就一个问题确认多次才能准确下结论的情形，耽误了评估的时间。所以，做得好，说得也要好！

12.7　高成熟度评估时常发现的问题

在做高成熟度评估时，经常发现存在如下一些问题：

- PPB

    数据杂合：在建立 PPB 时不是针对一个子过程，而是针对一个比较大的过程，过程性能基线的带宽比较宽。

    行业数据：基于行业数据建立基线，而不是基于本公司的实际数据。

    主观数据：不是基于历史数据建立基线，而是根据经验决定。

- 质量与过程性能目标

    定义的质量与过程性能目标不符合 SMART 原则。

- PPM

    过程性能基线与过程性能模型的概念没有区分、不理解过程性能模型的含义。

    只在项目的初期使用 PPM，在项目的后续阶段没有使用 PPM。

    模型中的自变量 X 不可控，不能通过改变 X 的值控制 Y。

    PPM 与质量与过程性能目标无关。

    只是针对项目最后的输出建模，没有针对阶段性的输出建立模型。

- 量化与统计技术

    采用统计技术后投入产出不成比例，没有体现出量化管理的作用。

对于大过程实施 SPC。

应用于非独立数据，如对于 SPI、CPI 执行 SPC。

12.8　评估之后的 CMMI 怪相分析

CMM 在中国推广 10 多年以来，对于中国软件企业的发展起到了巨大的推动作用。但是，最近几年，CMMI 在中国的推广却表现出了一些令人担忧的现象，社会上对于 CMMI 的评价日趋下滑。我试图分析企业通过评估后所表现出的种种怪现象，希望对中国软件过程的改进起到一点警示作用，让这一好的过程改进模型在中国能够落地开花，实效常在。

怪相之一：证书摆桌面，体系放一边。

2006 年我曾经在某软件园进行调查，走访过 8 家通过了 CMM 评估的软件企业，发现有 5 家企业将 CMM 评估证书高高挂在墙上，做过程改进的人员却已不见踪影，基本放弃了该体系的执行和持续改进。大概这 5 家企业原本就没有想要真正去改进过程，只是因为政府对此有补助！

2000 年国务院下发了 18 号文件《鼓励软件产业和集成电路发展的若干政策》，明确提出鼓励软件企业通过 CMM 评估，此后各地政府此后陆续出台了资助政策，软件企业通过评估后，可以从国家的不同部门如信息产业厅、科技厅、外经贸委等获得资助。很快就有软件企业为了享受表面上看起来是"免费的质量成本"，怀着"政府出钱，我拿证书，不拿白不拿"的心态，突击通过了 CMM 的评估，于是便出现了"证书摆桌面，体系放一边"的现象。

其实企业失算了！获得的政府资助资金往往大都支付给了咨询公司，而企业在通过评估的过程中需要编制体系文件，需要编制多个项目组的证据，需要安排人员接受多次访谈，这些活动耗费了大量人力物力，工作量的成本一般会超出企业实际拿到的政府资助金额，弄虚作假还导致企业文化的沦丧。在这种意识下违背软件业客观的过程改进规律的行为，最终得到的只是一纸证书！弊，实际大于利！

怪相之二：证书拿到手，体系大整修。

我曾经接触过 2 家企业，在通过 CMM 或 CMMI 评估后很短的时间内，就对过程体系进行了大幅度的裁剪，其中一家公司的负责人讲："原来定的体系太繁琐，为了通过评估，我们忍了，现在必须裁剪！"。

这是对 CMMI 的误解！

在 CMMI 的各种构件中，只有目标是必需的，实践是期望的，子实践是用于解释说明的。所以在实际过程改进中，首先要满足模型里每个目标的要求，目标的达成是根据实践的执行情况来判断的，模型里给出的实践是可以替换的。只要能达成目标，采用什么实践都是可以的。

CMMI 采用 SCAMPI 评估方法。SCAMPI 评估方法要求主任评估师必须具有 10 年以上的软件工程经验，评估组的其他成员必须平均具有 6 年以上工程经验，评估组其他成员累计不少于 25 年工程经验，至少一个成员要有 6 年以上的管理经验，评估组其他成员累计要有 10 年以上管理经验。这些要求其实是为了更好地进行专家判断，避免"机械照搬"。

CMMI 要求企业建立裁剪指南。在实践中，裁剪指南往往比体系本身更重要。僵化的体系是不可能真正在组织里推行下去的，要保持体系的灵活与敏捷，就必须定义详细的、切合实际的裁剪指南，并在实践中逐步完善。

过程的简与繁都可能达到模型的要求，关键取决于起草体系的人员对模型的理解。企业在开始导入 CMMI 时，一般是请咨询顾问介入，而目前国内的 CMMI 咨询公司、咨询顾问鱼龙混杂，客户往往依赖某些网站或协会之类的独立组织，根据网民投票所选出的"咨询公司排名榜"按图索骥。如果咨询顾问对模型的理解不深刻，企业自身的 EPG 成员又欠缺经验，或者咨询顾问参与的工作量很少，就难免怪相横生。

怪相之三：工期依然拖，缺陷照常多。

某企业实施 CMMI 到一定阶段后，EPG 抱怨领导意识有问题，对过程改进支持力度不够，而领导却说该授权的也授权了，该奖惩的也奖惩了，但是项目依然拖期，仍然存在质量问题，认为是 EPG 没有解决核心问题。

问题究竟出在什么地方呢？

过程改进的目的可以用四个字来概括："多、快、好、省"。

➤　多：即项目组能满足的客户需求越多越好，企业能承接的项目越多越好。

➤　快：即能够提高企业的估算能力、应变能力，使项目能够按期完工，减少拖期现象。

➤　好：即提高交付的产品质量，减少售后维护的工作量。

➤　省：即降低项目的开发成本，提高企业的赢利能力。

不同的企业在上述 4 个目的中的侧重点可能有所不同。过程改进时，一定要紧紧围绕企业的改进目标做工作，针对老板关注的问题、针对企业最薄弱的环节实施改进；同时，找到病根，更要找到有效的解决方案，并坚决执行。解决方案既应包含对过程体系的修改措施，也应包含推广措施。比如单元测试和代码走查是提高软件质量的有效措施，这已经在工程界得到了充分认可。但是在企业推广时，往往会遇到开发人员的阻挠，开发人员会认为做单元测试与代码走查浪费了大量的时间，不如直接做黑盒的功能测试更简单。这就需要 EPG 成员采取各种各样的手段，努力使这些业内的最佳实践变成企业的最佳实践。这样才能事半功倍，快速见效，否则见不到实际效果，任何管理方法都不会长久，任何老板也不会持续投资。上面提到的 EPG 与老板的互相抱怨问题，很大程度上归因于此。

怪相之四：文档一篇篇，不见有人看。

有一家企业已经通过了 CMM 3 级的评估，完成一个项目需要项目组填写接近 90 份文档。当我去做 CMMI 的差距分析时，发现这些文档里有大量的显而易见的错误，而需要看这些文档的项目经理、QA 人员及高层主管等多个角色，却没有人发现错误，其实这些人根本就没有去看文档！呜呼，既然没有人看，何必写呢？

SCAMPI 评估方法需要企业提供 2 种证据：物证和人证。每条实践必须要有证据来覆盖，于是为了满足评估的需要，很多企业做了上百个的文档来满足模型的要求，其实这是不对的。模型是强调证据，但是并非文档越多越好，文档只是用来证明某个实践你做到了，只要达到了这个目的就可以了，而且一个文档可以满足多条实践的要求，可以作为多条实践的证据，这是最经济的做法。只要内容有了，也并非在乎文档的多少与格式。

有些企业，在没有实施 CMMI 之前，项目组往往不写文档或者很少写文档。但在实施 CMMI 之后，写的文档又太多。这是两个极端，需要平衡。

怪相之五：流程很优秀，效果鲜见有。

有一家软件外包公司，CMMI 3 级，流程定义得很简洁、实用，企业的执行力也很强，但是项目的实际效果却不好，为什么呢？我仔细审查项目组的需求、设计、测试用例、源代码等文档，发现需求的描述有遗漏、有错误；设计文档没有满足基本的设计原则；测试用例不完备、覆盖率比较低；源代码中需要重构的地方比比皆是。再问一个为什么，发现项目组成员比较年轻，工程经验大都少于 2 年，尽管企业也进行了需求工程、设计模式等技术培训，但是经验不是靠培训能解决的。因此，即使有好的流程，仍然没有开发出好的软件系统！

另外一家软件公司，没有通过 CMMI 的评估，公司内有 3 个部门，其中一个部门积累了一个基于.net 的可复用的 MIS 软件框架，该框架已经由少数的精英开发了 4 年，积累了 4 年，发布了多个版本。实现一个新需求时，只要定制界面，编写存储过程就可以了。当一个新员工进入该部门后，基于该框架，大概花费 1 周的时间就可以编写出能够交付给客户执行的代码，该部门的开发效率很高。对于该企业来讲，引入 CMMI 并非当务之急，打破部门之间的壁垒，将该软件框架推广到其它 2 个部门，可能带来更高的投入产出比。

人、技术、过程三者都不可偏废！企业要分析在人、技术与过程中，哪个因素是企业的瓶颈问题，优先解决瓶颈问题才能事半功倍，最大限度地提高生产效率。企业只有拥有了具有一定技能的人员与成熟的技术，软件过程才能最大程度地发挥其作用，软件过程才是实现人员与技术集成的主线，才能真正让过程效益最大化。

怪相之六：大家要业绩，快速过五级。

很多企业在通过了 CMMI 3 级的正式评估后，急于通过 CMMI 的 5 级评估。为什么呢？一是企业可在市场竞争中提高资质，战胜对手，多多拿单；二是政府可提供巨资资助，证明政府有业绩；三是咨询公司可对外宣传自己评估了几家高成熟度的组织，增强客户对自己的信任。几种因素综合在一起，促成了企业不由自主地加快了向高成熟度组织迈进的步伐。

据不完全统计，在中国，2006 年一年内通过 CMMI 5 级评估的软件公司超过了 10 家。也很不幸，在中国进行 CMMI 5 级评估的主任评估师有的受到了 SEI 的处分。自 2007 年始，SEI 开始对 CMMI 高成熟度的评估师进行重新考试，并非所有的主任评估师都可以做 4～5 级的正式评估，同时，SEI 在全球加大了对 4～5 级评估的审计工作，尤其是对东方的软件大国。

在实施 CMM 4～5 级之前，需要慎重地考虑：你真的需要通过 CMMI 4、5 级的评估吗？

CMMI 4 级强调的是过程稳定性与项目量化管理，5 级强调的是根本原因分析与持续改进。对于很多企业来讲，可能在 CMMI 3 级时，就已经做到了在项目组内定义量化的质量目标，并实现了该量化目标，因此在 3 级时可能就已经部分做到了 4 级的要求。比如有的外包企业在 3 级时就做到交付软件的缺陷密度低于 0.3 个/KLOC，比 SEI 统计的通过 CMMI 5 级评估的企业的平均质量还要好。客户的水平决定了供应商的水平，对于客户要求高、生产高可靠性软件的公司通过 CMMI 4～5 级的评估是很有必要的，否则，真正达到了 CMMI 3 级的水平足已满足一般的客户需求。

在实施 CMM 4～5 级时，还需要慎重地考虑：你真能在短时间内证明过程的稳定性和量化的持续改进吗？

按照统计学的要求，一般需要 25 个样本点才可以证明过程的稳定，而且这些样本点必须在 5M1E 等因素上是相近的，而软件企业的人员变动、技术方法升级等变化比较频繁，即使采集 8 个样本点，对于大多数软件企业而言，也需要相当长的时间周期。根据 SEI 的报告，自 1992 年以来，从等级 1 达到等级 2 的时间周期中间值为 19 个月，从 2 级到 3 级的中间值为 19 个月，从 3 级到 4 级的中间值为 24 个月，从 4 级到 5 级的中间值为 13 个月。

案例：做伪的 CMMI 4 级

2007 年有家软件公司 A 为了获取高额的政府补助，与国内的一家咨询公司 B 签约，期望快速通过 CMMI 4 级，于是编造了各种证据，试图通过评估，B 公司先聘请了一家印度的主任评估师为公司 A 进行了 4 级的评估，结果评估未通过。于是 A 公司与 B 公司协商后，又再次聘请了印度的另外一位主任评估师进行评估，仍然评估失败。

在这家公司的度量数据中，全生命周期的生产率高达 1KLOC/人天！假的真不了，如果通过了评估，天理何在！

如上所述，这些怪现象源自管理者的意识不对，政府的引导方式不当，EPG 的经验不充分，咨询顾问的水平不高，主任评估师的职业操守欠缺，媒体的舆论导向有偏差等。当然，CMMI 的怪现象还有很多，只是上述的现象比较突出，对于以后中国的 CMMI 的良性发展影响甚大，因此列举出来并剖析之，希望软件组织、政府机构、CMMI 咨询机构包括软件客户能够引以为鉴，理性看待 CMMI，真正做到"CMMI 在实效上的繁荣，而不是证书上的繁荣"，促进中国的软件过程改进事业持续、良性、健康地发展！

第**13**章
人员管理

13.1 软件企业以人为本的 16 项措施

　　以人为本不能只停留在口头上，要落实到具体的实施上。以下是我的实践或是我赞同的软件企业人员管理的实践。

　　（1）重视现有的员工胜过招聘外面的新人。

　　（2）鼓励员工在职深造，学成归来的员工应重用。

　　（3）招聘高水平高待遇的员工胜过招收低水平低待遇的员工。

　　（4）稳定的高于本地域行业平均水平的收入，使员工没有后顾之忧，专心事业。

　　（5）为每一个员工进行职业路线的规划。

　　（6）通过股权等激励措施鼓励员工长期在企业工作。

　　（7）用人所长，不勉强员工做不乐意做的工作。

　　（8）设置部门内部沟通经费。

　　（9）轮岗制，加强岗位之间的互相理解，培养员工的综合能力。

　　（10）增加培训的经费，做好定向培训。

　　（11）通过明确定义其工作产品来反映员工的业绩，并使员工有成就感。

　　（12）及时认可员工的业绩，为其喝彩。

　　（13）不限定明确的上下班时间，只要保证每天 8 小时即可。

　　（14）提供宽松舒适的工作环境，如中间的休息、点心、饮料等。

（15）有专职的后勤人员负责处理各种杂事，如报销、火车票预定等，减少对研发人员的干扰。

（16）管理部门实际是服务部门，要明确服务意识，不要培养公司的官僚作风。

13.2 如何选择与使用项目经理

软件项目管理是"以目标为导向、以过程为核心、以度量为基础、以人为本"的，在项目管理过程中需要充分地集成技术方法、工具、过程、资源（人、投资等）等要素。谁来领导这个集成工作呢？项目经理。

项目经理是项目组的灵魂，是项目组中很重要的一个角色，无论是对于个人英雄的时代，还是基于过程管理的时代，都必须依靠人来实现管理，这就是"以人为本"。无论管理多么正规，过程是对形式的管理，而内容的管理必须依靠个人的能力。

项目经理是大多数软件公司中最难选的人。为什么呢？有实践经验又有理论知识的项目经理少之又少，而且即使有，身价也比较高，所以在软件公司里"勉强的项目经理比比皆是"。有一定的开发经验，程序写得很好，有一定资历，虽然没有受过正规训练，也可能没有做过管理，但是公司缺人，只好选他做项目经理了。当然，也不排除不具备上面的条件就做得很好的。

案例：成功的新手项目经理

1999 年我主管过一个成功的项目，该项目是为我们的一个老用户开发一个外围采购模块挂接在财务系统中。该项目组的成员都是刚参加工作的本科毕业生，他们是第一次用 Delphi 语言开发应用软件，项目经理也是其中一个比较有管理思想的员工，在上学时是学生干部，比较有组织能力。因为我也从未用 Delphi 做过开发，可想而知，该项目的人员风险有多大！请了一位有经验的老员工来开发项目需求，并由该员工做概要设计和详细设计，编码由项目组做，新员工们竟然在规定的时间里按照需求交付了！在去现场实施之前，我都认为不应该这么顺利，结果在他们实施完毕的几个月里面，用户反映很好，只有几个对界面修改的变更，真是难以置信。为什么呢？在事后进行总结时，大家得出的结论是：严格按照公司的软件工程规范故事。并非有经验的员工才可以做项目经理，新手一样可以成功！

那么，究竟如何选择一个项目经理呢？我们先看一下项目经理的来源：

（1）专职的项目经理。比如在许多公司有项目管理部，是项目经理的派出机构，项目经理经过专业的培训与认证。

（2）兼职的项目经理。来源于某一个技术部门，如开发部或技术部，同时可以兼任其它岗位。

对于专职的项目经理，如果项目组成员有兼职的情况，即同一个项目成员可能同时参与多个项目，这时就存在资源竞争的问题，需要项目组之间进行协调。由于组员与项目经理没有行政的隶属关系，因而项目的协调很成问题。对于第二种方式，往往项目经理只会对他熟悉的作业内容、熟悉的人员进行管理，名义上是项目经理，实际是个局部经理。因此，在选择项目经理时要充分考虑上述的两种情形。

一个合格的项目经理，下面的条件是必须具备的！

- 公正无私。

1999 年我主管过一个项目，该项目的项目经理在分配奖金时论资排辈，不按业绩，使得项目组中资历浅但干活多的员工怨言很大，导致整个项目的积极性很差，最后不得不由我出面制定新的业绩评估办法。如果一个项目经理不能做到公正无私，他就难以服众，无法带好项目团队。

- 良好的职业道德。

2002 年在我主管的一个项目中，由于项目经理蓄意隐瞒了项目的真实进展情况，对用户的承诺没有兑现，而导致用户不信任他，向公司提出了撤换项目经理的要求。用户对于项目有知情权，给用户暴露出问题不一定是坏事，因为只有大家互相理解，才能保证项目的顺利进展。如果明知完不成进度，而故意隐瞒了真相，当然是要受到惩罚的。

项目经理一定要记住：**尽早报告坏消息！**

- 一定的项目管理基础知识和技能。

要做一个好的项目经理，肯定要好好地学习一些关于项目管理的基础知识，最好是要接受过项目管理的技能训练。既要有管理意识，也要有管理的基本技能，要"心有余而力也有余"。

- 良好的沟通与表达能力。

项目经理要和方方面面的人员沟通，包括项目组内的人员、市场人员、用户、上级主管，也要和各个层次的人员打交道，为了使项目成功，要通过沟通交流消除来自各方面的阻力。如果是一个系统集成的项目，在用户现场布线时，你可能要和用户的工程主管、电工、施工队等各种角色沟通，否则可能会因为一个很小的问题就导致系统的失败。

- 很强的分析问题、解决问题的能力。

项目经理要能够通过现象看到本质，通过细节发现大问题，发现问题后要果断采取措施，而不是延误时机。如果一个项目经理对问题比较麻木，不能防微杜渐，那么谁都可以做项目经理了！

- 懂技术但不要求精通，却要全面。

这可能是争议比较大的一个原则。因为如果按此原则执行，那些拿到 PMP 证书的专职项目经理如何找工作？使用不懂技术的项目经理我也曾经尝试过，即有一个不懂开发的人来做项目经理，他主要对项目的进度负责，进行项目组内外的协调，但是为了弥补其不足，必须还要给他配一个助手专门负责技术。对于大型项目，这种方式是可以的，但对于小型项目肯定不能这样做，否则就会出现资源浪费。所以建议使用懂行业技术的项目经理，他能清楚地知道组员在做什么？做得怎么样？能够发出正确的方向性指令，而不是瞎指挥，外行领导内行。

- 谦虚，不要不懂装懂。

有的项目经理搞一言堂，听不进大家的意见，而且不懂装懂。有一位软件公司的人力资源部经理向我诉说过他们公司由于软件项目经理选择不当而带来的烦恼。2001 年该公司聘用了一位项目经理，该项目经理被程序员们贯以"外行领导内行"的帽子，团队中绝大多数成员对他非议很多，他也听不进别人的意见，从而使项目团队的效率很低，项目的质量很差，系统开始实施后，就陷入了纠错改错的泥潭中。

- 平易进人，不要摆架子。

如果你被一个爱摆架子的项目经理领导过，你肯定会对这样的项目经理很反感，你也不会去和他很好地沟通，当然项目组的效率也不会很高。

以上是对项目经理的基本要求，如果他能够在此基础上还有其他更好的优点，当然应该选中他。

选择了一个好的项目经理，如何用好他呢？

- 给项目经理充分授权

在软件企业里面，一般有 2 种类型的组织结构：

> ➤ 事业部制：在事业部里面包含一个产品生命周期的所有职责，即产品开发、产品客户化、项目实施、产品的售后服务、市场、渠道等。

> ➤ 功能部门制：即将市场、销售、产品开发、项目开发、实施服务、研发管理、测试的职能分散在不同的部门中，按功能划分部门。

无论是哪种组织结构都有可能采用动态的项目组方式，即项目成员是由不同部门的人员抽调到一个项目组中的，当项目完成后，项目成员会再回到各自的部门去。在这种方式中，静态功能部门的职责是提供合适的人员，培养人员的专业技能，进行专业职能的标准化工作，各职能部门就像一个人才蓄水池，而项目组简单来讲就是用人。很容易出现的问题是项目经理的权力不够，或者项目经理的权威不够，所以一定要充分授权。

- 不要轻易撤换项目经理

2002 年初我接手了一个项目，该项目已经换了 3 任项目经理，导致项目的工期一拖再拖。每换一次项目经理，就要和用户协调一次，每换一次项目经理，用户就要将项目的需求重新讲一遍，用户何其无辜！

所以在项目执行过程中，不要轻易换项目经理。但是，换项目经理的情况在企业里是比较常见的，有时候企业也确实是不得已而为之，如项目经理离职了或者生病了。在项目初期要识别出这一风险，为了规避此风险的发生，在项目组内部可以实行 AB 角的方法，即有一个组员他能够和项目经理一样熟悉项目的整体进展情况，一旦项目经理离开了，他随时可以补上。如果必须换项目经理，也要选择一个恰当的时机，比如说系统开发完了，进入了实施阶段，可以将项目经理换成善于做实施工作的项目经理。再比如说在需求调研完了，可以换项目经理。

牢记上面的原则，相信您的项目成功概率会大大提高！

13.3　职业程序员培养之道

软件开发是以人为核心的过程，对人的依赖性远高于传统的硬件生产企业。为了保持开发能力的稳定性，一方面需要定义软件过程，以过程为枢纽将人、技术、工具衔接起来；另一方面也要加强人才的培养，使人的工作能力不断提升，提高员工的归属感和自治性。

随着社会需求的膨胀，对程序员的需求量，尤其是对具备熟练技能的程序员的需求量在剧增，然而对程序员的培养问题却成了一个盲点。员工在学校里学习的是关于软件开发的基础知识，软件企业需要的是熟练的、能够快速开发出产品的程序员，需要程序员具有很强的实用知识，因而出现了明显的学校教育与实际需求脱节的问题。企业反映新毕业的学生知识老化、动手能力太差、缺乏实用理论知识、缺少工程管理知识等问题。尽管社会上有各种各样的专业程序员培训机构，但是距离企业的实际需求仍然有较大的差距。在企业中培养一名合格的程序员一般需要半年左右的时间，对企业来讲，这个周期就显得太长了，所以一般的企业不愿招收新毕业的学生，企业希望程序员能够"来则战之，战则胜之"。无论如何，对程序员来讲总是要面临一个成长的过程，希望学校或者培训班来解决这个问题很难，因为程序员不是标准件，程序员不是教育出来的，是在实践中干出来的，最终还是要在实践中来培养程序员，这是任何软件企业必须承受的。因此，对软件企业来讲需要有一套机制，一套办法来培养程序员。

那么，我们需要从哪些方面来培养程序员呢？大体来讲，包括以下几个方面：**精神、能力、理论基础、工作方法、工作习惯**。

1．精神

软件开发是一项智力劳动，需要研发人员很投入地工作，因而需要研发人员能够热爱软件开发，有工作热情，有投入的精神。如果一个程序员缺少对软件开发的投入精神，他不可能在最需要他投入精力的时候工作，专注地工作。有的人很聪明，但是他对软件开发没有兴趣，或者他工作很不专心，杂事很多，工作效率很低，别人 1 天能干完的，他需要 3 天甚至 5 天才能干完，而且还漏洞百出，这样的程序员需要尽早识别出来，尽早转换工作。

现在的工作环境对程序员的诱惑很多，比如游戏、QQ、各种新闻等等，这些诱惑如果不能很好的处理，会导致浪费了大量的时间，降低了工作效率。程序员的业绩很大程度上不是取决于其智商，而是取决于其态度。

2．能力

程序员最主要的能力可以概括为 3 点：**良好的逻辑思维能力、沟通能力和学习能力**。

- 良好的逻辑思维能力

软件开发过程是解决复杂业务逻辑的过程，是简化复杂逻辑的过程，是用精确来实现模糊的过程，研发人员需要具有良好的逻辑思维能力才能胜任。现实空间是模糊的，数字空间是精确的，在现实世界中很简单的问题，在数字空间中模拟时，就变成了一个复杂的问题。它要求程序员能够全面、准确、简洁地把握问题、分析问题、解决问题。

在我接触过的很多程序员新手中，很少有程序员能将下列题目解答得完全正确。

画出解答下面问题的程序流程图，输入三个正整数，作为三角形的三条边，判断是否构成：等边、等腰、直角、锐角、钝角三角形。

这个题目的逻辑很简单，需要处理的逻辑包括：

（1）输入的合法性判断：输入的是否是正整数。

（2）是否构成三角形：任意两边之和大于第三边。

（3）是否构成等腰或等边三角形

（4）是否构成钝角、直角、锐角三角形

答题者常见的错误在表 13-1 中列出。

表 13-1　　　　　　　　　　　　　答题者常见的错误

序　　号	常见的错误
1	没有判断输入的合法性
2	没有判断是否构成三角形
3	判断为其中一种结论时就结束了，没有考虑到：等边三角形也是锐角三角形，等腰三角形可以是钝角也可以是直角或锐角
4	程序内部逻辑复杂

上边的题目是一个很简单的程序，但是类似的逻辑问题在实际的软件开发中经常用到，需要程序员能够对各种情况进行仔细的分析、归纳和总结，如果在这样的问题上出错是很难成为一名出色的程序员的。

● 良好的沟通能力

现在的软件越来越庞大，根本不是单兵作战能够解决的，需要多人协同工作。比如，一套简单的进销存系统可能就要产生 30 万行代码，按每人天生产 100 行代码来估算，也需要 3 人年，再加上分析、测试等时间，需要 6 人年才能完成，因此就需要研发人员具有很好的沟通能力。作为程序员要善于沟通，习惯沟通。程序员在交流问题时，往往在描述问题是什么时花费大量的时间。这种现象在项目组中是经常出现的：在给一个程序员布置任务时，讲清楚任务比他完成这项任务花费的时间还要多，而有的程序员自己心里明白，但是说不清楚，或者干脆就不说，这些情况都会降低整个团队的工作效率。

- 良好的学习能力

软件技术发展很快，研发人员必须能够不断地跟踪和学习新技术，要有很好的学习能力。只有善于学习的人，才能够不断进步，在实践中快速成长。真正优秀的程序员一定是掌握了很好学习方法的程序员，否则现在是优秀的程序员，2 年后可能就被淘汰。

3．理论基础

如果基于做多层结构的软件开发，以下的知识是必须的：操作系统原理、实体关系理论、SQL 语句、OO 基本理论、数据结构、VC++/JAVA、ASP/HTML、PSP/TSP/ISO 9000/CMM、专业英语、程序设计风格等。可以看出，如果没有学过数据结构、程序设计方法、数据库概论，以及软件工程的基本知识，要想在现在的环境下成为一名合格的程序员显然是很困难的，而且一名熟练的程序员需要的知识可能还远不止这些。掌握了基础的计算机科学理论，再拥有一定的学习能力，才能不断地进步。

4．工作方法

有很多程序员不会高效率地编写程序，也不知道如何高效地调试程序，这不仅仅是工具掌握不熟练的问题，而是没有掌握一些基本的工作方法。作为程序员来讲需要掌握几种最基本的方法，如程序的设计方法、程序的调试方法、新工具的学习方法等。

在很多程序设计的课程中都讲解了程序的设计方法和调试方法，但大多都是从理论的角度来讲解的，而不是从工程的角度来论述的。比如说对于事件驱动的编程，在程序设计时首先要做的应该是穷举事件，然后设计事件之间的信息共享机制，再设计事件的内部处理逻辑等，这些基本的方法往往是程序员迷惑的地方。再比如，调试程序时采用常规错误检查单、单步执行、内存变量查看等方法。

在实践中，经常看到很多程序员在学习一种新的开发工具时，不知道从何入手，对老师的依赖性很强，总是希望有师傅手把手地来教他。出现这种现象，一方面是个人的认知能力问题，另一方面也说明他没有掌握基本的学习方法。常用的方法有：

- 在学习一种新语言时，先通读有关的类、标准函数、过程等，从整体上有个印象，当需要时可凭记忆查询资料。

- 类比，与以前熟悉的语言进行类比。

- 询问他人，互通有无。

- 阅读示范程序。

- 网上检索相关的资料等。

5．工作习惯

良好的工作习惯是程序员个人开发过程成熟的体现，是效率的保证。程序员的培养很大程度上是习惯的培养。有的程序员总是没有写注释的习惯，结果一个月后他要花费很长的时间才能读懂自己写的程序；有的程序员经过简单考虑后就急于去写程序，往往把简单的问题搞复杂了，复杂的问题搞乱了，效率很低。一个好的程序员，必须养成一些好的工作习惯。

- **按照明确的编码过程工作**

职业程序员设计的时间长于编码的时间，业余程序员编码的时间长于设计的时间；职业程序员是设计程序，业余程序员是调试程序；职业程序员是预防 Bug，业余程序员是修改 Bug。为什么会出现这种情况呢？因为职业程序员一定是按照一种规范的编码过程来工作，编码的前期工作量超过了其实际的编码工作量。在进行任何一项编码工作时，需要按规范的过程来进行。首先要定义清楚做什么，包括功能范围和接口，任务要明确，不能似是而非；其次要想清楚如何做，包括数据结构和算法；第三要定义清楚验收标准，如何检验自己做对了；第四是动手编程序和调程序；最后是测试程序。按照规范的过程编码，才能真正提高工作效率。

- **编码之前写文档**

软件设计文档是软件实现思想的载体，是研发人员之间、研发人员与管理人员之间交流的工具，是设计人员与编码人员之间、设计人员与需求人员之间的一种约定，是组织软件设计经验的积累，是组织软件财富的记录，是软件复用的基础。只有真正认识到了设计文档的重要性，才能积极主动地写文档。对程序员而言，在动手编程之前，通过写文档可以把实现的方法想清楚、表达清楚、讨论清楚，这是已经通过无数的实践证明了的好经验。初级程序员往往在写程序的过程中发现越写越感觉复杂，程序越改越乱，等真正把工作做完了，再反思一下，却发现原来是很简单的事情。为什么会有这种感觉呢？问题就在于事先没有真正想清楚，弄明白，一旦进入问题的解决细节中，就很容易出错了。所以职业的程序员应该培养写文档的好习惯。

- **遵循设计进行编码**

程序员不能随意自己决策，不按设计人员的设计去施工。同一个问题，可能有多种解决方案，在考虑解决方案时，程序员想的是局部，设计人员想的是全局，因而在进行决策时，设计人员是从全局的角度考虑问题。在这种情况下，程序员要严格按照设计去实现，不能在如何实现上偏离设计，造成隐患。对于设计中有疑问的问题，可以讨论，但是不可以随意变更。

- **按照良好程序设计风格编码**

有人讲程序设计是一门个人艺术，它包含了程序员个人的创造性，正是这样，才使得很多程序构思精巧，耐人寻味。但是同时它却使得程序的可读性较差，尤其是在多人合作开发一个软件时，风格迥异的程序使得软件的可靠性与可维护性大大降低。程序设计语言一方面是人与计算机之间交流的工具，同时还是人与人之间交流的工具。单纯的作为人机交流工具，只要程序能够正确和忠实地表达设计者的思想，也就发挥了其作用，但是人与人之间的交流没有一种固定、统一的模式，因此作为人与人之间的交流工具，还要表达地清晰易懂，能够为其他程序员所理解，这也正是要求程序员讲究程序设计风格的主要原因。

- **维护好自己的开发环境**

俗话讲"磨刀不误砍柴工"，程序员的工具主要就是计算机设备和开发所使用的工具。程序员必须维护好自己的开发环境，常用工具要装齐，无用的软件不要装，要定期杀毒，定期备份，减少非正常停机，确保环境运行正常，保证环境的干净，否则就会因为环境的问题降低工作效率。

总之，培养程序员是一个长期而艰苦的过程，程序员是可以培养出来的，顶尖的程序员是在职业的程序员中选出来的。

13.4 职业程序员与业余程序员的区别

（1）职业程序员的设计时间长于编码时间，业余程序员的编码时间长于设计时间。

（2）职业程序员是设计程序，业余程序员是调试程序。

（3）职业程序员是预防 BUG，业余程序员是修改 BUG。

（4）职业程序员无论何时都能读懂自己的代码，业余程序员总是读不懂自己 10 天前的代码。

（5）职业程序员总能读懂别人的代码，业余程序员总是读不懂别人的代码。

（6）职业程序员习惯了读别人的代码，业余程序员总是不屑于读别人的代码。

（7）职业程序员喜欢接受别人的批评意见，业余程序员总是认为自己的代码是最好的。

（8）职业程序员总是化繁为简，业余程序员总是乱上添乱。

（9）职业程序员说到做到，业余程序员说到做不到。

（10）职业程序员自己的机器很少出毛病，业余程序员经常重装自己的系统。

（11）职业程序员经常备份自己的程序，业余程序员经常找不到自己的历史版本。

（12）职业程序员经常总结自己的经验教训，业余程序员总是重复自己的错误。

13.5　程序员敬业精神的具体表现

在给客户培训的时候，很多项目经理提到了敬业精神问题。结合自己的体会，我想通过下面的 8 个问题，可以判断一个程序员是否具有很好的敬业精神。

（1）是否主动工作？尤其是涉及 2 个人合作的时候，应该是另外一个人解决的问题，是否将问题告诉别人后就等待，还是去及时跟踪问题的解决？

（2）当天该完成的工作是否做完了才休息？

（3）是否对未完成的任务找了一大堆借口？

（4）在和别人有接口任务时，是否从对方角度考虑了如何节省对方的工作量？

（5）遇到技术难题时，是尽可能先自己去寻找解决方案，还是马上去咨询他人？

（6）当被分配任务时，是否认真理解任务了？还是先理解了明天需要做的任务，对后天的任务并没有仔细理解，只在具体做的时候再才问清楚？

（7）对于设计中没有提到的，或者认为不合适的地方，是否向设计人员或者需求人员反映了？

（8）有没有考虑过别人对自己的评价，在当时可能对自己没有影响，而在未来可能影响到自己一生的发展？

13.6　采用"师徒制"培养新员工

很多客户都面临如何培养新员工的问题，如何更好地培养研发人员也一直是笔者思考的问题。琢磨来琢磨去，最终发现还是 "师徒制" 最有效。

在学校里接受的大多是书本知识，与实践有很大差别。社会上的各种速成班仍然是停留在表面，可以让研发人员入门，但是不能深入。在公司里举办各种培训，时间不可能太长久。其实以前在软件开发的时候我已经尝试过师傅带徒弟的方式，只是笔者不喜欢称为 "师徒制"。"师" 在笔者心目中是比较神圣的称呼，为 "师" 的要强于弟子，弟子出徒了，"青出于蓝而胜于蓝" 才可以。子曰 "三人行，必有我师焉"。

"师徒制" 实际上就是一对一，手把手地传帮带，是因材施教的一种培训方式。

在长虹咨询的时候发现，公司内部建立了很好的师徒制。新人一进公司，就指定了一名有经验的研发人员作为其导师。导师负责新人一年内或更长时间内的培养任务，主要是在工作过程中言传身教。在其它企业里称呼工程师一般为 "张工"、"李工"，而在长虹则称呼为 "张师"、"李师"，不知道这种称呼的由来是否源于此。

在企业里如果能将 "师徒制" 制度化、实践化，应该是一种投资收益比较大的培养方式。为此，笔者设计了如下的 12 个活动。

（1）定义有关师徒制的过程。

（2）在企业里指定专人负责推广、落实此过程。

（3）定义对导师的业绩考核制度。

（4）定义导师的任职条件。

（5）对导师先进行如何指导他人的培训。

（6）为新人或小组指定导师，明确建立师徒关系。

（7）为新人或小组定义培养的目标、内容。

（8）在不同的场合实施培养活动。

（9）采用多种方式定期评审和评价培养活动的进展。

（10）总结在培养过程中的经验教训，充实到组织过程资产库中。

（11）落实对导师的业绩考核。

（12）审查徒弟的进步情况，明确出徒的动作。

13.7 研发人员考核的 10 项基本原则

软件研发人员的考核一直是软件企业管理的难点。笔者在长期的研发管理与咨询实践中，总结了软件研发人员考核的一些基本原则，整理出来与大家共享。

（1）要体现公司的价值观

公司的价值观体现了公司认可什么类型的人员，要挽留哪些人，提倡做什么。对人员的认可可以通过具体的考核办法落实下来。比如企业鼓励在某一个业务领域内积累丰富的领域经验，鼓励在某个技术方向上进行深入钻研等。对于提倡的这些行为，要有具体的奖励措施。所以在定义考核办法时，需要首先考虑清楚要体现企业的哪些价值观。

（2）要体现多劳多得，质与量并重

不能让那些完成了大量艰苦工作的人员吃亏，否则就会打击这群人员的积极性。多劳多得原则的实现，是基于对工作量的计算。规范的管理都是"以人为本，以过程为核心，以度量为基础"的。要做到多劳多得，就需要做好工作量的科学度量。但如果仅仅注重工作量而不关注工作质量，显然也是不对的。而对于质量的考核，可以通过多个渠道来获得数据，如发现的缺陷个数、客户的反馈等等。

当然，多劳多得的前提首先是团队的目标达成了，如果目标未完成，多劳未必多得。

（3）要鼓励创新与规范管理

管理与创新是软件企业发展的 2 个轮子，通过规范管理可以确保企业的常规发展，通过创新实现企业的跳跃式发展。管理为创新提供了转化为生产力的基础，创新可以快速地提高企业的竞争能力，因此在考核办法中要体现出对这 2 者的认可。有的企业设立了创新基金，专门用来奖励那些技术创新和管理创新，有的企业在研发人员的考核指标中加入了对过程改进工作的支持等指标。

（4）要鼓励技术复用

成功的软件企业必须在人员、技术、过程三个方面加大投入。软件复用是目前软件公司提高软件生产率最有效的手段之一。为了在企业内建立组织级的技术复用体系，首先就要鼓励大家主动去提取可复用的各种构件，主动贡献可复用的构件。对于这种提取可复用构件的行为，应根据其可能带来的收益，适当给予奖励。

（5）要因时而变，但要尽可能保持连续性

考核办法的制定都有一定的针对性和时限性。随着公司内外部环境的变化，随着公司文化的逐步稳定，对考核办法要逐步调整。在改变考核办法时，要注意保持考核办法的连续性，不要变化太大，否则就会让被考核人无所适从，产生观望的心态，或者在研究考核办法上花费很多时间，造成不必要的生产效率下降。

（6）要量化指标与非量化指标结合

如果没有量化的考核指标，全靠非量化的指标，对于研发人员来讲，很难体现多劳多得的原则，很容易走向"吃大锅饭"的模式，无法调动研发人员的积极性。如果全部量化也很难实现，在开发过程中，有很多工作难以量化，比如需求开发工作，就很难定量地计算工作量。因此在考核时，在尽可能量化的基础上，也允许有一些非量化指标的存在。至于二者的比重，可以根据当前企业的管理水平来确定。对于管理比较规范的企业和成熟度比较高的企业，可以采用量化的指标多一些，比重大一些。

（7）要区分不同的岗位，不能一刀切

对于项目经理、需求分析人员、设计人员、程序员、测试人员、质量管理人员等，工作性质、能力要求、绩效表现特征都有比较大的差异，因此要区别对待，这样更便于体现考核办法的内部公平性与外部公平性。比如对于质量管理人员，大部分是日常的事务性工作，其工作业绩的体现是长期的，他们的工作重心是预防缺陷的产生，采用量化的数据就比较困难，可以考虑采用改进率等指标来考核。而程序员的主要工作是实现设计，任务的规模与他们的工作效率和质量是可以量化的。在考虑这两种类型的考核办法时就应该是不同的。内部公平性是指公司内不同岗位之间、同一岗位内的不同人员之间的公平性；外部公平性是指与社会上其他企业的相同岗位之间的公平性。

（8）要保证被考核人的及时知情权

事先要将考核办法告知被考核人，考核结果要及时通知被考核人。考核的目的是为了发现改进工作业绩的方法，激励员工更加努力地工作。考核办法也代表了公司的价值观。因此，要让被考核人对考核办法很清楚，让他们知道什么是应该努力去做好的，这样才能起到激励作用。考核的结果应及时通知被考核人，这样能够给他们一个及时肯定或者否定的刺激信号。

（9）不以被考核人自己提供的数据为考核依据

如果以被考核人自己提供的数据作为考核依据，则会造成数据的失真。在软件企业中推行研发人员的个人日志时，遇到的最大问题就是日志的失真问题。为什么呢？因为研发人员担心自己填写的日志会成为自己的考核依据，会成为评价自己的工作努力程度的依据，因此本能地会倾向于满负荷地填写自己的工作量。

案例：被美化的度量数据

2007 年我为一家企业进行 CMMI3 级的咨询，在差距分析时客户提供了公司的部分度量数据。我发现这家公司的平均工作量偏差率不足 30%，而平均工期偏差率却超过了 90%，我认为这种现象比较奇怪，因此就询问 EPG 组长：为什么是这种现象？原因何在？EPG 组长告诉我在公司里对项目组考核了成本，而没有考核工期。软件项目的主要成本是人力成本，项目组为了业绩，在估计项目的工作量时会尽可能地多估计，在申报实际工作量时会尽可能的少申报实际工作量，这样就可以确保能够满足工作量的考核指标。而公司没有考核项目的工期，所以工期的数据是比较符合实际情况的。

如果当事人自己提供的度量数据，考核他自己，则一定会对度量数据进行美化的！

（10）考核指标要和被考核人直接相关，被考核人对考核指标的达成能发挥重要的作用

在很多软件公司中，经常发现员工的考核与公司的利润、部门的利润、或者项目的利润挂钩。对销售部门、事业部或者其他直接与市场相关的部门，这种考核是有激励作用的，但而对于研发人员，这种办法的激励作用就不那么明显了。利润的形成有多方面的原因，可能大部分原因不是研发人员所能决定的。如果将不由研发人员所决定的因素与其考核挂钩，是不合理的，即使研发人员再努力，也不能对利润的形成起到实质性的帮助作用，为什么要和利润挂钩呢？

古人云：知易行难。关于考核的道理很简单，落实时却涉及了企业的方方面面，有历史的原因，也有现实的问题、未来的不确定性，但是这些都不应该成为逃避考核的理由。必须去尝试，才有可能解决这些问题。

13.8　以人为本的 People CMM

现代企业在两个市场上进行着竞争，一个是商务市场，一个是人才市场。商务市场的成功取决于人才市场的成功。在软件企业成功的三要素（人员、技术、过程）中，人员是其中最基本的要素。基于此，1995 年美国卡内基梅隆大学软件工程研究所推出了指导企业实施劳动力实践的模型 People CMM。该模型基于目前人力资源、知识管理和企业文化建设方面的一些最佳实践，可以指导企业持续地改进劳动力能力、培养人才队伍。

People CMM 总结了进行人力资源管理的 10 个原则。

（1）在成熟的组织中，劳动力能力与商业绩效直接相关。

（2）劳动力能力是一个竞争性问题，并且是组织战略利益的来源。

（3）劳动力能力必须被定位为与组织的战略商务目标相关。

（4）知识密集型工作将焦点从工作元素转移为劳动力能力。

（5）能力可以从多个层次上得到度量和改进，包括个人、工作组、劳动力技能和组织。

（6）组织应该在对其至关重要的劳动力能力的提升上进行投资。

（7）高层行政管理层应对劳动力能力的提升负责。

（8）劳动力能力的提高可以作为一个过程来执行，该过程由已被证明有效的实践和规程组成。

（9）组织负责提供改进机会，个人负责从机会中受益。

（10）由于技术与组织结构的快速变化，组织必须持续优化劳动力实践，并发展新的劳动力能力。

在 People CMM 中，劳动力胜任力指的是个体为执行组织中的某种类型的工作应具有的一组知识、技能和过程能力。劳动力胜任力可以在非常抽象的层次上来描述，如需要软件工程、财务会计、技能写作的能力。劳动力胜任力也可以被分解为更细小的能力，如设计航空电子软件、测试开关系统软件、管理会计应收或编写用户手册和预定系统的资料等。为了度量和改进能力，在大多数组织中，劳动力被分解为构成它的劳动力胜任力。从战略上讲，一个组织试图设计其劳动力包含核心竞争力之下的不同的劳动力胜任力，以完成他们的商务活动。每一种劳动力胜任力可以被其能力来刻画：在这个领域内组织可用的知识、技能和过程能力的描述。

People CMM 延续了 CMM 的过程框架，它由 5 个成熟度级别所构成，它们为持续地改进员工个体胜任力、培养有效的队伍、激励不断完善的绩效、形成企业完成其商业计划所需的人才队伍，提供了连续的基础。

如图 13-1 所示，People CMM 将企业的人

图 13-1 People CMM 的 5 个等级

员管理的成熟度分为了初始级、可预测级、已定义级、已管理级、优化级 5 个等级。除了初始级外，每个等级又包括了多个过程域，各等级的侧重点与过程域如表 13-2 所示。

表 13-2　　　　　　　　　　　　People CMM 5 个等级的侧重点与过程域

成熟度等级	侧重点	过程域
优化级	持续地改进和调整个人、工作组和组织的能力	持续劳动力革新 组织绩效调整 持续的能力改进
可预测级	授权和集成劳动力胜任力和量化管理绩效	指导 组织级能力管理 量化绩效管理 基于胜任力的资产 授权的工作组 胜任力集成
已定义级	建立劳动力胜任力和工作组及商务战略、目标一致	参与文化 工作组开发 基于胜任力的实践 职业发展 胜任力开发 劳动力策划 能力分析
已管理级	管理者负责管理和开发他们的员工	薪酬 培训和发展 绩效管理 工作环境 沟通和协调 人员配备
初始级	不一致的实施劳动力实践	

在初始级的企业中，总经理和高层管理人员缺乏充分的培训以履行他们的劳动力管理的责任，他们想当然地认为管理技能是天生的，或者是可以通过观察其他的管理者来获得，管理方法依赖于管理者的个人喜好、经验和个人的为人技巧。员工主动离职的主要原因之一是

和上司的人际关系问题，在企业中很少明确定义管理者关于劳动力管理的职责。管理的理念仍然认为管理者是管理产生的结果，而不是管理产生结果的人。为空缺的岗位招聘、识别培训需求的任务都转移给了 HR 部门或者其他组。管理者注重开发自己的技能而不投资于培养员工的技能。执行劳动力实践但没有分析它们的影响，缺少度量。员工缺乏对组织的忠诚度，离职率比较高。

已管理级的实践是部门级的劳动力实践，使管理者将劳动力实践作为高优先级的职责，使员工能够胜任他们的工作。管理者集中精力于人员配备、协调承诺、提供资源、管理业绩、提高技能水平、制定薪酬决策。克服了低成熟度组织中的典型问题：

> 任务超负荷

> 环境干扰

> 不清晰的绩效目标或者反馈

> 知识与技能的缺乏

> 沟通的缺乏

> 低落的士气。

为完成任务，提供了稳定的环境：平衡了承诺与可用资源，管理了技能需求，侧重于管理个人的绩效。组织的能力通过部门能够兑现承诺的能力来刻画，主动辞职率降低。在二级中部门之间可能存在不一致现象，没有识别出组织中通用的知识和技能。

已定义级的基本目的是通过开发不同的胜任力来帮助企业获得竞争性的利益。劳动力胜任力是知识、技能和过程能力的集成，用以执行某些形成企业核心能力的商务活动。劳动力胜任力不同于核心竞争力的概念，核心竞争力指的是创造产品和服务，在市场上提供其竞争优势的技能和生产技能的组织的综合能力。在 People CMM 中，劳动力胜任力是核心竞争力下的一种低层的抽象。每一种劳动力胜任力代表了一种不同的用来完成商务活动的，实现核心竞争力的知识、技能和过程能力的集成。一个组织必须集成的劳动力胜任力的范围，依赖于构成其核心竞争力的商务活动的广度与类型。因此，这些劳动力胜任力是组织核心竞争力的战略基础。通过将过程能力定义为劳动力胜任力一个部件，People CMM 与其它 CMM 建立的过程框架联系在一起。过程能力通过执行基于胜任力的过程得到展示，组织定义了基于胜任力的过程，使个人能完成他们承诺的工作，基于胜任力的过程定义了个人如何应用他们的知识，使用他们的技能，在组织已定义的工作流程中应用他们的过程能力。组织建立了组织范围的劳动力胜任力框架，以建立组织的劳动力。该框架成为战略商务计划的一部分，并随商务目标、商务环境、技能的变化而变化。

组织建立了战略劳动力计划来获得其劳动力胜任力。共享知识、技能和过程能力的组织成员构成了一个能力组，知识、技能和过程能力的融合水平决定了一个组织的能力。

组织通过侧重于激励和开发劳动力胜任力来改变其劳动力实践，以适应商务需要。一旦定义了劳动力胜任力，可以更系统地从事培训和开发实践培养知识、技能和过程能力。基于胜任力的过程形成了工作组合作的基础，而不仅仅是依赖个人内部协调。组织建立了让个人充分参与商务活动决策的环境，决策最大限度地利用了劳动力的水平，并能在较快的时间内做出决策。通过对工作组授权的环境、参与的文化能使组织从劳动力胜任力中获得最大的利益。组织建立了统一的参与文化。

在可预测级，组织管理和开拓了其劳动力胜任力框架中的能力。该框架通过正式的指导活动来强化，组织能够量化地管理它的能力与绩效，因为组织能够量化其劳动力能力和基于胜任力过程的能力，组织可以预测其完成工作的能力。组织有 3 种途径充分利用其劳动力能力。

➢　当称职的员工采用已证明过的、基于胜任力的过程完成其工作时，管理人员信任他们的工作成果。

➢　管理者敢于授权给工作组，管理者将日常的运作授权给工作组，他们可以将精力放在更具有战略性的问题上。

➢　组织能够集成不同的、基于胜任力的过程为一个单一的多学科的过程。

在单位或工作组内，可以建立劳动力性能基线与过程性能基线，并可采用 6 Sigma 技术。性能基线是为了单位或组织更准确地预测他们的绩效，更好地决策。

在优化级，整个组织的工作焦点是持续改进。这些改进在个人和工作组的能力、基于胜任力的过程性能和劳动力实践上进行实施。利用 4 级的量化数据指导 5 级的改进。在 5 级，组织视变更管理作为一个正常的商务过程来执行。鼓励个人改进自己的过程，并将这些改进集成到工作组的操作流程中。导师和教练可以对个人或工作组提供改进指导。组织持续寻找改进其基于胜任力的过程能力的方法。组织确保个人的性能与工作组和单位的性能目标一致，单位的性能目标与组织的一致。潜在的改进可以从多个渠道获得输入信息。如单位内的劳动力实践的经验总结、劳动力的建议、量化管理的结果。识别革新实践，在试点项目中进行评价，如果有效，则在这个组织内推广。组织建立这样的文化：每个人为改进个人的能力、工作组、单位和组织的绩效改进而奋斗。

People CMM 的构件和 CMM 的构件类似，包括了：成熟度等级、过程域、过程域目标（Goal）、实践，如图 13-2 所示。

图 13-2 People CMM 的构件

其中实践又分为 2 类：制度化的实践和执行的实践。制度化的实践又分为执行保证（Commitment to Perform）、执行能力（Ability to Perform）、执行的实践（Practices Preformed）、度量分析（Measurement and Analysis）、验证实施（Verifying Implementation）。执行保证描述了组织必须执行的活动，以确保 PA 中活动的执行，主要包括了：建立组织级方针、高层管理者的参与、组织级的角色安排。执行能力描述了单位或组织实施 PA 中活动的先决条件，主要包括：资源、组织结构、执行实践需要的准备。度量分析描述了实践的度量元及对它们的分析，主要包括：确定执行的活动状态和有效性的度量元示例。验证实施描述了确保执行的活动与已建立的方针和规程的一致性步骤，主要包括了：高层管理者和其它责任人进行的客观评审与审计。

后记

出版一本自己满意的书，真不容易。

此书的出版日期一拖再拖，因为我始终不满意。

陈编辑"逼"我今年一定要出版，我也不能再食言，于是铁定了心一定改完。

当排版完成进行一审时，对文稿又做了很多处修改，补充了很多案例进来，有些偏颇的观点做了修正。

为了减少书中的低级缺陷，我在过程改进的 QQ 群里邀请了多名朋友帮我校对书稿，大家积极参与，帮我发现了很多熟视无睹的问题。每页都有多处改动：有引用资料需要更新版本的，有遗漏标点符号的，有需要黑体字强调的，有需要增加图形以方便读者阅读的，有"的、地、得"不分的，有语意不通畅的，有用词不准确的，还有一些错别字。当看到书中有那么多问题时，我感到特别羞愧，也很感谢这些朋友的帮助。

每个章节都至少有 3 位朋友帮我做了校对，真心感谢各位的帮助！

通过多人校对书稿，让我更深刻地意识到了同行评审的重要性，把简单的事情一次做对的重要性！

请周老写序，他老人家接近 80 岁了，工作很忙，还逐字逐句地阅读本书，给我提出了很多修订意见，太让我感动了。老一辈专家学者严谨的治学态度值得我们学习啊。

书中还有多处言犹未尽之处，我也计划明后两年再出版新书以补充、细化之，希望能够如愿。

2013 年已经结束，对我而言，这是一个收获的年份，也是一个转折的年份，是一个新的起点。展望未来，希望在大家的支持帮助下，麦哲思科技能够更上一层楼，也希望 CMMI 能够给中国的软件企业带来更多的实效！

任甲林

2014 年 2 月 8 号

参考文献

1. Mary Beth Chrissis , Mike Konrad，Sandra Shrum. CMMI for Development: Guidelines for Process Integration and Product Improvement (3rd Edition). Addison-Wesley Professional，2011

2. 任甲林的博客，http://blog.csdn.net/dylanren/

3. Watts S. Humphrey. Managing the Software Process. Addison-Wesley Professional，1989

4. Pankaj Jalote. CMM 实践应用:Infosys 公司的软件项目执行过程. 胡春哲，张洁等译. 北京：电子工业出版社，2002

5. Kent Beck. Extreme Programming Explained: Embrace Change. Addison-Wesley Professional，1999

6. Ken Schwaber. Agile Project Management with Scrum. Microsoft Press，2004

7. Barry Boehm，Richard Turner. Balancing Agility and Discipline: A Guide for the Perplexed. Addison-Wesley/Pearson Education，2003

8. Paul E. McMahon. Integrating CMMI and Agile Development: Case Studies and Proven Techniques for Faster Performance Improvement. Addison-Wesley Professional，2010

9. [美]项目管理协会，工作分解结构(WBS)实施标准. 强茂山，陈平译. 北京：电子工业出版社，2008

10. COSMIC. The COSMIC Functional Size Measurement Method Version 3.0.1 Measurement Manual. 2009

11. Glass,R.L. 软件工程的事实与谬误. 严亚军，龚波译. 北京：中国电力出版社，2006

12. Karl E. Wiegers，软件需求（第 2 版），刘伟琴，刘洪涛译. 清华大学出版社，2004

13. Erich Gamma Richard Helm Ralph Johnson John Vlissides，设计模式：可复用面向对象软件的基础. 李英军，马晓星，蔡敏，刘建中译. 北京：机械工业出版社，2000

14. Martin Fowler，重构：改善既有代码的设计. 侯捷，熊节译. 北京：中国电力出版社，2003

15. Andrew Hunt,David Thomas. 单元测试之道 Java 版. 陈伟柱，陶文译. 北京：电子工业出版社，2005

16. Katrina D.Maxwell. 软件管理的应用统计学. 张丽萍，梁金昆译. 北京，清华大学出版社，2006

17. William A.Florac，Anita D.Careton. 度量软件过程:用于软件过程改进的统计过程控制. 任爱华，刘又诚译. 北京：北京航空航天大学出版社，2002

18. John McGarry，David Card，Cheryl Jones 等. 实用软件度量. 吴超英，廖彬山译. 北京：机械工业出版社，2003

19. Capers Jones. 软件评估、基准测试与最佳实践. 韩柯等译. 北京，机械工业出版社，2003

20. Watts S. Humphrey. TSP: Leading a Development Team. Addison-Wesley Professional，2005

21. Bill Curtis，Willian E.Hefley，Sally A.Miller. People CMM: A Framework for Human Capital Management，Addison-Wesley Educational Publishers Inc. 2009

22. Watts S. Humphrey. Managing for Innovation: Leading Technical People Hardcover. Prentice Hall Trade，1986